建筑遗产保护丛书
东南大学城市与建筑遗产保护教育部重点实验室
朱光亚　主编

中国古代楼阁受力机制研究

THE STRUCTURAL ANALYSIS OF ANCIENT CHINESE PAVILION

乐　志　著

U0380101

国家自然科学基金：“明清木构楼阁构架演替中拼柱榫卯及受力机制研究”(51308299)
东南大学校内科研基金：“中国传统木构受力机理、性能退化机制研究”(9201000006)

东南大学出版社·南京

继往开来，努力建立建筑遗产保护的现代学科体系❶

建筑遗产保护在中国由几乎是绝学转变成显学只不过是二三十年时间。差不多五十年前，刘敦桢先生承担瞻园的修缮时，能参与其中者凤毛麟角，一期修缮就费时六年；三十年前我承担苏州瑞光塔修缮设计时，热心参加者众多而深入核心问题讨论者则十无一二，从开始到修好费时十一载。如今保护文化遗产对民族、地区、国家以至全人类的深远意义已日益被众多社会人士所认识，并已成各级政府的业绩工程。这确实是社会的进步。

不过，单单有认识不见得就能保护好。文化遗产是不可再生的，认识其重要性而不知道如何去科学保护，或者盲目地决定保护措施是十分危险的，我所见到的因不当修缮而危及文物价值的例子也不在少数。在今后的保护工作中，十分重要的一件事就是要建立起一个科学的保护体系，从过去几十年正反两方面的经验来看，要建立这样一个科学的保护体系并非易事，依我看至少要获得以下的一些认识。

首先，就是要了解遗产。了解遗产就是系统了解自己的保护对象的丰富文化内涵，它的价值以及发展历程，了解其构成的类型和不同的特征。此外，无论在中国还是在外国，保护学科本身也走过了漫长的道路，因而还包括要了解保护学科本身的渊源、归属和发展走向。人类步入 21 世纪，科学技术的发展日新月异，CAD 技术、GIS 和 GPS 技术及新的材料技术、分析技术和监控技术等大大拓展了保护的基本手段，但我们在努力学习新技术的同时要懂得，方法不能代替目的，媒介不能代替对象，离开了对对象本体的研究，离开了对保护主体的人的价值观念的关注，目的就沦丧了。

其次，要开阔视野。信息时代的到来缩小了空间和时间的距离，也为人类获得更多的知识提供了良好的条件，但在这信息爆炸的时代，保护科学的体系构成日益庞大，知识日益精深，因此对学科总体而言，要有一种宏观的开阔的视野，在建立起学科架构的基础上使得学科本身成为开放体系，成为不断吸纳和拓展的系统。

再次，要研究学科特色。任何宏观的认识都代替不了进一步的中观和微观的分析，从大处说，任何对国外的理论的学习都要辅之以对国情的关注；从小处说，任何保护个案都

---

❶ 本文是潘谷西教授为城市与建筑遗产保护教育部重点实验室（东南大学）成立写的一篇文章，征得作者同意并经作者修改，作为本丛书的代序。

有着自己的特殊的矛盾性质,类型的规律研究都要辅之以对个案的特殊矛盾的分析,解决个案的独特问题更能显示保护工作的功力。

最后,就是要通过实践验证。我曾多次说过,建筑科学是实践科学,建筑遗产保护科学尤其如此,再动人的保护理论如果在实践中无法获得成功,无法获得社会的认同,无法解决案例中的具体问题,那就不能算成功,就需要调整甚至需要扬弃,经过实践不断调整和扬弃后保留下来的理论,才是保护科学体系需要好好珍惜的部分。

潘谷西

2009 年 11 月于南京

丛书总序

　　建筑遗产保护丛书是酝酿了多年的成果。大约在 1978 年,东南大学通过恢复建筑历史学科的研究生招生,开启了新时期的学科发展继往开来的历史。1979 年开始,根据社会上的实际需求,东南大学承担了国家一系列重要的建筑遗产保护工程项目,也显示了建筑遗产保护实践与建筑历史学科的学术关系。1987 年后的十年间东南大学发起申请并承担国家自然科学基金重点项目中的中国建筑历史多卷集的编写工作,研究和应用相得益彰;又接受国家文物局委托举办的古建筑保护干部专修科的任务,将人才的培养提上了工作日程。90 年代,特别是中国加入世界遗产组织后,建筑遗产的保护走上了和世界接轨的进程。人才培养也上升到成规模地培养硕士和博士的层次。东大建筑系在开拓新领域、开设新课程、适应新的扩大了的社会需求和教学需求方面投入了大量的精力,除了取得多卷集的成果和大量横向研究成果外,还完成了教师和研究生的一系列论文。

　　2001 年东南大学建筑历史学科经评估成为中国第一个建筑历史与理论方面的国家重点学科。2009 年城市与建筑遗产保护教育部重点实验室(东南大学)获准成立,并将全面开展建筑遗产保护的研究工作,特别是将从实践中凝练科学问题的多学科的研究工作承担了起来,形势的发展对学术研究的系统性和科学性提出了更为迫切的要求。因此,有必要在前辈奠基及改革开放后几代人工作积累的基础上,专门将建筑遗产保护方面的学术成果结集出版,此即为《建筑遗产保护丛书》。

　　这里提到的中国建筑遗产保护的学术成果是由前辈奠基,绝非虚语。今日中国的建筑遗产保护运动已经成为显学且正在接轨国际并日新月异,其基本原则:将人类文化遗产保护的普世精神和与中国的国情、中国的历史文化特点相结合的原则,早在营造学社时代就已经确立,这些原则经历史检验已显示其长久的生命力。当年学社社长朱启钤先生在学社成立时所说的“一切考工之事皆本社所有之事……一切无形之思想背景,属于民俗学家之事亦皆本社所应旁搜远绍者……中国营造学社者,全人类之学术,非吾一民族所私有”的立场,“依科学之眼光,作有系统之研究”,“与世界学术名家公开讨论”的眼界和体系,“沟通儒匠,浚发智巧”的切入点,都是今日建筑遗产保护研究中需要牢记的。

　　当代的国际文化遗产保护运动发端于欧洲并流布于全世界,建立在古希腊文化和希伯来文化及其衍生的基督教文化的基础上,又经文艺复兴弘扬的欧洲文化精神是其立足点;注重真实性,注重理性,注重实证是这一运动的特点,但这一运动又在其流布的过程中不断吸纳东方的智慧,1994年的《奈良文告》以及2007年的《北京文件》等都反映了这种多元的微妙变化;《奈良文告》将原真性同地区与民族的历史文化传统相联系可谓明证。同样,在这一文件的附录中,将遗产研究工作纳入保护工作系统也是一个有远见卓识的认识。因此本丛书也就十分重视涉及建筑遗产保护的东方特点以及基础研究的成果。又因为建筑遗产保护涉及多种学科的多种层次研究,丛书既包括了基础研究也包括了应用基础的研究以及应用性的研究,为了取得多学科的学术成果,一如遗产实验室的研究项目是开放性的一样,本丛书也是向全社会开放的,欢迎致力于建筑遗产保护的研究者向本丛书投稿。

遗产保护在欧洲延续着西方学术的不断分野的传统,按照科学和人文的不同学科领域,不断在精致化的道路上拓展;中国的传统优势则是整体思维和辩证思维。1930年代的营造学社在接受了欧洲的学科分野的先进方法论后又经朱启钤的运筹和擘画,在整体上延续了东方的特色。鉴于中国直到当前的经济发展和文化发展的不均衡性,这种东方的特色是符合中国多数遗产保护任务,尤其是不发达地区的遗产保护任务的需求的,我们相信,中国的建筑遗产保护领域的学术研究也会向学科的精致化方向发展,但是关注传统的延续,关注适应性技术在未来的传承,依然是本丛书的一个侧重点。

面对着当代人类的重重危机,保护构成人类文明的多元的文化生态已经成为经济全球化大趋势下的有识之士的另一种强烈的追求,因而保护中国传统建筑遗产不仅对于华夏子孙,也对整个人类文明的延续有着重大的意义。在认识文明的特殊性及其贡献方面,本丛书的出版也许将会显示另一种价值。

朱光亚

2009年12月20日于南京

序

在唐山地震和汶川地震中都出现过大批不符合抗震规范要求的现代建筑轰然倒塌而那些建立在传统经验基础上的古代木构建筑却还是屹立不倒的现象。这自然激起了学者们研究古代建筑结构安全性能和抗震能力的兴趣，但是倘若用现代材料力学和结构力学的分析方法去分析这些木构架，却又往往得出它们是危险结构的结论，甚至是对那些屹立数百年的木构建筑分析也是这样，这明显与事实不符。对此还不能简单地下一个科学方法不科学的结论，因为每门学科都有自己的边界条件，力学建立在对象模型化的基础上，力学的模型在应用到砖石结构时一切分析都可验证，但应用到木结构时却发生了失误，是因为那个假设的模型显然未能很好地反映木结构的工作机制，特别是它们的节点的工作机制。

木构建筑的节点是各类的榫卯，如何通过对榫卯的研究来达到改进力学模型的目的成为国内外学者们近年的兴趣点，却也是一个难点，因为榫卯的做法从外部往往看不出来，或者看不清楚，传承不同、技艺不同的木工做出的榫卯也往往不同。因而，对古代木构建筑做科学分析不仅涉及对具体某种节点的再分析，还涉及多种榫卯工艺的认知、了解和比较，涉及对现代工程结构与古代工程结构体系性差异的认识，甚至需要有一些对以中国为代表的东亚文明和欧洲文明的差异性的了解。因而，在这方面的研究自然步履艰难。

乐志具有结构工程的学术背景又通过建筑历史学科研究生阶段的学习和训练具备了开拓这一领域的基础，他在硕士生阶段即开始了对榫卯的实验性研究，以此为基础在博士阶段更以人们比较关心的木构楼阁的结构状况的科学分析为对象，完成了他的博士论文，本书即是在此基础上几经修改和充实后呈现给社会的。楼阁的类型丰富，柱网和空间结构关系更是十分繁杂，他们是古代不同地区的匠师根据当地的地理、材料及社会需求在当时依靠传承的经验体系建造的，乐志选择了最基本的类型，通过新的分析和实验，终于为我们提供了不再仅仅是经验和直接认识的结论，并为更多学者继续进行古代建筑结构的科学性研究提供了一个新的平台。也成为本遗产丛书中极具特色的一本，书成之前，欣然命笔，是为序。

朱光亚

2014.10.29

于东南大学

目　录

上篇　节点研究

1 绪论

中国使用木材搭建房屋至今,已有数千年历史,早自约 7 000 年前的河姆渡时期,就已出现较为完备,局部使用榫卯搭接的房屋,至今仍有其残迹存在(图 1-1)❶。中国人长期坚持木构,喜爱木构,并创造了很多世界之最,如现存最高的古代木构建筑应县木塔(图 1-2)。对木构的偏爱,对其技术的追求不仅限于中国,东亚国家日本、韩国等也深受影响、一脉相承❷(图 1-3)。木材虽有易于砍伐、运输、加工的先天优势,但也存在先天长度受限,易受环境侵袭,不耐火等天然缺陷❸。古代工匠通过不断努力,力争在建筑造型、空间跨度、高度等多个方面有所创新。如果说宫殿庙宇的大殿是木构在单层建筑中跨度上不断拓展的尝试,塔就是木构在高度上的不断突破,此外有一批努力在高度和跨度上均有所突破的木构——楼阁。

然而,营建这些楼阁在古代的技术条件下曾面临过重重挑战,与单层的木构相比,从我国原始社会简陋的棚屋到唐宋、明清时高大的楼阁,其间到底曾克服多少难题,已非今日所能想象。作为理解材料-建造-建筑的重要技术环节之一,结构受力机制的研究责任重大。其中一些特别的结构问题,如早期土木混合式是如何演变成层叠式,又怎样更替为后期通柱式等,更是至今仍困扰着研究者们。虽已有众多研究楼阁的相关文献问世,从造型、体系、营造等多个方面探讨楼阁。也有一部分文章尝试解释楼阁的结构奥秘,但至今尚未有完整的文献仔细、连贯,有结构分析依据的讨论过楼阁发展中的技术问题。

图 1-1　河姆渡榫卯

图 1-2　应县木塔

图 1-3　日本木塔

❶ 中国科学院自然科学史研究所.中国古代建筑技术史[M].北京:科学出版社,2000:8.
❷ 建筑学参考图刊行委员会.日本建筑史参考图集[M].建筑学会,昭和七年:9.
❸ 中国科学院自然科学史研究所.中国古代建筑技术史[M].北京:科学出版社,2000:2.

　　传统木构楼阁结构研究,不仅对中国古代建筑史的研究具有重要意义,也对今日和今后的建筑遗产保护工作有现实意义。中国现存的传统木构中的绝大多数由于使用年限长(数百到一千多年),均需要高效、迅速、准确的保护和修缮,刻不容缓。面对如此大量而又各自不同的对象,"修旧如旧"这种朴素的认知操作体系已很难满足当今的需求。今天所面对的建筑遗产保护工作,面临着很多古人所没有面对的问题。使用功能的变更(如参观人流带来的频繁动荷载)、材料的老化(很多重要遗存的木材已使用 800—1000 年)、环境侵袭加剧(化学物质,酸雨等)、安全意识提高(考虑防风,防震要求)、预防性保护的提出等,使得木构遗产保护修缮除了要依据文物修缮的法律法规,尽可能的维持原真性、可逆性、可识别性等外,还要能更好地保障建筑自身和使用者的安全。这就要求对原有构架、构件进行安全和可靠性的评估,这种结构评估必须建立在可靠的研究基础上。

　　基于上述背景,本书以古代楼阁,主要是纯木构楼阁的受力机制展开研究,并期望能在如下的三个方面有所成就:其一,解析楼阁受力机制和演化规律的内在联系,揭示结构受力机制在楼阁形态式样演替过程中的作用;其二,从结构受力角度解析传统木构楼阁的受力机制,揭示可能存在的结构问题和相关对应方法;第三,从现代结构角度对古代楼阁做出全方位解析,了解其受力机制,内力分布规律,残损变形情况,并将研究领域初步跨入动力学范畴,解析此前研究非常困难的地震作用下楼阁的受力机制等结构问题。

1.1　楼阁释义

　　楼阁是由两个互有交叉的概念组合而成的,又与重屋、多层、塔等其他建筑术语互有重叠。此外,由于中国人常有的逻辑的模糊性,很多与楼阁实际没有实际关联的概念也会以楼阁冠名(例如有不少亭子实际上是典型的二层木构,而有的阁却是单层建筑❶)。

　　楼本身具有多重形象,其出现时代也颇早,据汉书记载,早在黄帝时期就已出现了楼,"济南人公孙带上皇帝时《明堂图》,明堂中有一殿,四面无壁,以茅盖,通水。水圜宫垣,为复道,上有楼,从西南入"。❷ 这种楼的规模还不小,"黄帝时为五城十二楼,以候神人于执期"。❸ 而据《楼阁考释》❹一文归纳,楼大约有几种源头,第一种是台楼。《尔雅·释宫》:"四方而高曰台,陕而修曲曰楼。"宋邢疏:"此明寝庙楼台之制也。四方而高者名台。修,长也。凡台上有屋,陕长而屈曲者曰楼。"第二种是类似阙的防御性多层建筑,如《释名》中说:"楼谓牖户之间有射孔,楼楼然也"。第三种即重屋,也就是多层房屋,《说文解字·木部》:"楼,重屋也。从木,娄声。"如果摈弃楼、台在形状上的各种差异而求同,则楼可归纳为多层建筑,即重屋(把台作为底层建、构筑看待)。

　　相类似的,阁也同样有多种来源,其中两种似乎与今日之阁并无联系,即在东汉许慎编撰的《说文解字》中的"阁"列在"门"部,"从门,各声","凡门之属,皆从门",而"各"是从口、夂。"夂有行而止之不相听从之意,故各声字有暂止义"。另外一种则是《说文解字》:"横者可以庋物亦曰阁",有与搁通假之嫌;而建筑意义上的阁出现于文献中则要晚得多,如《战国

❶　潘谷西.中国古代建筑史(第四卷):元、明建筑[M].北京:中国建筑工业出版社,2001:447.
❷　二十五史(百衲本)·汉书·效祀志下[M].杭州:浙江古籍出版社,1998:369.
❸　二十五史(百衲本)·汉书·效祀志下[M].杭州:浙江古籍出版社,1998:370.
❹　张威.楼阁考释[J].建筑师,2004(5):37.

策·齐策》:"为栈道木阁,而迎王与后于城阳山中。"这时的阁道,恐怕还仅是搁道的通假而已。直至作为单体建筑出现,确有历史记载的可追溯至春秋时期。《吴地记》:"吴王于宫中作馆娃阁,铜沟玉槛"。简单来说,即所有架空于地面建造的构、建筑物似乎都可笼统地归类为阁。

楼、阁这两个概念具有相对明确的区分,楼强调高度,重视重叠;阁强调架空,重视用底层透空的木构规避不利的地面条件(潮湿、蛇虫、水面)。二者的关系犹如早期夯土台基上的宫殿和干阑式建筑的区分。敦煌壁画的相关研究和陈明达先生的研究结论均指出,唐之前重屋为楼,单层但用平坐架空的才是阁❶。但由于两者均共享了二层建筑这一共有概念,又都需解决重叠带来的问题,因而很快就有了混用的趋势。据《楼阁考释》分析,在唐、宋之后,这两个词已可通用❷。

除了这些字义上明显偏向层叠式构架的楼阁外,其实早在《史记》中即记载了一种上下结构一致,非重叠的楼。即"方士言于武帝曰:黄帝为五城十二楼以候神人。帝乃立神明台井干楼,高五十丈"❸。根据对原始社会中井干结构的研究,虽然五十丈颇有夸张成分,但该井干楼的一部分在绝对高度上达到同时期多层建筑的可能性仍然存在。宋《营造法式》中记载的望火楼等,可能也属于通柱构架的楼。

另一方面,塔虽然在汉代之后才逐渐兴起,但由于其建筑造型上亦有对高度和空间的要求,因此在中国木构发展体系中也走出了一条由塔到楼阁的道路。建筑中专有名词楼阁式塔即是对这一概念的诠释。历史上有名的北魏永宁寺塔或现存最高木构应县木塔均和楼阁具有对应关系。清代流行的"文昌阁""奎星阁"等,又高又细,除塔刹外,几乎和塔无异❹。

除了上述这些实际为多重叠合的重屋楼阁或塔外,另外一个重要的建筑概念重檐也和楼阁有着一定的关系。有研究者认为早在晚商金文中就有与重檐形象相似的字形❺。通过在一较高的单层建筑(通常接近二层)屋檐下周圈披檐而发展出的重檐建筑具有类似楼阁的外形,后期也在概念上和楼阁混淆。例如《大清会典事例》卷 862:"午门……上复重楼五"❻,然而午门实际上却是单层重檐建筑。有些重檐建筑如晋祠圣母殿的前檐中,甚至连支撑上层屋檐的柱都不落地而落在下层梁上,其结构方式和楼阁平坐已非常接近了。

1.2 文献综述和研究概况

国内关于楼阁的研究不可谓不多! 从研究方向上看,既有如《楼阁考释》一类关于名称的研究,也有从造型比例方面进行的研究如《中国古代木构楼阁的建筑构成探析》,《楼阁建筑立面比例的整体控制浅析》,《楼阁建筑群体组合中的视觉控制浅析》,《明清楼阁建筑立面构图比例浅析》;或如某一时间地区类型化的研究如《湖南明清楼阁式古塔的建筑特点研究》,《唐宋楼阁建筑研究》;还有针对局部构造方式进行的探讨如《殿阁式楼阁结构逻辑浅探》,《中国古代楼

❶ 敦煌研究院.敦煌石窟全集(21):建筑画卷[M].香港:商务印书馆有限公司,2001:81.
❷ 张威.楼阁考释[J].建筑师,2004(5):36-38.
❸ 二十五史(百衲本)·汉书·效祀志下[M].杭州:浙江古籍出版社,1998:370.
❹ 张威.楼阁考释[J].建筑师,2004(5):38.
❺ 马晓.中国古代木楼阁架构研究[D].[博士学位论文].南京:东南大学,2004:44.
❻ 萧默.五凤楼名实考:兼谈宫阙形制的历史演变[J].故宫博物院院刊,1984(1):77.

阁建筑的发展特征浅探(1)》《宋式与清式楼阁建筑平坐层比较——以独乐寺观音阁与曲阜奎文阁为例》《楼阁建筑构成与逐层副阶形式》。这些文章中,或多或少的对楼阁的受力机制有所探讨。而散落在各类调查、纪略类文章中,如梁思成先生在《正定调查纪略》记述的对转轮藏的评论则不胜枚举。

此外,随着近年遗产保护日益得到重视,出现了一批结合工程的结构研究成果,也和楼阁有所关联,如《应县木塔实体结构的动态特性试验与分析》《应县木塔二层残损调查与受力分析》《西安鼓楼木结构的动力特性及地震反应分析》等。而涉及相关节点或单层木构的文章则更多,如《古建木构料栱的破坏分析及承载力评定》《古建筑木结构加固方法研究》《古建筑木结构燕尾榫节点刚度分析》《楼阁式古塔抗震勘查测绘的探讨》《古建筑木结构老化问题研究新思路》《木构古建筑柱与柱础的摩擦滑移隔震机理研究》等。然而就总体状况而言,研究成果是相对独立、分散的。

虽然中国传统的木结构建筑曾经在很长的一段时间内是整个东亚地区建筑形式的中心和源头,其影响深远,观日本、韩国和部分东南亚的古建筑,从材料到构造,从造形到形制,均与中国的建筑如出一辙或一脉相承。但在近、现代,由于受西方钢筋混凝土结构、钢结构、桁架木结构等的冲击,其空间跨度小、营造技术封闭、耐火耐久性差等缺点不断暴露出来,特别是营造技术封闭所导致的自我改良能力和竞争力缺陷,加之西方强大的文化冲击,使其逐步从新建筑的历史舞台上消失了。时至今日,传统木构架的建筑技术只被少数专业人士掌握;新造的房屋,已绝少用到这种"过时、浪费"的技术了。这种缺乏实践需要的现状,是造成当前传统木结构理论研究难以发展深入的主要原因。目前,可以作为木结构验算标准的主要是两本规范:《木结构设计规范》和《古建筑木结构维护与加固技术规范》,其余的例如《木结构施工验收规范》《古建筑修建工程施工验收规范》等,都主要是在工艺上对传统木结构进行控制的规范,缺乏结构计算的规定。这两本可以作为验算依据的规范,前者脱胎于前苏联的木结构规范❶,所研究的对象是桁架木结构,本身就缺少中国传统木结构的研究基础,后者主要是在前者的基础上❷,结合大量研究者和实践者的建筑实践经验总结,用经验值来判断构架的安全性,虽然可能更接近实际情况,但其理论分析少,理论体系薄弱的缺陷使其难以适应千变万化的实际情况。这些局限性都决定了此二者难以准确的解决中国传统木构架维修时的结构问题。其结果就是虽然建筑历史、文物考古和结构研究均有所进展,但仍各自为战,建筑史的研究者只看得懂结构研究的结论,结构研究者对建筑营造了解不深,只能针对有限的对象进行解析,缺乏沟通和配合。这些因素共同导致了目前对传统木构受力机制研究的不足,遑论木构楼阁的受力机制研究了。这些不足。总的来看,表现在两个方面,一个是研究深度,另一个是研究的系统性。

1.2.1 过往研究的深度局限

上述研究在涉及楼阁受力机制的领域存在局限性:建筑学和建筑历史角度出发的研究更加关心建筑的建造和构造问题,当涉及结构问题时,受限于学科体系,其研究方法多为定性归

---

❶   该规范并未明确说明这点,但其重要的节点和对构件强度的几种验算方式直接与木桁架对应。
❷   该规范大部分规定和《木结构设计规范》重合,有补充若干基于经验和统计的和古建维修相关数值。例如框架的准许侧偏值等。

纳。如《殿阁式楼阁结构浅探》一文中所总结"我国古时的木构建筑历经几百年甚至千年而不倒，就足以肯定房屋的构架，首先有其独到的结构逻辑"；"柱脚浮搁在柱础上，不承担任何弯矩，而是依靠阑额梁枋与柱头榫卯所产生的转角弯矩来形成构架的稳定"❶。看似合理，其实缺乏确切的理论解析和量化数据（即便成立，又怎么说明这一模式和西方或现代工业厂房柱脚刚接、上部铰接的结构体系之间的优劣差异呢？）。又如，"类似释迦塔这样的高层殿阁，底层的厚墙对于底层柱架的稳定起了主要作用"❷。撇开定量数据支撑问题，很难解释为何底层的稳定性对楼阁结构非常重要，是否有可能底层稳固而导致上部变形过大或层间断裂呢？类似的问题在《中国古代木构楼阁的结构特征分析》一文中也屡有出现，例如在谈及通柱造的优势时，结论为"梁枋与柱身之间取消了斗栱，使传力更直接，构造更简单，应力分布更均匀，杆件拉接互济更为有利"❸，却没有任何相关的内力分析图可以说明。实际上，这种受力机制认知缺陷不仅限于楼阁，一般的木构亦然。例如，中国木构在唐宋时期无论实物或典籍均显示有侧脚、卷杀、升起作法，但这些细部在清代建筑中几乎彻底消亡。对此，在《中国建筑史》中认为，这些作法是有利于建筑稳定的❹，而在《中国建筑技术史》中，则认为这是合理的简化❺。从理论上来说，侧脚、升起提高结构稳定是可能的，但具体有多大作用，是否小到被简化也无所谓的地步，也是没有定量数据或理论支撑的。这一问题直至最近，才通过有限元计算假设比较的方式得到部分解决❻。

结构学的研究成果大概分为两个阶段，第一个阶段是以竖直重力荷载作用下的构件分析，这一阶段由于分析对象和工具并不复杂，除结构专业外，也有不少建筑学和建筑史学的专家参与，比较具有代表性的包括《梁思成文集》中的"建筑调研报告"，王天先生的《古代大木作静力初探》和诸多建筑专类研究的定性分析，如"梁的合理截面尺寸"。这类结构研究，自《营造学社》建立，就伴随着对建筑史的理解而不断成长。梁思成、刘敦桢等人在其建筑史相关著作中，不但绘制了详尽的测绘图，且都涉及了建筑结构和体系的概念，而梁思成先生更在其文章中以计算分析的方式解释了其对于传统木构结构问题的理解，而后续王天先生的《古代大木作静力初探》更是主要针对竖直荷载下的宋式木构进行了全面解析。这之后又出现了大量针对木构结构探讨的文献，如《殿阁式楼阁结构逻辑浅探》、《笔架山三清阁建筑结构研究》、《抗震性能优异的中国古代木构楼阁建筑》。其缺陷如前述，止步于定性和构架层面，定量研究几乎没有能超越王天先生的。这一阶段研究着重按照强度标准对构件截面的验算分析，一定程度上成功解答了重力荷载下传统木构架设计中和强度有关的问题。但限于分析手段，也只能止步于此。

第二阶段是基于节点研究成果的构架稳定性、侧向刚度和动力学研究。这一部分由于研究基础必须基于实验，解析工具、过程比较复杂。除建筑史学研究中相关的定性分析外，主要由结构专业主导。在国内，相关研究大约始于 15 年前。最早见诸国内文献的为方东平等人的《木结构古建筑结构特性的实验研究》和《木结构古建筑结构特性的计算研究》。其主要针对榫卯节点问题和水平荷载（主要是地震荷载）研究。结构专业选择这一方向切入是有原因的，既

❶❷❸　韦克威,陈坚.殿阁式楼阁结构逻辑浅探[J].华中建筑,2002(2):92.

❹　刘敦桢,建筑科学研究院建筑史编委会.中国古代建筑史[M].第二版.北京:中国建筑工业出版社,1984:402.

❺　中国科学院自然科学史研究所.中国古代建筑技术史[M].北京:科学出版社,2000:124.

❻　李小伟.侧脚与斗栱对清代九檩大式殿堂动力性能的影响[J].世界地震工程,2009(3):146.

与后文所述的竖直荷载下传统木构安全度分布问题相关,也与水平荷载下木构行为较之竖直荷载复杂得多有关。其成果简单而言,即用半刚性节点解析传统木构行为,用耗能解释木构抗震结果(国外主要有日本针对其木塔进行的抗震实验研究和美、英、德等国针对其特有的榫卯节点进行的试验研究)。其研究成果有实测数据和公式推导,论证有依据,但由于缺少建筑史学支撑,其研究对象和结论都较有限(几乎所有的相关研究都围绕应县木塔、西安鼓楼和其他少数几个单层建筑简单节点展开的)。当面对纷繁复杂的建筑作法和造型时,结果也同样不具备说服力。更为关键的是,针对节点、构架体系等的研究成果是分散独立的,和建筑本体是解构的甚至不对应的。例如在西安建筑科技大学的一系列框架试验中,柱头双向通过燕尾榫拉接。但这一时期不但构架并非双向柱头拉接,连是否使用燕尾榫进行梁柱交接都是问题❶。又如高大峰等人针对斗栱和榫卯进行低周反复试验,由于试验得出斗栱强于榫卯刚度,就得出斗栱比榫卯优越的结论❷,但其试验方法中为斗栱顶部增加了一个实际不存在的摩擦面。

1.2.2　过往研究的系统缺陷

上节所指出的结构研究第二阶段的不足,并不仅仅是由研究对象匮乏造成的深度缺陷,更多的实际是一种系统性问题。建筑结构专业与建筑学属于不同的专业分工,具有不同的视角和观察切入点,就可能导致难以互相配合的问题。结构研究往往以极限状态为讨论基础,但大量建筑并非设计、营造在极限状态下。

《梁思成文集》所涉及的领域较广,记录了大量梁先生的建筑理论和实践活动,其中和结构分析有较多联系的多出现在古建筑调研测绘类文章中,尤以第一卷为集中,这说明梁先生在研究中国木构伊始就综合考虑结构问题的思路。且和木构调研密切相连,这些研究既有明确的肯定,也有假说,而所涉及的话题大多至今仍在研究讨论,如提出了梁的高厚比谁更合理的问题:"凡梁之大小,各随其广分为三分,以二分为厚","今山门大梁广 0.54 m,厚 0.30 m,三架梁广 0.50 m,厚 0.26 m,两者比例皆近二于一之比"。因而引出"宋人力学知识,固胜清人;而辽人似又胜过宋人一筹矣"❸;又如其试图解释楼阁式建筑的层间受力问题:"上下二柱既不衔接,则其荷重下达亦不能一线直下,而籍梁枋为之转移,此转移荷重之梁枋,遂受上下二柱之切力,为减少切力之影响,故加旧栱以增其力,最上受柱重之枋,已将其重量层层移向下层柱心,而切力亦在栱之全身,而不独在受柱之枋。"。

在定量分析时,梁先生的特征就是针对性强,往往就某一结构特异或病灶进行研究并带有计算分析,如对大梁进行计算"以跨长 7.43 m 的大梁为对象进行验算,得出了静荷载和活荷载并计时的受弯和受剪安全系数,其中静活合计的受弯安全系数为 2.56,受剪的安全系数为1.54。"❹;计算分析阑额的结构问题"由于所有上部荷载都通过顺梁传递到补间铺作上,再传给阑额,所以阑额的实际荷载为 9 450 公斤超过安全荷载 2 540 公斤三倍,不得

---

❶　宋代建筑目前拆解较少。从建筑典籍《营造法式》图版判断,入柱榫并非燕尾,从其他如梁入柱深度达柱半径等规定看,燕尾榫的可能性也较低,更可能为螳螂榫或半榫直接入柱,也可能局部使用小燕尾榫。另一方面,一个典型的非歇山等周圈构架,纵架方向通过阑额连接,但在横架方向通过斗栱直连,很少出现随梁枋一类的构件。即便使用,榫卯也不同。

❷　由于坡屋面倾斜,除非使用钉子卯口,否则摩擦力很低,而且也不存在完整的接触面。

❸　梁思成.梁思成全集(第一卷)[M].北京:中国建筑工业出版社,2001:188.

❹　梁思成.梁思成全集(第一卷)[M].北京:中国建筑工业出版社,2001:211.

不在阑额下补间铺作位置上增加立柱,并又继而谈到了顺梁的结构问题和后继的维修方法"❶。

如果说梁先生的分析缺少计算深度的话,则后来者王天所著的《古代大木作静力初探》一文可谓前进了一大步,该书以计算分析为手段,用数据说话,尤其是其对整个建筑的每个构件和细部都进行了核算,并考虑了木材的各向异性特征。其计算对象包括了《营造法式》中的梁、柱、槫、椽,计算时对于瓦的叠法、屋脊构件的不同和柱椽的卷杀收分都有考虑,可谓巨细无遗。探讨了今天仍然不够明确的榫卯、斗栱等的计算模型并给出了以变形协调计算为基础的计算方法。并将其切实应用于解释诸如昂的尺寸、斗栱出跳问题和襻间计算上,通过计算印证了梁先生此前提出的组合梁假说;提出了若干解释古人结构观点的体系假说,如按照截面矩分材、等应力梁设计法等。虽然这个体系还缺少若干难以解释的环节,但在他看来,这些只是古人的无心之失或迟早可以解决的问题。

在研究过程中,梁先生虽然钟爱古建,但是对于出现的问题能理性看待和合理批判,在阐明结构观点时,非常注意明确时代,宋、辽、金、元有明确的演变和特征。而王先生的分析主要针对《营造法式》,引入了若干辽代建筑仅为补充,比较缺少时代特征和演变规律。希望用结构验算的成功来印证古代木结构工程技术的伟大,他的判定标准是现代的结构规范。例如,当其验算椽子的变形过大时,不是从计算模型、计算参数找毛病,而是提出了一个奇怪的假说,收分椽径指椽中径❷,这一假说虽满足计算,但实践中几乎没有可行性。为了说明槫的等应力设计,以现存宋代实物没有槫径 30 分'为由,推测宋代不存在 30 分'槫径,转用辽代 25 分'为佐证进行计算❸。又如计算厅堂梁架,当发现草栿强度不足时,突给计算模型加入若干假定,如两端节点按照固结节点、构架可分担荷载、尺寸有误等,而之前有类似情况的其他梁架却不用这一假设❹,这种前后不一致的逻辑顺序颇让人怀疑。其根源在于试图用极限状态下的分析结果推广到更广泛的构件。

结构问题不是建筑的唯一问题,古代建筑结构并不是精密科学,研究古代木结构不同于按现代规范验算木结构安全性。过于依赖现代结构规范,局限于某一时代地域,为了论证某一结构规律或特征而臆想建筑形式,是非常不科学的。即使在现代建筑设计中,结构知识指出方整之房屋遭受震害较小,建筑也不会因此而只做成方形。同时,目前结构研究定量成果的精确性和可重复性还较低,从单一结果推导结论的误差较大。这种结构研究成果的系统性缺限,其结果就是如果脱离了建筑演化的背景,缺少合适的比较对象,孤立的谈建筑结构性能的优劣,是没有意义的。

1.3　楼阁演变过程中的基本现象和问题

从前节的论述可以看出,要研究楼阁的受力机制问题,必须首先对楼阁的演化有所了解,而且不能从楼阁自身开始。多层木构必由单层木构发展而来,同一时期内多层木构同一水平

❶　梁思成. 梁思成全集(第一卷)[M]. 北京:中国建筑工业出版社,2001:274.
❷　王天. 古代大木作静力初探[M]. 北京:文物出版社,1992:28.
❸　王天. 古代大木作静力初探[M]. 北京:文物出版社,1992:44.
❹　王天. 古代大木作静力初探[M]. 北京:文物出版社,1992:63-70.

结构层的体系和技术不可能超越同时期的单层木构。由于中国传统木构架历史悠久,在广大的地域内被广泛、长期使用。其演变历史本身就是多元复杂的,加之早期遗迹、资料偏少,不少结构问题恐怕长期都将是未解之谜。多层木构独立解析不免容易出现盲点。故必须先从单层木构,甚至其雏形出发,研展、辨析多层木构的发展规律。

1.3.1　原始社会

原始社会时期并未发现明确的多层木构痕迹,其木构架形态并不清晰,据多方考据,这一时期建筑发展大多遵循穴居-半穴居-泥墙木顶的发展顺序❶。初始的木构是遮挡洞穴入口的屋顶,使用绑扎节点和中心柱体系,类似复原想象如图1-4所示。这种构架在空间高度和跨度上都极为有限。与之匹配的是较为原始的绑扎节点和将柱脚埋在地坑内的作法,不仅承担了重力荷载,且其埋置深度也是结构整体稳定❷的重要保证(图1-5)。

图 1-4　半穴居复原想象

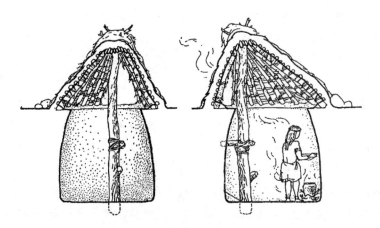

图 1-5　半穴居复原想象剖面

少数南方潮湿地区有可能在巢居的基础上,按照独木巢居-多木巢居-打桩-架空柱干阑-架空地板或楼层的顺序发展出了干阑式的建筑,例如浙江余姚河姆渡遗址。这种将木构整体从地面架空的作法,是原始社会人类为适应潮湿的地面环境而做出的努力,已经蕴含了楼阁的结构原理。而这又和木构节点技术进步有关,与河姆渡木构件上多样的榫卯连接❸技术相关,如图1-6。这种节点技术上的进步使得木构高度增加且土木结构相对独立,显示出节点技术对于提高木构架侧向刚度的潜力。

原始社会从穴居转向地面建筑后,坡屋面导致的侧推力影响了竖直墙体的形态,某些出土陶屋的倾斜外墙可能是外墙侧向刚度不足的结果。为了解决这一问题,原始社会穴

❶　刘叙杰.中国古代建筑史(第一卷):原始社会、夏、商、周、秦、汉建筑[M].北京:中国建筑工业出版社,2003:42.
❷　刘叙杰.中国古代建筑史(第一卷):原始社会、夏、商、周、秦、汉建筑[M].北京:中国建筑工业出版社,2003:60.
❸　浙江省文物管理委员会.河姆渡遗址第一期发掘报告[J].考古学报,1978(1):42.

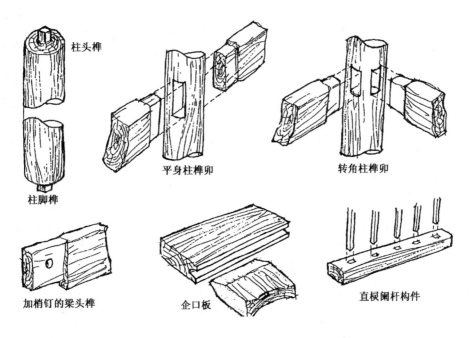

柱头榫

柱脚榫

平身柱榫卯

转角柱榫卯

加梢钉的梁头榫

企口板

直棂阑杆构件

图1-6 河姆渡榫卯类型

居、半穴居房屋普遍使用很厚的泥墙。受限于技术，处于利用土木混合结构解决整体稳定的阶段。

1.3.2 奴隶时期

夏、商、周三代遗迹中显示的木构残迹已经较原始社会有很大进步。例如商代遗址如偃师二里头、偃师县尸乡沟商城显示了柱列相对整齐的土木混合结构。最大跨度也接近5.3 m❶。这一时期常见的是一种周匝类型的土木混合构架。即围绕封闭土木混合内核，外围搭建轻盈木构的作法。其中外廊木构纵向(开间向)柱列一般较规则，已经具有独立的结构倾向(如为木骨泥墙中的骨架，没有必要规则对位分布)。

西周木构更加成熟，如湖北圻春毛家嘴遗迹的西周木构木柱排列成行成列，大量使用榫卯，已能使用木板墙❷等。陕西扶风村西周中期的部分遗迹，出现局部将柱础置于地面以上的作法。木构柱网倾向于更加规则。与之相对应的，是地下墓穴中发现的大量形态各异的榫卯形式。此外一些周代遗迹如湖北江陵城楚都遗迹显示出现了依附于土木混合结构上且跨度比廊大得多的木结构❸。

木构横架跨度的加大必然要求出现类似梁垫、牛腿的节点。这就为西周铜器中出现的斗栱原型提供了需求。早在周代的文献中，就已经出现了栾栌这一名词，而同样在西周早期铜器和画像中均出现了斗栱的形象❹。这时的斗栱与后来汉画像砖上所见的斗栱比较类似。由底

❶ 佟柱臣.从二里头类型文化试谈中国的国家起源问题[J].文物,1975(6):29-33.

❷ 于海广,任相宏,崔大勇,等.田野考古学[M].济南:山东大学出版社,1995:179.

❸ 湖北省博物馆.楚都纪南城的勘查与发掘(上)[J].考古学报,1982(3):325-350.

❹ 刘叙杰.中国古代建筑史(第一卷):原始社会、夏、商、周、秦、汉建筑[M].北京:中国建筑工业出版社,2003:242.

部的大斗,大斗上的横栱和小的垫块组成。其结构功能类似后来的替木(图1-7)。上述建筑均沿开间方向木柱非常整齐,说明至少已经明确出现木构的纵架。纵架跨度小,横架跨度大,说明结构形态可能为横架搁置在纵架上。且出现了用密集柱的纵架代替夯土墙的倾向。横向构架不规则,带有木骨泥墙。纵架的相对独立,显然与节点榫卯技术进步带来的木构抗侧刚度提高相关。但横架尚无法完全脱离土木混合结构,又映射出节点、构架技术不足的无奈。

此图中铜器底座为斗栱形式

图1-7   西周铜器

1.3.3   秦到西汉

战国时期木构的出土文物显示这一时期榫卯形式出现多样化、定型化和解决转角问题的能力。由战国时期木樽榫卯图可知,榫卯有两大进步:即榫头构造上的抗拔燕尾构造和基于单种榫卯组合而成的复杂榫卯,如多向锚固的切角榫(图1-8)❶。信阳战国木樽中的床框角部出现了斗栱中使用的卡口榫和馒头榫的原型❷。上述榫卯的出现表明至少在工艺层面,后世木构所需的各种交接榫卯已经完备。但这些均为小木作节点,而自河姆渡时期就已知小木作榫卯加工要比大木精细,故在大木结构上,由于工艺和加工工程量的限制,很可能还无法普遍达到小木作榫卯的水准。

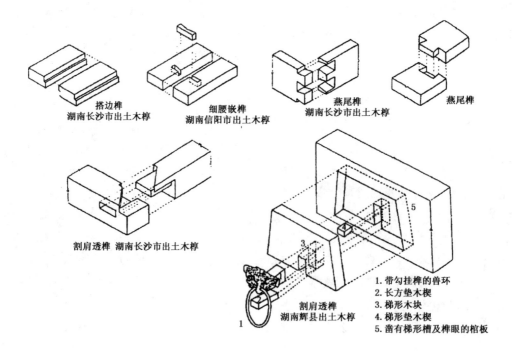

搭边榫
湖南长沙市出土木樽

细腰嵌榫
湖南信阳市出土木樽

燕尾榫
湖南长沙市出土木樽

燕尾榫

割肩透榫 湖南长沙市出土木樽

割肩透榫
湖南辉县出土木樽

1. 带勾挂榫的兽环
2. 长方垫木楔
3. 梯形木块
4. 梯形垫木楔
5. 凿有梯形槽及榫眼的棺板

图1-8   战国木榫

---

❶   中国科学院自然科学史研究所.中国古代建筑技术史[M].北京:科学出版社,2000:59.
❷   魏书麟.信阳楚墓出土家具结构分析[J].家具与环境,1984(12):26-28.

秦时宫殿遗迹中的单层木构架柱网在纵、横双向已都较规则❶。至汉代时,虽然早期仍沿用柱洞,但从西汉"辟雍"遗迹可以看出,柱已全部置于柱础上。柱从地下走上地面,必然意味着建筑构架抗侧刚度❷不再依靠底部固接技术。这与规则的柱网及与之对应的规则纵横架密切相关。大型木构虽尚不能完全脱离土墙独立存在,但墙体大多出现在不影响内部空间的山面或背面。

另一方面,虽然从战国时期绘画中就已出现空透的纯木构建筑形象,并已经明确出现了楼阁的形象❸,但这些形象中的纵架水平联系很差,普遍呈搁置状态。直至汉代前期的考古资料说明,至少对于大型楼台,仍然不得不结合土台,营造上层木构或以木构围绕土台❹。除了由于技术上对高低不同、开间大小各异的木构组合,无法处理转角问题,只能采用围绕夯土台,逐层拼凑的办法外(从秦到西汉的遗迹中普遍发现角部使用二柱、三柱不等的作法),这还可能和多层木构的侧向稳定性要求比单层高有关。

针对土台在建筑中的不同使用方法,提出了两类不同的楼阁结构体系概念,第一种即在中央形成通高的牢固结构体,外围环绕廊等较为通透松散构架的周匝作法。这是沿袭自早期的单层土木混合结构在高度上的拓展。第二种即以一个夯土为基座的水平分层结构体系,为层叠式作法。由于夯土台严重占用了楼阁中的中心和底层空间,其发展的下一步,必然是尝试在多层木构中,底层构架或核心构架怎样用木构独立解决抗侧稳定性的问题。

1.3.4 东汉到南北朝

纯木构发展至东汉有很大改观。单层大型建筑进深方向逐渐增大,且出现了更多规则的进深柱,说明横架也已经发展。尤其是福建崇安县闽越国东冶城的遗迹中正殿山墙的柱网和殿内一致且规则排列说明其可能已经为全木构架❺。(相对应的,三国时期的景福殿似乎还需要以土墙辅助支撑❻。)

在汉代的绘画和明器中,出现了可能为全木构的低等级小跨度民居❼,其中广州、长沙出土的明器大量为穿斗作法,其屋脊是由到顶的柱支撑的;另一种是由木柱支撑的抬梁作法,但其屋架仍由金字梁支撑。楼阁不限于单体,而是有丰富组合,但均为细高比例,开间进深很小的形态(图1-9)。这实质上是单层木构发展前期跨度较小现象在楼阁中的再现,并由于高度增加带来的构架整体抗侧刚度和稳定性不足问题的放大。

单、多层木构中的重大进步,很可能和斗栱的发展有关,在东汉时期纵架方向上,大量绘画和文献都显示,多层重叠的斗栱是这一时期的主流。三国、南北朝时期是我国木构转型的重要时期。根据对一系列文献如《景福殿赋》等的研究,这一时期的单层大型建筑已经全面木构化。文

图1-9　汉明器表现的木建筑

❶ 秦都咸阳考古工作队.秦咸阳宫第二号建筑遗址发掘简报[J].考古与文物,1986(4):9-18.
❷ 刘叙杰.中国古代建筑史(第一卷):原始社会、夏、商、周、秦、汉建筑[M].北京:中国建筑工业出版社,2003:432.
❸❹ 中国科学院自然科学史研究所.中国古代建筑技术史[M].北京:科学出版社,2000:60.
❺ 张其海.崇安城村汉城探掘简报[J].文物,1985(11):37-47.
❻ 傅熹年.中国古代建筑史(第二卷):三国、两晋、南北朝、隋唐、五代建筑[M].北京:中国建筑工业出版社,2001:36.
❼ 高至喜.谈谈湖南出土的东汉建筑模型[J].考古;1959(11):627.

献中频繁出现如"层栱"、"重栌"等都说明这一时期斗栱的层叠数得到了极大的发展❶。与之对应的,是斗栱已经实现多跳交叉组合,完成了纵横架相交位置的节点问题,并出现了昂等构件。同时构架技术也持续演化。据石窟和其他资料研究,此时出现了约五种类型的木构架类型,其基本演变规律是从土墙木骨到全木构架,构架柱的水平联系构件增加❷。

　　同时期,多层楼阁的高度和层数都有很大提高,塔类型建筑得到很大发展。可作为参照的日本飞鸟时期建筑如法隆寺金堂也已部分空心❸。南朝关于塔的文献中形容塔结构为"浮柱"、"悬梁",虽不足以说明其构造,但可证楼阁中大量存在木构部分❹。可见,无论单、多层,斗栱的发展,尤其是双向斗栱和层叠数的增加,大大提高了节点性能并提高了构架的抗侧刚度,推动了构架的演化。但对于之前汉代建筑中出现的无斗拱,只有梁柱节点的楼阁,目前还缺少相应的研究资料。

1.3.5　唐宋时期

　　隋唐时期斗栱完成了从单一节点向整体铺作层的发展。从隋代早期发现的陶屋看,已经出现了多跳的华栱❺。唐壁画显示,斗栱跳数逐渐增加,补间铺作也从简单支撑功能的人字栱发展到了和柱头铺作类似,进而形成了铺作层。宋代则进一步发展补间铺作并完善了铺作层。

　　除斗栱节点的发展,这一时期其他类型的榫卯节点也更加丰富,在榫种选择上也更加成熟。宋代《营造法式》的图版中不仅有大木构架部分的相关榫卯图示,还展示了拼柱榫卯❻(图1-10)。

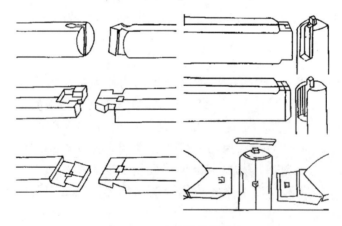

图1-10　宋木构榫卯节点

　　在单层木构中,节点技术的进步很大程度上促进了构架体系的丰富性,一方面,出现了定型化的如单槽、双槽、金厢斗底槽等构架;另一方面,则出现了很多不对称布置,获得更大空间的布置方式。厅堂式构架也在一些高等级建筑中有所应用。

❶　傅熹年.中国古代建筑史(第二卷):三国、两晋、南北朝、隋唐、五代建筑[M].北京:中国建筑工业出版社,2001:296.
❷　傅熹年.中国古代建筑史(第二卷):三国、两晋、南北朝、隋唐、五代建筑[M].北京:中国建筑工业出版社,2001:288.
❸　建筑学参考图刊行委员会.日本建筑史参考图集[M].建筑学会,昭和七年:7.
❹　傅熹年.中国古代建筑史(第二卷):三国、两晋、南北朝、隋唐、五代建筑[M].北京:中国建筑工业出版社,2001:296.
❺　贺大龙.长治五代建筑新考[M].北京:文物出版社,2008:99.
❻　(宋)李诫修编,梁思成注释.营造法式注释[M].北京:中国建筑工业出版社,1983:259.

这一时期的楼阁，除了进深跨度有很大的增长外，平面也有所变化，唐代楼阁的平面尚多方形或正多边形，到辽、宋时期，则出现了平面形状类似殿阁的多层楼阁，并反过来影响到了塔，如"日僧成寻参五台山途中见寺塔十五重如阁"❶，辽代的木构，为了放置佛像，大量使用了中空的建筑空间。这些减柱、移柱，大跨度构架的侧向稳定性必然低于更为规则的构架。但得益于节点技术的进步和发展，释放了构架发展的潜力。这一时期的楼阁实物遗存无一例外的使用了底层夯土墙作法，说明对多层木构来说，可能铺作层这一形式尚不能满足其对抗侧刚度，尤其是底层抗侧刚度的需求。此外，宋正定隆兴寺转轮藏等中出现的永定柱作法，和单层木构类似，暗示了楼阁构架中取消铺作层的趋势。纯木构楼阁辉煌的代价是用料需求很大的斗栱。这就为木构架的再次演化提供了动因。

1.3.6 元明清时期

元代由于战乱的破坏而导致了传统建筑技艺一定程度上的流失，也因此有很多"非常规"作法。例如通过减柱获得柱网的自由配置，用大横额增加开间跨度，用大斜梁支撑整个屋面等，看似又回到了木构早期的纵架和金字梁体系。但由于木构技术的进步，很多结构问题已经能靠木构自身解决，如大斜梁的侧推力抵抗是由斗栱和梁柱共同完成。虚柱（即不落地柱）的大量使用，使得直榫节点被广泛使用。最重要的是，由于各方面的限制，斗栱在尺寸上严重收缩，而梁柱节点非但没有衰败，反取而代之，并衍生出更多的节点形态如大进小出榫、箍头榫等。

明代为了显示其正统性，沿袭古制。但简化的梁柱节点及对应的木构架结构方法已经产生了巨大的影响。斗栱等构件在整个结构体系中所占比例越来越小。在楼阁方面，明代的楼阁平坐层退化或消失了，楼阁更多的使用通柱作法，并且在主体结构外圈用副阶廊围绕。清代在明代的基础上，继续强化木构架中梁柱直接的榫卯交接，同时用于柱头联系的随梁枋和单步梁得到了很大发展，尺寸保持不变甚至变大。以榫卯技术为基础的拼帮和组合构件出现突破了材料的限定。

木构节点这一时期的重心是榫卯的发展和广泛应用，如图 1-11 所示❷。在清代的《清式营造则例》，对于常用的燕尾榫、馒头榫、雀替后尾公母榫等都明确规定了尺寸❸。

从结果上说，上述改变使得清代高等级建筑的最大跨度大大增加了，如太和殿开间达到8.44 m，金柱间跨度11.17 m，梁构件总高1.5 m。这种变化在楼阁中，结构形式上表现为通柱造的全面盛行和比较彻底的梁柱直接交接，楼阁的中心空间全部为梁柱交接，连接斗栱的梁后尾必插入柱内。即楼阁通高空间在跨度上增加，如普宁寺大乘阁，达到 24.47 m×12.2 m。

1.3.7 木构楼阁演变中的结构规律

在上述历史演变中，可以明显发现如图 1-12 的联系，中国传统木构架的演进，存在明显的节点与构架形式的互动。例如，至迟至东汉，柱就不再插入地面（原始社会早期插入地下的柱，很容易由于受潮腐烂，等于没有插入，这也是原始社会柱坑往往需要做特殊防潮处理的原因）。

---

❶ 成寻. 参天台五台山记(卷 3)：日本佛教全书游方传丛书本[M]. 东京东洋文库, 大正十五年：55.

❷ 马炳坚. 中国古建筑木作营造技术[M]. 北京：科学出版社, 1991：126-131.

❸ 梁思成. 清式营造则例[M]. 北京：中国建筑工业出版社, 1981：147.

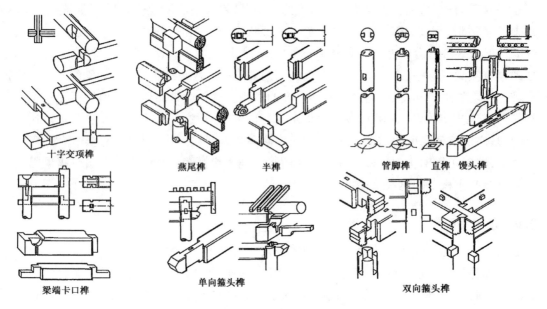

十字交项榫　　燕尾榫　　半榫　　管脚榫　直榫　馒头榫

梁端卡口榫　　单向箍头榫　　双向箍头榫

图 1-11　清式榫卯图

这导致柱底节点非常薄弱,容易发生转动和移位。虽然在纯重力作用下,这不会导致结构的破坏、失稳等问题,但在侧向水平力(除地震、风荷载会产生水平力外,坡屋面也会产生水平推力分量)作用下,构架的稳定性将主要由上部节点的刚度决定,如图 1-13。这就导致只有节点合理、刚度合适,才可能衍生出跨度、高度、空间配置自由的木框架体系。

这一定性规律已基本为建筑史研究界普遍认同。但是上述规律仍然存在若干问题。例如,同样为盛极一时的节点形式,为何会出现斗栱到榫卯的退化? 如果榫卯确实是最合适的形态,为何会走斗栱的"弯路"? 榫卯自河姆渡时期就已出现,在周代也肯定普遍使用,为何单层木构的独立、跨度的发展会滞后节点那么多? 为何会衍生出那么多种形态的榫卯,具体对构架有何影响? 多层楼阁较单层木构高度更大,但其侧向刚度和稳定问题是否较单层更严重,又怎样影响到节点的演变? 这些问题的解答,都涉及结构定量分析数据。本书受力机制研究的要点即是通过定量结构分析,解析节点刚度、构架结构性能和构架类型变化三者之间的互动关系。

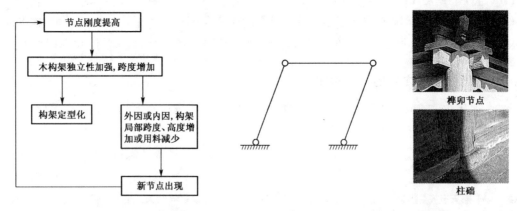

节点刚度提高

木构架独立性加强,跨度增加

构架定型化

外因或内因,构架局部跨度、高度增加或用料减少

新节点出现

榫卯节点

柱础

图 1-12　木构结构关系演化图　　　　　**图 1-13　传统木构结构简图**

但在将定量分析方法应用于本书研究之前,仍然基本问题需要探讨。即在纷繁复杂的结构性能问题中,哪些是值得探讨的。

1.4 木构安全度初探

楼阁相对于一般单层建筑,一个显著的不同就是其自重随楼层增加的特点,因此必须考虑增加的竖直荷载造成的影响,然而对待这个问题不能通过简单地将荷载代入的方法来解决,否则工作量大且缺少针对性。本节即从传统木构安全度的分布规律这一角度探讨竖直荷载的影响。

建筑安全问题正越来越受到人们的关注,而近来的汶川大地震,不算太久之前的台湾地震一次次以血淋淋的事实提醒人们安全的重要性,在这几次地震中,不但有很多"豆腐渣"工程倒塌,甚至连一些久经考验的古代建筑遗产也毁于一旦,如图 1-14～图 1-16 所示。这主要是因为这几次

图 1-14 都江堰二王庙中
被震垮的山门

图 1-15 都江堰大殿右侧
由于地基损毁造成垮塌

的地震烈度极高(震中烈度 11 度),但也提醒并要求我们在古建筑保护修缮工作中应时刻注意传统建筑的结构安全问题。结构安全问题的判定至少包括木构件重力荷载下的验算和水平荷载下的计算结果,并可能还需涉及类似《古建筑旧木材材性变化及其无损检测研究》[1]中对于木材强度衰减,《应县木塔现状结构残损要点及机理分析》[2]中对于木材横纹受压能力和结构残损,《应县木塔风作用振动分析》[3]中对于高层木结构抗风性能的相关研究。但是即便有了上述诸多研究成果,面对中国量大面广、类型丰富的传统木构时,怎样判定安

图 1-16 江油窦团山顶峰
彻底损毁的木构

---

❶ 王晓欢.古建筑旧木材材性变化及其无损检测研究[D]:[硕士学位论文].呼和浩特:内蒙古农业大学,2006.
❷ 李铁英.应县木塔现状结构残损要点及机理分析[D]:[博士学位论文].太原:太原理工大学,2004.
❸ 李铁英,张善元,李世温.应县木塔风作用振动分析[J].力学与实践,2003(2):40-42.

全和提高安全程度仍是一个值得探讨的话题。

在日常工作中,对于古建筑的结构安全检查一般是按照现行结构规范执行的,即按照规范规定的材性、计算要点、公式逐项检查,凡是不符合要求的,就采用增加支撑、增大截面、复合材料加强等方式补强。但是,这种符合现代规范的高效操作流程却往往会和维修对象的实际情况产生矛盾,其原因是多样的,既有结构理论的缺陷,也有古今思维体系的差异,更有一些,是由于尚未将各领域研究成果统筹考虑造成的。那么古代传统木构自身的安全度分布规律如何呢?

1.4.1　竖直荷载下的安全度及其分布特征

虽然今天对古建木构的研究已大大超出重力荷载范畴,但研究重力荷载下的结构安全仍然具有重要的意义,一方面,重力荷载是古建最常见的受力形态;另一方面,重力作用下的结构和构件安全度与地震、风荷载下的结构安全也有密切联系。此外,对于如下的安全问题的认知,也最容易从重力状态的分析中获得答案。

- 今天的安全验算是建立在按材料科学测定的材料强度和结构力学基础上的,那么缺乏科学手段的古人所营建的建筑,其安全系数合理吗? 和今天的安全系数有什么差异?
- 今天的设计安全同时还意味着所有构件有相同的安全系数,这一情况在传统古建中存在吗?
- 今天的安全观念包括了正常使用、施工、应力极限和地震等多种情况,那么古人在判定安全与否时,有什么样的标准呢?

针对上述问题,本书基于《清式工程作法》、《营造法源》和南京南捕厅历史街区中若干建筑实例(由于王天先生早已在《古代大木作静力分析》❶中,做过带斗栱的宋代大式木构重力荷载下的分析,故此处主要集中在无斗栱小式木构的案例分析),首先进行重力荷载下木构安全度的分析。分析时的计算参考现行规范。(安全度的定义为规范限值除以实际值,由于无法获得木材的实际强度,故不能以安全度大于或小于 1 来判定是否安全,但可以看出各个构件安全度之间的比较关系。)

1.4.2　案例分析和解读(图 1-17～图 1-19,表 1-1～表 1-3)

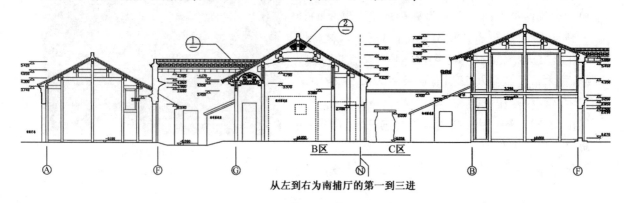

从左到右为南捕厅的第一到三进

图 1-17　南捕厅剖面示意图

---

❶　王天.古代大木作静力初探[M].北京:文物出版社,1992.

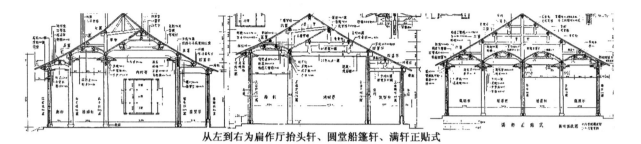

从左到右为扁作厅抬头轩、圆堂船篷轩、满轩正贴式

图 1-18 苏州地区木构典型剖面示意图

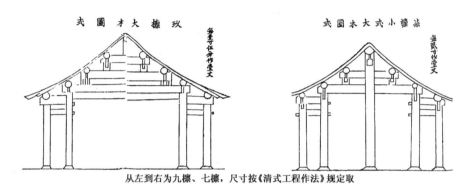

从左到右为九檩、七檩，尺寸按《清式工程作法》规定取

图 1-19 北京地区木构典型剖面

表 1-1 南捕厅

构件名称	第一进			第二进			第三进		
	安全度（弯矩或承压）	安全度（剪力）	变形安全度	安全度（弯矩或承压）	安全度（剪力）	变形安全度	安全度（弯矩或承压）	安全度（剪力）	变形安全度
金脊椽	2.9	8.5	4.3	1.6	5.5	2.1	2.9	8.5	4.3
金金椽	2.9	8.5	4.3	1.6	5.5	2.1	2.9	8.5	4.3
檐椽	1.4	6.0	1.3	1.8	5.7	2.0	1.5	6.0	1.3
脊檩	1.4	0.72	1.6	2.1	0.95	3.6	1.4	0.8	1.6
上金檩	2.1	1.1	2.4	2.5	1.3	3.4	2.1	1.1	2.4
下金檩	2.63	1.3	2.9	2.4	1.1	4.1	2.6	1.4	2.9
檐檩	5.7	3.0	6.4	2.0	0.9	3.4	5.7	3	6.4
挑檐檩	0.2	0.3	0.8	3.9	3.9	2.1	0.25	0.33	0.8
脊童柱	3.8			4.5			3.8		
上金童柱	7.6			5.1			7.5		
下金童柱	4.7			6.6			4.7		
檐柱	15.4			8.7			15.4		
三架梁	474.1			11.6	3.5	110.3	474.1		
五架梁	3.1	3.4	4.9	14.4	2.9	56.5	3.1	3.4	4.9
挑尖梁	1.9	0.9	217.7	14.2	6.9	1 120.7	1.9	0.9	217.7

注：该表仅计算重力荷载下的构件安全度，其中节点简化为铰接节点，木材北方按照 TC13 等级松木，南方按照 TC11 等级杉木假设，弹模、极限强度按照规范取值。但由于实际材性未知，故表中数值为与规范比较的相对值。

表 1-2　营造法源

构件名称	扁作厅抬头轩			圆堂船篷轩			满轩正贴式		
	安全度（弯矩或承压）	安全度（剪力）	变形安全度	安全度（弯矩或承压）	安全度（剪力）	变形安全度	安全度（弯矩或承压）	安全度（剪力）	变形安全度
金脊椽	2.6	5.4	3.7	3.2	6.0	4.9	2.2	4.9	2.7
飞檐椽	2.2	4.9	2.4	3.9	6.6	5.4	2.7	5.6	3.2
草脊檩	1.4	1.7	1.4	0.6	0.9	0.6	0.4	0.6	0.2
草金檩	2.0	2.2	1.9	0.6	1.1	0.4	0.5	0.9	0.3
草步檩				2.1	3.6	1.3			
挑檐檩	0.4	0.9	0.2	0.6	1.7	0.3	0.7	1.3	0.5
草架三步梁	1.1	0.8	2.2	1.1	1.1	0.7	30	11	55
山界梁	0.7	0.7	1.6	0.4	0.5	1.5	1.1	0.8	2.2
四界梁	2	1.2	5.7	0.3	0.3	0.5	0.7	0.5	1.1
轩梁	1.2	1.5	3	1.3	1.1	2.5			
金柱	15			12			12		
脊柱	7			5			5		

注：该表仅计算重力荷载下的构件安全度，其中节点简化为铰接节点，木材北方按照 TC13 等级松木，南方按照 TC11 等级杉木假设，弹模、极限强度按照规范取值。但由于实际材性未知，故表中数值为与规范比较的相对值。

表 1-3　清式工程作法

构件名称	九檩大木			七檩小式大木		
	安全度（弯矩或承压）	安全度（剪力）	变形安全度	安全度（弯矩或承压）	安全度（剪力）	变形安全度
金脊椽	3.1	7.9	5.2	3.1	7.9	5.2
檐椽	1.5	5.5	1.5	1.5	5.5	1.5
脊檩	0.8	0.8	0.9	0.8	0.8	0.9
金檩	1.2	1.0	1.2	1.2	1.0	1.2
檐檩	1.0	0.9	1.0	1.0	0.9	1.0
三架梁	1.4	1.4	3.1	17	19	28
五架梁	0.8	0.6	1.6	7.8	4.8	27
七架梁	1.1	0.7	1.8			
抱头梁	14	17	29	14	17	29
瓜柱	3			3		
金柱	5			5		

注：该表仅计算重力荷载下的构件安全度，其中节点简化为铰接节点，木材北方按照 TC13 等级松木，南方按照 TC11 等级杉木假设，弹模、极限强度按照规范取值。但由于实际材性未知，故表中数值为与规范比较的相对值。

各地区构件安全度数据有一定离散性，但总体而言，有如下规律：

- 柱的安全度明显大于其他构件，大约为檩条（其安全度最低）构件的 3～5 倍。
- 变形安全度大于受弯安全度，截面未受榫卯削弱时，受剪安全度大于受弯安全度，截面受榫卯削弱时，受剪安全度最低。

- 安全度的竖直分布为柱＞椽＞檩＝梁。
- 草架安全度低于露明梁架。

1.4.3　传统提高安全度方法评析

随着屋面荷载自上而下逐步增加,古代匠师主要通过增加构件截面来试图增加或维持一定的安全度,但是这一尝试并不完全成功,主要出现了下述几类问题:

- 檩、梁的安全度小于椽。
- 在《营造法源》、《清式工程作法》和南捕厅实例中都出现过下层梁安全度全面低于上层梁的现象。
- 凡截面受榫卯削弱的构件,大部分出现了受剪安全度低于受弯安全度的现象,这与一般认为的大跨度梁抗弯能力小于抗剪能力的假定不同,且容易在结构验算时被忽略。
- 局部构件出现了安全度远低于一般安全度的现象,如南捕厅中出檐较大处的挑檐檩,《营造法源》圆堂船篷轩中最底层的圆梁,说明这类构件为整体构架的结构缺陷所在。

根据上述分析,可以推测古代工匠在悬挑构件、超静定构架、不对称构架的内力分配、榫卯抗剪上经验不足。

1.4.4　竖直荷载下安全度深入探讨

上述的分析是建立在现代规范所规定的荷载、材料强度和安全系数基础上的,由于古今必然存在的差异,因此不能简单的因为构件安全度小于 1 而判定结构不安全,否则会出现按《清式工程作法》或《营造法源》作法的建筑,从营建开始就是不安全的误判。其原因主要是两方面的,一是现代规范的木材强度限值被大大削弱了,二是某些计算假定和判定条件的不合理。

虽然目前古建木材强度的实测数据还较为匮乏,但从结构安全合理性出发,已建成并使用了数百年的木构,在营建刚完成时,构架中主要的承力构件应该都是安全的,而且露明构件应该处于弹性阶段(否则变形早已大至影响使用且可以被观测出来),以这两个条件即可找到整个构架中的最小安全系数。

其次由于规范的限制,目前我们很少在正常使用状态进行弹塑性分析,这主要是因为大量结构为钢混,构件中混凝土材料的塑性范围很小,塑性工作还会导致大量裂缝出现。但将弹塑性分析引入超静定结构部分有助于了解该部位木构的内力重分配过程并帮助安全分析,试以金檩到挑檐檩典型超静定结构为对象,对其解析如下:

由于挑檐檩受荷过大,其内力超过弹性极限,必然进入塑性状态,变形明显增大,椽子的变形远小于挑檐檩,其跨中和椽子的接触部位脱离。此时,脱离部分的椽子荷载由檐檩承担。对前述案例的所有不合格挑檐檩部位的椽验算可知,其变形仍小于挑檐檩跨中变形,故最终的分布情况是跨中挑檐檩和椽分离,跨边挑檐檩仍旧支撑檐椽,屋面将呈抛物线变形,但挑檐檩由于卸荷却仍安全,而檐檩转承了挑檐檩的部分荷载。其根本原因在于超静定结构天然的卸荷机制和椽较大的安全储备。

根据上述两点调整表 1-1～表 1-3 的系数,可以得到下述的附加分析:

- 上述三种作法的木构露明部分安全状况为:椽约有 3.5～5 倍的安全冗余,檩有 1～3

倍安全冗余,承力梁有 1～2 倍安全冗余。柱的在 3～5 之间。

- 非露明的草架梁和草架檩有处于部分塑性变形的可能。
- 挑檐檩构件大部分处于部分塑性变形状态。
- 在自重荷载下,拉接构件和最上部的梁安全冗余较多,有 3～25 倍的安全冗余,这类平常不受力的构件长期强度也会较高,并能为其他受力状态下的木构提供内力重分配的可能。

1.4.5　竖直荷载安全度分析小结及探讨

通过前述的分析,对于古代匠师怎样判断、保证安全和其成败,传统小式木构构件安全度的分布有了初步的了解,对于北方小式木构架来说,脊檩和倒数第二层梁是整体结构最不安全的地方;对于《营造法源》所代表的苏州地区小式木构来说,挑檐檩、不对称露明梁架最下层梁为结构的薄弱点;对于类似南捕厅,同时受北方官式作法影响又具有南方穿斗和草架作法的木构架、挑檐檩、没有连机加强的檩条均为结构薄弱点。其中尤其是承力的草架梁,是安全度最低的部位,应是各次检修的重点。

但总体来看,各类构件都有一定程度的安全冗余。除非构件有明显不符合常规的作法或明显残损,否则不必刻意照搬现代规范,刻意验算各个构件。

对于楼阁来说,虽有层叠式和通柱造的差异,但均为一层木构增加高度或重叠的产物。大部分顶层和单层木构类似,下层也仅仅是在柱的位置或者靠近柱的拉接梁位置存在上下层荷载传递问题,从受力机制来看,其突出的特点不过是最底层柱的荷载增加而已,传力机制上并无明显的特异。由于其屋面和单层木构在一个时期必然类似,而每层的结构荷载也不可能超越屋面荷载,只要不出现跨度明显增加或梁截面明显削弱,功能明显改变的情况,就不必刻意验算其构件截面,进行竖直荷载的分析,否则其结果只能是和单层木构一样,按规范验算不通过或很难通过,但却没有实际结构问题。对于使用铺作的宋式大木,王天前辈也早已得出过等应力分布安全的结论。

楼阁在增加的重力荷载下,除了和单层相同的问题外,也有几个局部差异,主要是柱的安全度差异、层间衔接处的局部承压问题和层间过渡位置的局部抗剪问题(例如插柱造时,上层柱插在下层梁上)。但这些问题一般造成的影响尚未明显到改变上述结论,由于柱先天具有 3～5 倍的安全冗余,柱插脚梁多为小跨度联系拉接构件,有 3～25 倍的安全冗余,即使按增加一层荷载增加一倍的最不利状况,在楼阁 3～5 层之间的情况下也不会出现安全度低于 1 的情况。比较特殊的局部承压问题在《应县木塔现状结构残损要点及机理分析》一文中有所探讨,在楼层数特别大,使用年限特别长时确实是个不可避免的结构问题,宜专门研究。由于结构分析与极限状态相关,若大部分构件没有极限状态问题,这种分析显然不能揭示其独特的结构特征。

1.4.6　水平作用下的木构安全浅析

竖直荷载下木构具有较高的安全冗余,不等于其他作用下的多层楼阁也一样安全。这部分的精确解答,必须留待后续节点研究成果明确之后才能确定,然而此节即已经可以对这一问题作出粗浅的讨论。

图 1-20～图 1-23 显示了笔者调查的汶川地震中,损害的木构实际情况;此外,云南丽

江地震震害研究也表明,楼层交接处部分穿斗作法柱在卯口处震裂折断,是该地区多层木构受灾的一种主要形式。从这些实例上来看,至少木结构的侧向刚度和安全问题应得到专门研究。

据《古建木结构抗震机理的探讨》❶和《木构古建筑柱与柱础的摩擦滑移隔震机理研究》❷研究成果,古代木构抗震依靠柱础隔震和构件摩擦变形耗能,其结构行为可分为四个阶段,第一个阶段为 0.2 g 以下,构架整体依靠摩擦力嵌固于柱础上;第二阶段为 0.2~0.5 g,构架下部与柱础间开始滑移,但构架为整体运动;第三阶段为超过 0.5 g,构架各层之间发生相对滑移,尤其是柱和柱础之间滑动增大,随时会发生落架;第四阶段为 1.1~1.8 g,构架随时可能发生拔榫和整体倾覆。

图 1-20　彭州领报修院附近木构民居的地震脱榫　　图 1-21　都江堰伏龙观地基下降造成角部损坏　　图 1-22　都江堰二王庙偏房房屋整体倾闪　　图 1-23　青城山顶峰太上阁旁简易木构严重倾闪却未整体坍塌,已远远超出现代规范破坏判定

同时试验显示,木构的地震反应要小于地面加速度,在 0.4 g 以下,有斗栱的大式构架屋面加速度约为地面加速度的 50%,柱头加速度约为地面加速度的 75%,而 0.4 g 以上甚至可衰减至地面加速度的 30%~40%。简单来看,结构任意时刻中的荷载均不可能超过自重的 40%,似乎是安全的,但是由于在水平作用下,传递内力必须依靠节点的抗弯能力,而根据台湾和目前节点实验获得的数据,榫卯节点的极限刚度远小于此。❸ 最大地震响应大于极限抵抗能力。虽然上述结论可能随着梁柱节点数目不同而略有改变,但至少可以看出,节点在水平作用下的安全度远小于竖直荷载下的构件安全度,即便对于单层木构来说都是值得研究的问题,遑论多层楼阁了。

此外,根据已有的研究数据,榫卯或斗栱连接的传统木构水平荷载下变形都很大,对应的梁柱转角极限自 0.1 rad 到 0.3 rad 不等,结构还会有明显的 $p-\Delta$ 效应。加剧地震响应和榫卯抗弯性能之间的矛盾。

上述一系列分析数据说明,相比重力荷载,某些水平荷载工况更可能使传统木构在接近极限状态下,也更能显现结构对建筑的制约。

❶ 薛建阳,张鹏程,赵鸿铁.古建木结构抗震机理的探讨[J].西安建筑科技大学学报(自然科学版),2000(1):8-11.
❷ 姚侃,赵鸿铁.木构古建筑柱与柱础的摩擦滑移隔震机理研究[J].工程力学,2006(8):127-131.
❸ 榫卯的极限抗弯刚度约为对应截面抗弯极限的 3%~8%。

1.5　木构结构定量分析研究基础

在传统木构结构研究中,量化过程非常困难,目前来看,至少有如下三大难点:

对象复杂性和隐蔽性:一方面,由于木构存在时间长,地域广,构成节点形式复杂,构架多样,需研究的对象过多;另一方面,早期的构架和演变由于缺少形象而所知不详,即使有实物留存,最重要的木构榫卯节点在结构拆解前是无法获知具体尺寸作法的,只能根据一般规范和外形推测节点情况。这就使得将具体节点量化时面临基本数据不够准确、变化系数又太多的问题。

量化理论不成熟:由于木材是一种各向异性的非线性材料,榫卯节点的结构行为又是非线性的摩擦问题,复杂的非线性组合使得其理论分析、量化十分困难。这就导致研究往往必须依赖大量实验数据统计得出,并有相当的误差。

模糊性:结构问题只是建筑各类问题中的一项而非全部,由于古代匠人很可能缺少定量的计算分析,很难严格按照今日结构计算的标准去审视过去的建筑,必然带有模糊性。此外,虽然侧向刚度问题在单、多层木构的结构演化过程中扮演了重要的角色,但它在建筑营造过程中,属于伴生问题而非原生。从数部建筑典籍和众多的实例可知,营造时在结构上最为注重的是工料,即"有效利用""构件截面"的问题。很多作法,节点的出现并非单单为解决侧向稳定问题,而更多的受重力,尤其是屋面荷载的牵制,还受限于时代的技术特征。例如斗栱层叠数的增加、支撑挑檐的作法其实就是为了给挑出的屋面提供足够强的支点;元、明时期斗栱缩小而梁未同步缩小,还在纵向上维持甚至加大了阑额的组合高度,实是因为最下层的大梁(即清式大栿)或阑额必须承担的屋面荷载不变,不能缩减。但又恰恰是这些原因,极大地影响了连接节点的强度并进而影响到了构架的抗侧刚度。研究中固然必须具备一定的模糊性,不能死套结构数据,又必须保留量化的数据比较,不能流于定性。

1.5.1　节点结构研究成果与问题

中国传统木构节点中,以榫卯为主要连接形式,斗栱是中国传统高等级木构的重要特征和结构体系中的重要节点,虽然其本质可以看做是若干榫卯组合而成的独特建筑节点,但不能将其简单和榫卯画等号。与一般榫卯相比,斗栱节点有三点重要的区别:第一是复杂性,和一般榫卯两到三个构件组合相比,斗栱少则三个,多则数十个构件组合;第二是统一性,即斗栱虽由不同构件通过榫卯连接,但外形始终较为统一;第三就是整体性,斗栱不但自身为重要的节点,而且还通过纵、横两个方向的拉接成层形成了独立完整的结构层。已经脱离了一般节点范畴。上述这些特征决定了斗栱需要针对性,独立的研究。

目前,一直困扰传统木构架结构研究的一个难点就是节点假设。由于早期结构力学只存在刚性和铰接两种假设,出于计算安全假设的前提,榫卯节点按铰接计算。(根据台湾相关研究,强度很大的直榫最大也只能达到刚性连接 8.2%的连接性能。)对于竖直荷载下的构架研究,这一假设虽然会导致误差,但仅是计算结果上的大小差异。但当这种节点假设引入传统木构水平作用下结构行为研究时,直接导致传统木构成为瞬变体系。目前通过引入半刚性概念已经可以解释传统木构榫卯节点问题并进而解析木构架行为。

然而从结构力学的角度看,大多数传统中国木构均是以榫卯连接的杆件,构件的尺寸可以通过建筑学测绘得到。纷繁复杂的构架,也就衍生出了多样化的节点形态。如需进一步提高研究精度,就必须将研究重点转向节点的具体半刚性行为,并进一步了解其共性和差异性。

1) 大陆地区研究情况

解决节点问题,大致有两种思路。一种是研究节点的本构关系,即研究不同几何状态下榫卯的受力变化,提出统一的解析式来解决。本人的硕士论文即从这方面着手,并提供了某些榫卯的半刚性参数解析式。此外如方东平等人的《木结构古建筑结构特性的计算研究》❶《中国古代木结构的弹塑性有限元分析》❷《榫卯连接的古木结构动力分析》,针对斗栱的研究《中国古建筑木结构斗栱的动力实验研究》❸《古建筑大木作铺作层的振动分析》❹等均试图通过有限元和本构关系的解析来确定榫卯的半刚性。但这种方法牵涉变量太多,如节点行为非线性、材料非线性、材料弹塑性等,最终必须作出一系列简化,且需配合试验研究进行验证。例如本人硕士论文就结合单榀梁架进行解析,而方东平等人的一系列论文由于缺少针对节点的专项研究,没有得出节点具体的半刚性刚度数值而只能估测其强度。从其公式推导的榫卯半刚性节点性能实际是各种作法、尺寸榫卯刚度的算术平均值。该类结果可能更适宜于整体构架研究的参考。

另一种思路就是根据实验实测榫卯半刚性而不去解析其形成原因。具体的试验方法主要是两种。第一种基于构架的激振试验。如《木结构古建筑结构特性的实验研究》《木结构古塔的动力特性分析》❺等均使用这一方法。第二种是结合榫卯连接构架的低周反复加载,测量节点的滞回曲线,并反求半刚性曲线。高大峰等人的《中国古建木构架在水平反复荷载作用下变形及内力特征》❻、姚侃等人的《古建木结构榫卯连接特性的试验研究》❼、赵鸿铁等人的《古建筑木结构燕尾榫节点刚度分析》❽《古建筑木结构透榫节点特性试验分析》❾,杨艳华等人的《古木建筑榫卯连接 $M-\theta$ 相关曲线模型研究》❿,葛鸿鹏等人的《古建木结构榫卯节点减震作用研究》⓫均是以构架为基本单元进行的,通过试验得到的榫卯半刚性研究结果。相较纯理论分析,其结果可信度更高。但是试验对象有限,主要是燕尾榫,仅少量文章涉及直榫。不仅如此,甚至连部分的节点构造都与传统作法不符⓬。

❶　方东平,俞茂宏,宫本裕,等.木结构古建筑结构特性的计算研究[J].工程力学,2001(1):138-142.

❷　赵均海,俞茂宏,高大峰,等.中国古代木结构的弹塑性有限元分析[J].西安建筑科技大学学报(自然科学版),1999(2):131-133.

❸　赵均海,俞茂宏.中国古建筑木结构斗栱的动力实验研究[J].实验力学,1999(1):106-112.

❹　冯建霖,张海彦,王欢,等.古建筑大木作铺作层的振动分析[J].工程结构,2009(4):132.

❺　张舵,卢芳云.木结构古塔的动力特性分析[J].工程力学,2004(1):81-86.

❻　高大峰,赵鸿铁,薛建阳,等.中国古建木构架在水平反复荷载作用下变形及内力特征[J].世界地震工程,2003(1):10-12.

❼　姚侃,赵鸿铁,葛鸿鹏.古建木结构榫卯连接特性的试验研究[J].工程力学,2006(10):168-173.

❽　赵鸿铁,张海彦,薛建阳,等.古建筑木结构燕尾榫节点刚度分析[J].西安建筑科技大学学报(自然科学版),2009(4):450-454.

❾　赵鸿铁,董春盈,薛建阳,等.古建筑木结构透榫节点特性试验分析[J].西安建筑科技大学学报(自然科学版),2010(3):315-318.

❿　杨艳华,王俊鑫,徐彬.古木建筑榫卯连接 $M-\theta$ 相关曲线模型研究[J].昆明理工大学学报(理工版),2009(1):72-76.

⓫　葛鸿鹏,周鹏,伍凯,等.古建木结构榫卯节点减震作用研究[J].建筑结构,2010(S2):31-33.

⓬　主要问题是部分燕尾榫使用下落的构造却没有上部压置的垫块或者直接让燕尾榫置于无顶部接触面状态,导致其出现了较大的滑移段。比较台湾区域的相关研究,是没有明显滑移的。

此外,也有大量针对斗栱的研究文章,例如《木结构古建筑中斗栱与榫卯节点的抗震性能——试验研究》就获得了节点试验数据❶,《中国古代大木作结构斗栱竖向承载力的试验研究》《古建筑木结构单铺作静力分析》《古建木构斗栱的破坏分析及承载力评定》研究了斗栱承受竖向荷载的能力;《古建筑木结构斗栱抗震性能的试验研究及 ANSYS 分析》一文还比较了竖向荷载下 ANSYS 和斗栱试验数据;《应县木塔斗栱模型试验研究》❷研究了应县木塔中几种缩尺试验构件。《古建木构铺作层侧向刚度的试验研究》❸研究了斗栱和铺作层在侧向刚度上的区别。但是这些斗栱研究都有一定的局限性,例如为了防止斗栱失稳,将斗栱倒置,并在上端压制极大荷载,实际上扩大了不存在的摩擦接触面,限制了斗栱的变形可能,并得出了不应该存在的剪切破坏模式。

除本人的硕士论文外,上述研究成果仅涉及宋式作法和少量清式榫卯作法。对于其他地域和时期的榫卯都缺少实测数据。这就大大限制了这些结果对构架研究的意义。此外目前大陆地区榫卯试验研究都是结合构架进行的,并不是纯粹的节点性能研究。总的来看,试验获得节点半刚性数据的方法较为成熟,但在试验对象和方法上有待改进。

2)台湾地区研究成果

台湾地区的类似研究成果则超越了简单的对某种榫卯研究的阶段,例如《中国传统建筑全新榫卯对木构架结构行为之探讨》一次就对九种不同类型的榫卯进行了全新和人工损伤的对比试验研究❹。结果显示,当变形范围在构架高度 2％以内时,榫卯均显示出明显稳定的半刚性刚度,且能和有限元分析对应。在针对穿斗构架的足尺构架榫卯研究中,不但涉及了三种穿斗方法形成的节点刚度差别,得出了直穿大于燕尾大于断开的结论,且利用统计学回归方法得出节点刚度和节点尺寸的关系式❺。即:

$$K_1 = 951.10 \times A + 936.71 \times D - 30.89 \times A \times D - 16\,427.86 \qquad [式1-1]$$

$$K_2 = 76.86 \times A + 59.22 \times B - 86.49 \times D - 10\,638.91 \qquad [式1-2]$$

其中 K_1 为透榫的转动刚度,K_2 为半榫的转动刚度,D 为柱宽,A 为柱深,B 为榫长。

在《结构修复技术整合型研究计划(2)-子计划 2:台湾传统木骨泥墙力学性能之研究期末报告》中更指出,踏步燕尾榫(即半高为燕尾榫)一类的榫卯结构刚度对于旋转方向有敏感性,正向(即转角增加)时几乎没有刚度且榫卯拔出,而逆向时则刚度很大❻。这一研究成果对于合理设计和分析构架榫卯模型有很大的指导意义。研究还发现,这类有水平抗拉构造的榫卯刚度受梁宽影响很大。踏步燕尾榫的线性刚度和极限弯矩分别如下式

$$K = 43.384 + 8.79 \times H \times D$$

$$M = -18.081 - 0.885 \times W^2 - 0.273 \times H \times D \qquad [式1-3]$$

❶ 高大峰,赵鸿铁,薛建阳.木结构古建筑中斗栱与榫卯节点的抗震性能——试验研究[J].自然灾害学报,2008(2):58-62.
❷ 袁建力,陈韦,王珏,等.应县木塔斗栱模型试验研究[J].建筑结构学报,2011(7):66-72.
❸ 隋龚.古建木构铺作层侧向刚度的试验研究[J].工程力学,2010(3):74.
❹ 王千山.中国传统建筑全新榫卯对木构架结构行为之探讨[D].[硕士学位论文].台北:"国立"中兴大学,1994.
❺ 徐明福.结构修复技术整合型研究计划(2)-子计划 1:穿斗式木构架接点之实验与分析[R].台北:"内政部"建筑研究所,2004(12).
❻ 徐明福.结构修复技术整合型研究计划(2)-子计划 2:台湾传统木骨泥墙力学性能之研究[J].2004(12).

其中,K 为踏步燕尾榫的刚度,M 为踏步燕尾榫的极限弯矩,W 为榫宽,H 为榫高,D 为柱径。《台湾传统建筑直榫木接头力学行为研究》以 6 种不同的直榫为研究对象。结果表明榫长对直榫的刚度有明显影响。而燕尾作法则可以在接近榫长的情况下提供更高的极限弯矩和第一阶刚度。柱的形状,榫肩有无的影响则相对较小[❶]。《台湾传统木构造"减榫"力学行为与模拟生物劣化之研究》则研究了木构中常见的减榫(即透榫穿柱时为了避免对柱削弱过多而减少断面的作法,北方称为大进小出榫),并模拟了腐朽造成的榫卯损伤,指出各类减榫作法的尺寸变化在一定范围内时,对初始刚度几乎没有影响[❷],但当榫卯进入非线性工作阶段时,榫头断面面积的影响要大于榫长。5% 以内的腐朽对榫头影响很小,而超过 30% 的腐朽对榫卯刚度的影响极其显著。此外,在 *Mechanical behavior of Taiwan traditional tenon and mortise wood joints* 一文中,以常见的直榫为研究对象,研究了榫长的影响[❸]。

上述成果显示出两大共性,第一就是各类榫卯虽然结构行为有差异,但是其半刚性模式是接近的,第二就是本人硕士论文所揭示的,榫卯刚度和榫头与卯口具有对应尺寸关系。同时不难看出,台湾地区研究的,主要是清代南方穿斗系为主的榫卯类型,对于解释北方抬梁构架或唐宋时期斗栱层叠式有很大局限。

3) 海外研究成果

如果把视野放宽,不再局限于传统木构架,则国外也有相当多有参考价值的研究成果。例如 Sato S. , Fujino E. 等人的 *A Study on Tensile Strength of Traditional Wooden Joints*, Ohsawa K. 等人的 *Strength Characteristics for Joints in Wooden Frame Construction*, Ukyo S. 等人的 *Fracture Analysis of Wood in Moment-Resisting Joints with Four Drift-Pins Using Digital Image Correlation Method*,Masaki Harada 等人的 *Effect of moisture content of members on mechanical properties of timber joints*,其中最有参考价值且系统化的是 Eckelman 针对榫卯进行的一系列研究。其针对方头直榫的研究表明,在 0.06 rad 范围内,透榫的半刚性曲线接近直线[❹]。在针对拼接形成的方榫研究中,若排除榫肩的影响,榫高对刚度的贡献接近线性增长,当榫高增长约 1.62 倍时,刚度增长为 1.6 倍。无榫肩作法相对有榫肩刚度要弱,但是两者的差距会随着榫高增加而削弱,无榫肩作法最小时仅为有榫肩的 65%,较大时也只有有榫肩的 90%[❺]。其结论中木销的存在反而会降低榫的刚度,有无销钉的差距在 5%~10% 之内的结论对榫卯研究也有重要意义[❻]。针对圆头直榫的研究中结论类似[❼]。此

---

❶ 李佳韦.台湾传统建筑直榫木接头力学行为研究[J].台湾林业科学,2007(6):125-134.

❷ 商博渊.台湾传统木构造"减榫"力学行为与模拟生物劣化之研究[D]:[硕士学位论文].台北:"国立"成功大学,2010.

❸ Min-Lang Lin, Chin-Lu Lin, Shyh-Jiann Hwang. Mechanical behavior of Taiwan traditional tenon and mortise wood joints[A]//PROHITECH 09 Protection of Historical Buildings[C]. Mazzolani, 2009:337-341.

❹ Y. Z. Erdil. Bending moment capacity of rectangular mortise and tenon furniture joints[J]. Forest Product Journal, 2005,55(12): 55, 209,213.

❺ Eckelman C, E Haviarova. Rectangular mortise and tenon semirigid joint connection factors[J]. Forest Product Journal, 2008, 58(12): 49-55.

❻ Eckelman. Exploratory study of the withdraw resistance of round mortise and tenon joints with steel pipe cross pins [J]. Forest Product Journal, 2006, 56(11/12):55-61.

❼ Eckelman. Exploratory study of the moment capacity and semirigid moment-rotation behavior of round mortise and tenon joints[J]. Forest Product Journal, 2008, 58(7/8):56-61.

外,在 *Effect of moisture content of members on mechanical properties of timber joints* 一文中,研究了木材含水量对榫头性能的影响,结果在 5%～15% 的含水率范围内,并未发现明显区别❶。但是其榫卯用材和中国传统用材有较大区别,且由于研究对象为家具和西式屋架领域,木材之间则部分使用了胶结和钉子,故其结果仅能作为参考。

1.5.2　构架结构研究情况

前述国内的节点研究,除少数外,其实均是结合构架的研究。在大陆地区,构架拟静力状态下的定性分析有如《古建筑木构架的整体稳定性分析》《湘西南木结构民居的结构特性分析》《西安钟楼抗震能力分析》❷等。此外,能和构架抗侧刚度联系的研究主要分两类,一类是配合实物振动法的研究。如《应县木塔风作用振动分析》❸《中国古代木结构有限元动力分析》❹《应县木塔抗震性能研究》❺等;此外尚有结合有限元计算分析内容,如《宋式古代木建筑结构分析及计算模型简化》❻《榫卯连接的古木结构动力分析》❼、董益平等人的《宁波保国寺大殿北倾原因浅析》❽等,台湾地区较少,仅见《传统叠斗式大木构架在水平载重下结构行为之探讨》一篇探讨。此外还有一些重要的构架节点研究成果如《木构古建筑柱与柱础的摩擦滑移隔震机理研究》❾。

这些研究成果除几篇拟静力分析外,无一例外地选择了动力学和构架抗侧刚度方向。就分析手段来看,一般存在两种思路。第一种是结合节点数据进行构架有限元分析;另一种是比较振动分析和有限元计算结果。总体看来,使用合适的变刚度单元,结合商用有限元分析软件如 ANSYS 等是能达到一定精度并被普遍接受的分析方法。但这类分析普遍存在一些问题。首先是节点的半刚性数据普遍使用平均值。国内外相关研究均指出,榫卯的种类和尺寸作法均会对节点刚度有明显影响。这种假设条件下,即使构架构件全部按实测值,其误差范围和原因仍然是未知的;其次就是前述的节点数据,国内研究普遍引用的节点数据文献针对性不强,部分构架设计有争议❿;第三就是构架形式差异太大,简单的为两柱一梁或四柱四梁,复杂的则直接为高等级大式建筑构架,缺少过渡。反观台湾地区的研究,多由资深建筑师主导,传统工匠制作,具有很强的针对性,但其所研究的叠斗作法构架对于本书的研究对象,仅能参考。

❶　Masaki Harada. Effect of moisture content of members on mechanical properties of timber joints[J]. The Japan Wood Research Society, 2005(51):282-285.

❷　陈平,姚谦峰,赵冬. 西安钟楼抗震能力分析[J]. 西安建筑科技大学学报(自然科学版),1998(3):16-18.

❸　李铁英,张善元,李世温. 应县木塔风作用振动分析[J]. 力学与实践,2003(2):40-42.

❹　赵均海,俞茂宏,杨松岩,等. 中国古代木结构有限元动力分析[J]. 土木工程学报,2000(1):32-35.

❺　杜雷鸣,李海旺,薛飞,等. 应县木塔抗震性能研究[J]. 土木工程学报,2010(S1):364-369.

❻　刘妍. 宋式古代木建筑结构分析及计算模型简化[D]:[本科学位论文]. 北京:清华大学,2002.

❼　仓盛,竺润祥,任茶仙,等. 榫卯连接的古木结构动力分析[J]. 宁波大学学报(理工版),2004(3):332-335.

❽　董益平,竺润祥,俞茂宏,等. 宁波保国寺大殿北倾原因浅析[J]. 文物保护与考古科学,2003(4):1-4.

❾　姚侃,赵鸿铁. 木构古建筑柱与柱础的摩擦滑移隔震机理研究[J]. 工程力学,2006(8):127-131.

❿　一般只有纵架使用燕尾榫,横架多用半榫或透榫类连接。而宋代燕尾榫是否被普遍用于梁架中也属疑问,目前国内拆解实例中仅隆兴寺摩尼殿使用。而日本同期或更早时期的构架普遍使用螳螂榫连接。

1.6　本章小结

综上所述,可以认为木构楼阁演化中的重大变革均与结构技术和受力机制相关,为节点和构架的互动。其中,重力荷载下导致构件破坏的影响要素较小,而基于节点转动刚度的构架侧向刚度则是上述演化的结构基础。但目前国内的研究成果无论是在节点或构架层次均有一定缺陷,针对性较强而普遍的演化规律和受力机制演变研究较少。本书应是在此基础上的结构定量化计算比较研究。

2　研究体系与思路

在1.4节中已经指出,基于节点的构架形式和抗侧刚度的研究是本书重点。怎样既有针对性的解决基本问题,又避免过多的误差,是本章首先需解决的问题。

2.1　研究对象概念界定

如前言所述,楼、阁,乃至塔虽有多种来源,而且理论上各有空间特征,但就结构概念而言,均属于多层建筑。此外,某些重檐木构,例如晋祠圣母殿或故宫太和殿,虽然自身的空间仅有一层,但是其构造方式与重楼几乎一致。本书所研究的楼阁,泛指由木材建造,多于一层的木构建筑。虽然会考虑部分土木混合或砖木混合结构,但仍应是主体为木构框架的情况(原始社会的假设讨论除外)。不研究那些实际以砖营造,外侧增加木檐的塔或楼阁。

在分层概念上考虑两种分法,即空间分层和结构分层。结构分层如唐宋时期常见的层叠式楼阁,其上层结构和下层截然分开,就以其层叠数(有暗层时,暗层与上层算一层)为分层数;明清时期的楼阁,由于采用通柱式,如按结构分层只算一层房屋,这时就以其室内楼板、梁为空间分层标准。此外尚有不少研究需参考部分在单层高度上达到或接近同时期二层木构的重檐建筑。这一范畴是远大于传统意义上的楼阁的。扩展这一概念范畴除了因为历史上确实有楼、阁、塔、重屋等数种混淆的现实外,一个重要的现实原因是现存木构楼阁研究对象在数量分布上呈现出明显的倒三角形态,即早期实例甚至记载非常匮乏,而晚期如清代的实例相对而言又过多,这一背景下,为较为早期的实例参考其他类型建筑如应县木塔或圣母殿等可一定程度上提供更为宽广的研究视角,实属无奈之举。

纯木构楼阁可能自东汉,至迟到南北朝末期已经出现,直至清代都有出现。这也是本书楼阁受力机制研究的主体时间范畴。此外考虑到建楼阁之前必建单层木构,故单层木构技术的发展也需一定程度考虑,而将时间范畴的扩展范畴为原始社会至清。由于结构分析计算必须联系实际构架,故可提供实例进行分析的时间范畴只能以自辽、宋始,至清终。研究对象的地域主要限于大陆地区。对于该范畴外的对象如日本飞鸟时期的建筑等,虽可能涉及但仅限于辅证或猜想,不纳入研究主体范畴。实例的选择则比较倾向于具有特殊结构特征,尤其是在跨度或高度上较为突出的大型官式或高等级建筑,对于小型的低等级建筑,虽然在必要时会加以参考,但是不作为主要的研究对象。

地域选择的广泛性带来的一个不可回避的问题就是构架体系中体系区别,虽然从实例看,东汉的广东陶屋就已经表现出穿斗结构,然而早期楼阁的相关资料和实例中,属于穿斗体系,又同时具备较大的跨度或高度,能够得以推测构架形态的少之又少。这就容易在分析中造成断点。依据本书所实际能选择参考的实例,分析基本是沿官式、抬梁系统展开的。只在明、清和汉代的若干案例中,才略有涉及穿斗体系。

2.2　受力机制研究目标与技术路线

绪论中的相关研究表明,本书的重点应该是在榫卯节点转动刚度试验研究基础上的,不同构架基于抗侧刚度分析的比较性解析。另一方面,虽然已经有了很多的相关研究成果,但目前无论是节点或构架研究成果,都很难反映由于节点作法或构架组合变化造成的影响,而分析手段上又有一定的限制。针对上述问题,结合前述的楼阁发展中的一般现象和规律,本书需先从如下的方面,通过试验、有限元分析等多种手段对上述问题进行分析、补充完善。

2.2.1　研究技术路线图

结合已有的研究成果,本研究目标和条件,首先针对绪论提出的三大难点进行如下处理:

针对性拓展。考虑到研究对象的复杂性和隐蔽性,不得不作出适当取舍,并结合部分假设,进行拓展性的研究。具体而言,就是扩大研究的节点对象,应包括木构楼阁中常见的榫卯类型和斗栱,并包括一些基本的,可能出现的尺寸变化。对缺少实物阶段的建筑,允许进行必要的,以绘画、明器等形象为基础的推测研究。

分块量化。考虑到研究对象的巨大数量,从节点到构架的所有研究都基于实验研究显然是不可能的。故决定将其中理论分析条件最不足、非线性问题最复杂的榫卯部分主要依赖试验研究。有图纸或实物可以依循、分析理论相对成熟的构架主要依赖有限元基础上的研究。这样既可有效提高量化数据的精确性,还能减少理论分析和实验分析两种体系间的系统误差。为提高构架理论分析部分的可靠性,在理论分析前,结合计算机中模拟节点实验构架的结构行为,确认分析方法和实验数据的拟合程度。

比较法。即不人为的划定某条判定标准,而是相对的比较不同时期不同作法的差异,既可以避免分析误差累积,也能够在保持具体数据模糊性的基础上,作出定量的相对比较。

最终制定研究技术路线图 2-1。同时结合已有文献成果,针对节点和构架两个层面给出了具体的研究目标。

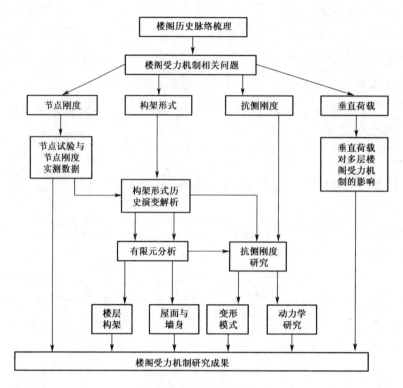

图 2-1   研究技术路线

2.2.2 榫卯节点

- 结合构架考虑节点选择和试验,和传统建筑作法一致。
- 增加榫卯研究对象。至少应囊括转角的十字箍头榫,各类燕尾榫,构架中柱必然出现的半榫和抬梁体系的馒头榫。
- 研究常见的木销钉对中国传统作法榫卯刚度的影响。
- 榫肩对榫卯的半刚性刚度的影响。
- 直榫的榫长对破坏形态的区分和刚度的影响。直榫可以被认为是各类榫卯的起点,其他榫卯均是在榫头长度、形状等多个方面对直榫的补充和改进,直榫本身的形态变化和尺寸变化的规律是什么?
- 竖向拼接柱榫卯研究。

2.2.3 斗栱

- 单向和双向斗栱的区别,也就是斗栱横栱向和华栱向的差别。
- 斗栱和梁的比例关系,宋、清斗栱的主要区别之一就是清代斗栱的比例相对梁头明显变小了。那么这是否意味着清代斗栱结构性能的明显变化呢?
- 斗栱层叠数的影响,即古人实践中体现的斗栱等级与层叠数目的正相关是否有明显的结构依据。
- 在接近实际的情况下(即没有较大的顶部摩擦面),斗栱的变形、破坏模式如何?

2.2.4　构架

- 能一定程度反映不同类型的构架特征,明确区分楼阁中通柱造和层叠式的区别。
- 能反映不同时期的最具特征性的节点作法,如宋代的斗栱铺作和清代的梁柱造。
- 能比较不同构架导致的区别,并能利用前述节点的研究成果。

2.3　木材材性和计算假设

2.3.1　木材的基本特性

木材材性是必须讨论的话题之一。木材作为一种天然材料,其材料属性和我们现在常用的混凝土、石材、钢材和人造纤维材料相比,有很多差异,突出表现在几以下方面:

各向异性❶:现代建筑材料所大量使用的混凝土、钢材都是各向同性材料,但木材是典型的各向异性材料,其横纹压缩模量比顺纹压缩模量小很多,而且变形模式也相差很大,横纹压缩时发生的是即使有很大的变形也不会破坏的塑性变形,而顺纹压缩变形为脆性变形,和混凝土、钢材有类似之处。

材料塑性明显:无论是顺纹或是横纹压缩,都存在较长的塑性区,尤以横纹压缩明显❷。

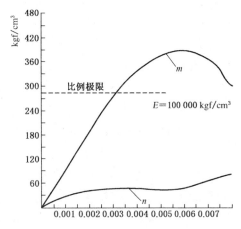

图 2-2　木材应力应变图
(kgf 为"公斤力",为原苏制单位,原图引用,不作换算)

材料性能不确定❸:受环境影响大,不同的含水率,不同的湿度,木材的春夏材比例,虫蛀,木结都会造成木材性能的差异。如图 2-3,图 2-4 显示了含水率对木材的影响。

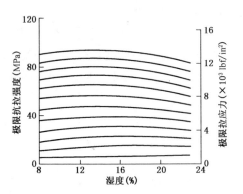
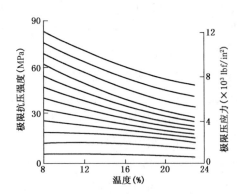

图 2-3　木材强度随湿度变化图(横坐标为湿度,纵坐标强度,左图为拉,右图为压)
(lbf 为"磅力",原美制单位,原图引用,不作换算)

---

❶　Forest Products Laboratory. Wood Handbook Wood as an Engineering Material[M]. Madison Wisconsin: Createspace, 1987: 4-1～4-10.

❷　(苏)巴普洛夫. 木结构与木建筑物[M]. 同济大学桥隧教研组,译. 上海:上海科学技术出版社,1961:7.

❸　(苏)巴普洛夫. 木结构与木建筑物[M]. 同济大学桥隧教研组,译. 上海:上海科学技术出版社,1961:4-6.

2.3.2　腐败和长期荷载作用下的木材属性

在《古建筑木结构用材的树种调查及其主要材性的实测分析》中,研究了目前各地区古建的主要材种,并分别实验比较了600年的云杉和200年的柏木,结果发现,虽然材种不同,衰减时间不同,但衰减最快的是抗弯强度,其次为弹性模量❶。针对应县木塔的研究指出,松木的密度有所提高,抗剪强度的衰减要低于弹性模量和抗弯强度的衰减,衰减最快的是横纹强度的各项指标❷。此外,还引用了日本木材强度的研究报告,指出扁柏木自300年到1300年中,各项指标衰减不大,制作精良的古木甚至在各项强度上还要高于新木。日本榉

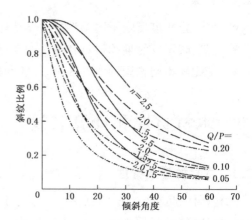

图 2-4　木材斜纹强度,横坐标为相对顺纹的倾斜角度,纵坐标为斜纹和顺纹的比值

树的分析也基本相同,并显示韧性为新木和旧材衰减最明显的指标,随年份线性衰减。但是,由于研究对象为不同建筑的木材,除韧性降低和横纹强度衰减快于顺纹强度这两点有较为明确的理论支撑外,其余结论值得探讨。总体来看,除韧性外,木材强度衰变往往在300年之内完成大部分,南方常用的杉木和榉木的顺纹强度衰减小于横纹强度,顺纹抗弯和弹性模量衰减大于顺纹抗压及抗剪强度衰减,北方常用的落叶松等的衰变规律也较为近似。

在《古建筑旧木材材性变化及其无损检测研究》中,结合故宫修缮旧材,探索了另一条不同的研究方法,即寻找木材腐朽程度、气干密度和残余强度的关系,最终确定,木材的气干强度和木材各指标之间有对应关系,木材残余强度受腐朽程度影响极大两个关键结论。

此外,在上述文献中,对木材的实际测量显示,古建木构的旧材强度往往高于新材,远远大于现行木结构规范限值,如杉木的顺纹抗弯强度接近30 MPa,松木最高达到接近70 MPa,这与规范中10~15 MPa的取值相差了3~6倍,且尚未计入年代折减❸。

木材腐朽也会对木材强度造成明显改变,霉变对木材的影响非常大,无论是 Wood Handbook❹ 或《古建筑旧木材材性变化及其无损检测研究》中均指出腐朽严重降低木材强度❺,而且影响较大的是木材主要受力性能抗弯和抗压强度。根据台湾相关模拟试验,木构件腐朽达5%则构件强度下降10%以上,腐朽达30%则完全丧失强度❻。

将上述衰减规律代入重力作用下的木构安全度分析可知,在长期荷载作用下,由于木材抗弯变形衰减快于受剪衰减,暴露多的构件(椽)衰减高于有保护构件,故给椽预留较大的安全度

---

❶ 《古建筑木结构维护与加固规范》编制组.古建筑木结构用材的树种调查及其主要材性的实测分析[J].四川建筑科学研究,1994(1):11-14.
❷ 王林安.应县木塔梁柱节点增强传递压力效能研究[D].[博士学位论文].哈尔滨:哈尔滨工业大学,2006:62-65.
❸ 中华人民共和国建设部.木结构设计规范(GB 50005-2403).
❹ Forest Products Laboratory. Wood Handbook Wood as an Engineering Material[M]. Madison Wisconsin: Createspace, 1987:3-15.
❺ 王晓欢.古建筑旧木材材性变化及其无损检测研究[D].[硕士学位论文].呼和浩特:内蒙古农业大学,2006.
❻ 商博渊.台湾传统木构造"减榫"力学行为与模拟生物劣化之研究[D].[硕士学位论文].台北:"国立"成功大学,2010:58.

冗余是极有针对性的,而抗弯变形衰减快于受剪衰减也使得木构古建不至于发生难以预防的抗剪破坏。对于抬梁构架或不对称构架中的下层梁,虽然其安全冗余自营造初就偏低,但在长期荷载作用下,其破坏形态为极易观察到的受弯或变形破坏,故可以通过后期修缮改善。横纹强度衰减快于顺纹对于重力方向荷载的木构安全度影响较少,但当木构为多层叠合或年代久远时,底层的柱头大斗会由于横纹衰减快和压力大而严重变形,甚至连梁这类受弯构件的破坏形态也趋向于局部横纹承压破坏,这即是应县木塔高度缩小和底层破坏的主要形态,而普拍枋横纹破坏也出现在崇福寺的修缮案例中。由于横纹承压破坏为脆性破坏,故宜在修缮时预留较大的安全冗余。这些相关研究,已有文献深入涉及,本书不必重复探讨❶。

将衰减规律代入第二部分得到的水平荷载下的木构安全度分析可知,韧性和横纹承压强度的降低对于榫卯节点乃至结构抗震性能影响是很大的。如果横纹承压强度降低50%,则无论是燕尾榫还是直榫、半榫,其刚度均会下降。特别是百年以上木构,由于横纹强度的减低而更易拔榫破坏,而且这种降低是无法用挤紧卯口的工艺改善的。

2.3.3　木材计算简化和假设

由于存在上述诸多复杂影响木材材性的要素,故作如下规定、简化和假设:

各向异性:木材各向异性不仅限于顺纹和横纹,即使横纹也存在径向和弦向的差异,在Wood Handbook中区分明显❷。我国目前没有对应的规范和数值。但这一问题代入本书的研究框架,又一定程度上可以忽略。由于中国传统木构均为杆件类构件或组合件,其主要的受力状态是压、弯和受拉,而顺纹和横纹的巨大差距使得按顺纹分析是较为简化而又不会造成过大的计算负担的选择。局部顺、横纹问题都和节点研究相关,可以在实验中具体分析研究。

材料塑性:从图2-2中可以看出,无论顺横纹都有一定的弹塑性问题。但将弹塑性研究全部引入,既不现实,也不必要。撇开会增加的计算分析工作量不说,已有文献研究成果指出,中国传统木构的变形很大,在木材进入弹塑性之前,往往构架就已经由于弹塑性变形过大了。局部弹塑性问题则可以结合节点问题分析。

材料退化问题:作为单纯的木构楼阁受力机制比较研究,可不考虑木材老化问题。因此本书研究均认为木材无腐朽现象。老化现象因树种不同而有很大的差异。但横纹衰减大于顺纹是明确的。根据前述假设,这一问题可在受力机制分析过程中忽略。

2.4　计算分析通用假设和说明

本节主要对研究中提出的若干重要概念、名词进行解释,避免混淆;对计算中用到的符号和单位加以统一说明;并对坐标加以规定;对研究木构架的地域和时代限定说明。

❶ 刘化涤.应县木塔地震反应分析及健康诊断初步研究[D]:[硕士学位论文].哈尔滨:中国地震局工程力学研究所,2006.

❷ Forest Products Laboratory. Wood Handbook Wood as an Engineering Material[M]. Madison Wisconsin:Createspace,1987:4–11.

2.4.1　术语

榫卯:特指中国古代木结构的节点构造形式,是榫头和卯口的合称,在本书中将范围限定在大木作范围内,凡一个构件上明确分出榫头和卯口的,会明确指出,对榫头和卯口同时出现在一个构件的一个位置上时,简称榫卯。对小木中的榫卯不予讨论研究。该节点形式和木桁架中的齿接、榫接、键接等节点形式类同但无直接联系。

半刚性节点:介于刚性节点和铰接节点之间的一种节点形式,其特征是既允许一定的节点变形,又能产生一定的抵抗弯矩。

弹性阶段和塑性阶段:与半刚性对应的概念,弹性阶段变形和外力呈线性关系,且任何时候卸除外力就可恢复变形;塑性阶段变形和外力成非线性关系,即使卸除荷载也会有残余变形。

斗栱、铺作、平坐:斗栱是一种由榫卯组合的复合节点。按位置分为柱头、补间和转角三种主要位置。一般来说,宋代的斗栱被称为铺作和平坐。在清代一律叫科。当宋代斗栱用于屋檐下时,称为铺作,用于楼阁上层楼面下时,称为平坐。在唐宋时期,斗栱还会形成完整的水平结构层,即铺作层或平作层。本书对斗栱一律只称为斗栱,当必须区分在楼阁中的位置时,基于宋代名称,称为铺作斗栱或平坐斗栱,而不简称为铺作或平坐,也不采用清式称谓。对于成层的斗栱结构层则称为铺作层和平坐层。

纵架和横架:传统木构架区分方式,纵架为开间方向木构架,横架为进深方向木构架。

2.4.2　符号

M——弯矩,单位 kN·m

V——剪力,单位 N

T——扭矩,单位 kN·m

q——均布荷载,单位 N/mm

P——集中荷载,单位 N

E——木材顺纹弹性模量,单位 MPa

E_1——木材横纹弹性模量,单位 MPa

I——截面抗弯模量,单位 mm^4

σ——木材拉应力限值,单位 N/mm^2

τ——木材横纹剪应力限值,单位 N/mm^2

f——挠度,单位 mm

θ——转角,无单位量纲

ρ——曲率,单位 mm^{-1}

l——水平构件跨度,单位 mm

b——构件宽度,单位 mm

h——构件高度,单位 mm

d——柱径,单位 mm

u——摩擦系数,取值在 $0.2\sim0.3$ 之间❶

2.4.3 坐标

三维坐标 X、Y、Z 分别对应建筑的纵向(开间向)、横向(进深向)、竖向,在分析中,有时为了论述简单易懂,会采用其中的一种或混用的表述方法,请参照此坐标说明图 2-5。

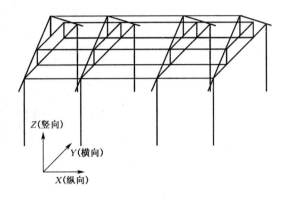

图 2-5 坐标说明图

❶ (苏)柯契得科夫. 实用木结构[M]. 王硕克,译. 北京:首都出版社,1954:88.

▶▶ 上篇
节 点 研 究

　　传统木构楼阁的受力机制研究，必然也只能建立在科学系统的节点结构基础上，上篇将从四种不同视角，结合差异化的试验方法，重点研究对构架侧向刚度影响最大的榫卯转动刚度问题，限于研究方向，其他榫卯节点属性仍有待拓展。

3　榫卯类型差异研究

3.1　榫卯的基本类型和变化组合

中国木构榫卯节点虽千变万化,但有其内在规律。榫卯类型的研究本身就是一个巨大的课题。本节并无意囊括,只是略微举例说明其变化,了解在后续构架研究中所需对应的对象。图 3-1 列举了在河姆渡时期发现的若干种榫卯❶;图 3-2 则展示了战国时期木椁中使用的榫卯❷;图 3-3 是日本法隆寺梁柱中使用的榫卯❸。从图 3-1 中可以发现如下的规律:第一,已经出现大木和小木的分化;第二,榫卯类型多,且已出现销钉、多向等特征,尤其是燕尾榫和榫肩的出现,代表对于榫卯的认知和加工水准均已较高;第三,榫卯只能解决基本的构架组合需求,即水平和垂直构件相交处理,水平和水平构件的连接相交、垂直和垂直构件的交接问题尚未见实际案例;第四,以最常见的直榫来说,其比例变异很大,榫头宽高比自 1∶1.8 到 1∶4 均有,说明对合理比例还在探索阶段。从图 3-2 中可以发现,小木构件中的榫卯已十分精细,并出现了组合榫卯,可以满足水平构件连接和转角连接等多种需求。几乎每一种榫卯都是若干种简单榫卯的组合形态,可同时满足抗扭、抗拔、抗弯等多种需要,湖南长沙五里牌四百零六号墓的木椁中还发现了半边为燕尾的榫卯形态❹。这个时期的燕尾榫普遍较为粗短,倾斜度类似。

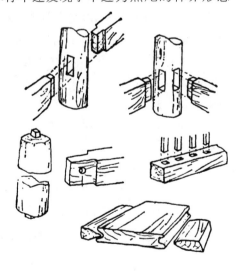

图 3-1　河姆渡榫卯

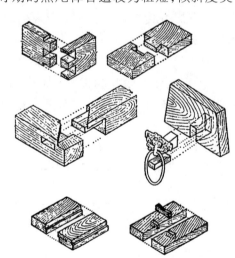

图 3-2　战国木椁榫卯

❶　浙江省文物管理委员会.河姆渡遗址第一期发掘报告[J].考古学报,1978(1):47.

❷　赵德祥.当阳曹家岗五号楚墓[J].考古学报,1988(4):455-519.

❸　日本木构建筑保护研究内部资料:74.

❹　长沙市文物工作队.长沙市五里牌战国木椁墓[J]//湖南省博物馆,湖南省考古学会.湖南考古辑刊(第 1 集)[M].长沙:岳麓书社,1982.

燕尾榫的普遍应用说明工匠在实际建造过程中意识到直榫不耐拔的缺陷而做出了尝试和改进。但是上述榫卯是否被广泛应用于建筑实践中尚存疑。图3-3为法隆寺梁柱榫卯和斗栱分解图,此外五重塔斗栱分解图说明斗栱的木构件在水平方向交接已能熟练处理。但在大木上没有任何出头作法,其他建筑分解图也显示没有十字箍头榫的出现,而战国小木作中就有了角部处理雏形。

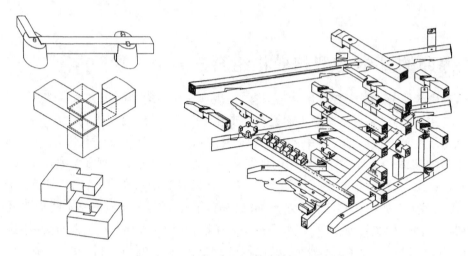

图3-3　日本飞鸟时期(约中国隋)木构榫卯及斗栱分解

　　三者相比可以发现,虽然早在7 000年前的河姆渡遗址中就出现了原型,而战国时期的榫卯已经非常精细复杂。但用在大木结构中的榫卯相对来说,还是比较简陋的。这可能不仅与加工工具有关,还和具体构架形式有关。从图3-2可以看出,木椁的榫卯普遍重视抗拔,均使用企口或燕尾方式连接构件,且已经能通过错位和斜切两种方法处理同一高度转角问题,这和小木作精度要求更高、允许变形更细微是关联的。也和小木从一开始就必须全木构架有关,而日本法隆寺虽然也使用了类似技法,但显然很有构件的针对性,例如阑额不拉接,角部虽然斜切,梁只做到构件相互避让即可。而普拍枋却使用拉接能力强的螳螂榫。从受力角度看,这几种构件都很少承担拉接作用,这种节点处理的差异就和梁、阑额截面较大,自身跨度小,稳定性高密不可分。十字卡口榫的缺失很可能是当时木构架技术并未认识到某些部位水平联系构件的重要性,或是刚从土木混合构架脱离的后遗症,而并非榫卯工艺自身的问题。这一时期水平构件多用类似宋的螳螂榫一类连接而不用燕尾,或是直接用通长构件穿柱而过,阑额则是以类似半榫的形态简单插入柱中。

　　这一基本规律直到宋、元时期仍然基本一致。图3-4是宋代《营造法式注释》图版中记录的若干种榫卯❶;图3-5为元代永乐宫等建筑拆解时发现

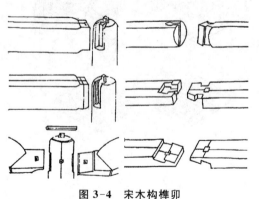

图3-4　宋木构榫卯

---

❶　(宋)宋诚修编,梁思成注释.营造法式注释[M].北京:中国建筑工业出版社,1983:259.

的榫卯❶。宋代榫卯较之前,有三大进步:第一,普遍加强了水平联系件的拉接,大量使用螳螂榫,此外还有藕批搭掌、萧眼穿串等。在榫卯节点选择上,仍维持了南北朝时的区分。凡是自身稳定性差,连续接长的构件如檩条、普拍枋等均沿用勾头搭掌和螳螂榫等。但改进了原本仅有搭接关系的阑额,也在局部增加了类似燕尾的构造❷。一个值得注意的特征是直头螳螂榫作法的消失,全部变为类似燕尾榫的楔角关系,这可能和木材顺、横纹力学性能相差过大,直头榫卯容易局部劈裂有关。第二,规格化,伴随着"以材为祖"的建筑模数化和相对粗略的榫卯尺寸规定,配合图版,宋代的榫卯也应该出现了相对固定的比例范围。但在《营造法式注释》记载中,很少出现对于榫卯尺寸的详细规定。提及最多是

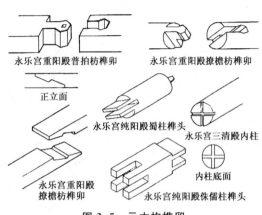

图 3-5　元木构榫卯

对榫宽的要求,即"入柱卯减厚之半"和少许提及的长度要求"两头至柱心"。第三,工艺细化。在梁柱交接的鼓卯系中,榫头加工细致,有退榫、搭掌、镊口等多种作法出现。然而,镊口卯是否有燕尾刻画不清晰,且其榫头两次互相转化为卯口卡入反映出对于榫头和卯口之间比例把握上的尝试。在建筑实践中,摩尼殿榫卯相较图版就采用更多直线形式,梁柱交接使用简单的燕尾榫,抱厦转角阑额出头和重檐转角阑额不出头的差异则说明了其对角部榫接的探索。

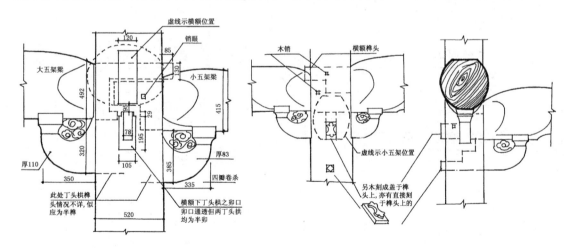

图 3-6　明木构榫卯

图 3-5 的元代榫卯总体上来看和宋代一脉相承,而蜀柱底部普遍使用长度较大的直榫。这一现象说明,除了燕尾、馒头等常用于抬梁作法的构架榫卯外,尝试应用原本多出现在穿斗构架中的直榫。此外,庑殿和歇山建筑角部双向出头,说明角部十字箍头榫的作法已经相对固定。而柱底的十字卯口用于透气,说明榫卯已从简单的结构节点转变为整合更多构造需要的复合节点。

---

❶　中国科学院自然科学史研究所.中国古代建筑技术史[M].北京:科学出版社,2000:123.

❷　图版不清,猜测为局部类似燕尾的榫头,也可能仅是直榫。

　　图3-6显示了部分工艺精巧的明代榫卯❶,图3-7~图3-9分别展示了清代北方抬梁影响区❷、南方苏州地区❸和台湾闽南❹等地区常见的节点榫卯。图3-6中明代梁柱榫卯由宋代的箫眼穿串作法演化为清代常见的半榫双拼,由于梁枋在接近位置交接,三个以上的榫头合理避

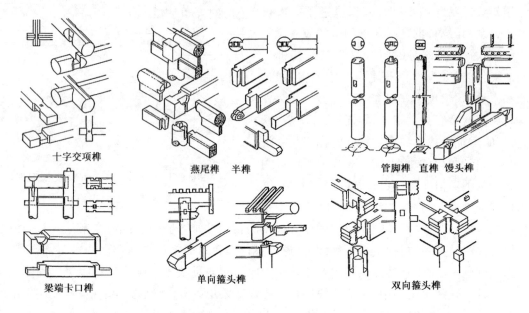

十字交项榫　　　　　　燕尾榫　半榫　　　　　　　管脚榫　直榫　馒头榫

梁端卡口榫　　　　　　单向箍头榫　　　　　　　双向箍头榫

图 3-7　清官式木构榫卯

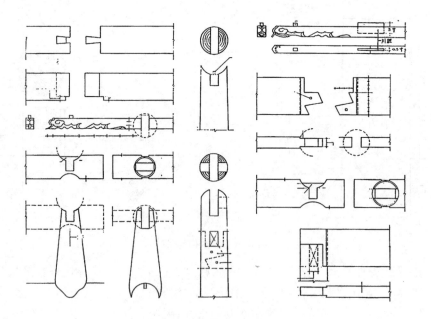

图 3-8　清苏式木构榫卯

❶　潘谷西.中国古代建筑史(第四卷):元、明建筑[M].北京:中国建筑工业出版社,2001:450.
❷　马炳坚.中国古建筑木作营造技术[M].北京:科学出版社,1991:126-131.
❸　姚承祖.营造法源[M].北京:中国建筑工业出版社,1982:188.
❹　李干朗.台湾大木结构的榫头——台湾传统建筑匠艺二辑[M].台北:燕楼古建筑出版社,1991:79-83.

让,显然经过了长期实践经验的积累。图 3-7～图 3-9 中的榫卯节点虽然看似种类繁多,其实相较之前朝代,已经有了很多简化,例如宋代及之前普遍使用的螳螂榫消失了,代之以工艺简单的燕尾榫;而榫卯外露部分装饰性增加,如十字箍头榫霸王拳等。并混用各种方法加固榫卯,如拼柱时用铁圈,柱头大量开口时用牛皮等。由于建筑类型丰富,还可以看出一定的地域差别,例如北方抬梁体系较为粗短而南方较为细长,北方馒头榫等较多而南方直榫较多等。

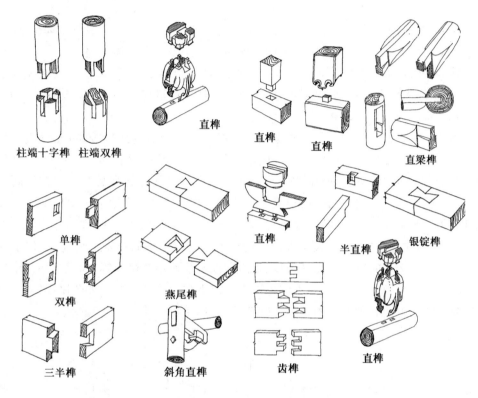

图 3-9 台湾地区常见榫卯

3.2 榫卯类型选择

虽然上述传统木构架榫卯看似繁杂,但可以归类为檩、梁、枋、柱的几种构件组合。榫卯的主要类型与这些构件的互相连接有关。从节点构造的角度看,大致有三种原因会改变节点使用的榫卯。第一种就是由于构件组合方式不同,如檩条和檩条交接为水平构件间的交接,而梁柱交接则是水平和垂直构件交接,这两类榫卯就不一致;第二种是不同构架导致的节点差异,如同为梁柱交接,抬梁式构架由于梁在柱顶上,故榫卯为置于柱顶的馒头榫,而穿斗构架由于梁柱顶在接近高度,故可以是燕尾、半榫、透榫等;第三种就是由于在同一位置相交构件太多而不得不做出的改变,其中有能够相对简单归类的例如角部的十字箍头榫,也有难以归类的各种做法变化如两个水平构件在接近但不同高度和柱相交。

基于上述基本考虑和本书榫卯节点主要结合梁柱研究的特点,摒弃了部分常用但仅出现在小木中的作法如蚁榫❶,放弃了和梁柱节点无关但常用的螳螂榫❷等和早期出现但后期演化消失的如萧眼穿串等❸。选择了如下的五种榫卯,比较由于榫卯类型变化而造成的节点抗弯性能差异,并一定程度上考虑尺寸变化带来的影响:

第一种,燕尾榫:燕尾榫是古建中常见的榫卯类型,由于其榫头收溜,故有一定的抗拔力。燕尾榫很少直接用于最主要结构构件的连接如梁柱部位(这也是不少榫卯框架试验的一个基本错误);而是多用在水平构件之间的连接或各榀木构架之间的水平拉接构件,如阑额、普拍枋的两端。

第二种,馒头榫:馒头榫是北方抬梁体系中最为重要的一种榫卯,一般馒头榫位于柱顶,连接搁置在柱顶的梁。此外,各类斗栱底部的榫卯也可看作馒头榫变体。

第三种,半榫:当梁柱交接不是位于构架尽端而是位于构架中部时,由于无法在柱顶开垂直卯口,故不使用馒头榫、透榫或燕尾榫,这时常见的柱梁交接榫卯为半榫。即在柱中开洞,两侧各插入一个宽度缩减了的梁❹。

第四种,十字箍头榫:中国传统木构架较高等级的屋面形式为庑殿或歇山,这类木构架都要求角部能在同一高度位置解决两个方向的水平构件和一个垂直构件的交接问题。在传统木构发展早期,不得不在角部使用两个或者三个柱子。随后一段时间则是在柱上使用两个不出头的水平构件解决这一问题。而发展出互相咬合的十字箍头榫,已是木构架和榫卯高度成熟以后的事了❺。

第五种,下落式燕尾榫:下落式技法是一种在中国南方多见的技术。如前述,位于柱列中间的柱由于和水平构件的交接不在柱顶位置,所以就不能使用燕尾榫等,而只能使用半榫。一种解决办法就是在柱中开一个大口,大到可以垂直放下想要的榫卯类型如燕尾榫后,再以木块填上大口的作法。上述五种榫卯的示意如图3-10。

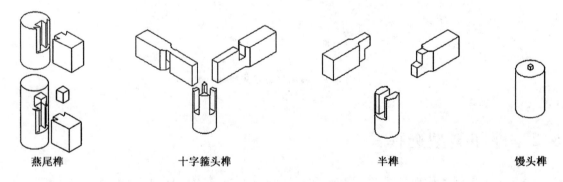

燕尾榫　　　　　　十字箍头榫　　　　　　半榫　　　　　　馒头榫

图3-10　榫卯类型图

---

❶　家具中常用,形态同燕尾榫。

❷　(宋)李诫修编,梁思成注释.营造法式注释[M].北京:中国建筑工业出版社,1983:307。早期常用于水平构件续长,后期被燕尾榫替代。

❸　(宋)李诫修编,梁思成注释.营造法式注释[M].北京:中国建筑工业出版社,1983:307。这是一种结合销钉的榫卯形式,同时榫头横向变截面。后期也常用销钉,但榫头构造改变为上下变截面。

❹　马炳坚.中国古建筑木作营造技术[M].北京:科学出版社,1991:126-131。该名称引自此书,同时该榫头还可被称为透榫、大进小出榫和减榫等多个名称。

❺　在唐代实物中,角部出头罕见。在宋代部分建筑实物如隆兴寺摩尼殿出现。

在上述选择过程中,忽略了一些榫卯,如宋之前多用的勾头搭掌类和螳螂榫类。这些榫卯作用原理和燕尾榫相似,但目前仅见用于连接檩条或是普拍枋一类次级拉接构件,和主体结构关系稍远。另外如齿榫、企口缝榫虽然也很常见,但仅用于木制家具或门窗,故不选用。另一大类是透榫(直榫),后续章节单独研究。

上述每种榫卯还设有尺寸差别,按马炳坚收集整理的清式官样作法,燕尾榫的长度为柱的四分之一,宽度为柱径的四分之一,按1:10收溜。而在南方如《营造法源》一类文献中,燕尾榫最长可达柱径的三分之一,宽度为柱径的四分之一到五分之一,同样按1:10收溜。为体现传统木构地域特征,各种榫卯均有两种或以上的作法变化:燕尾榫包括榫长加长、榫宽变窄和下落式三种作法,加长和变窄均常见于南方,下落式也是南方独有的作法;十字箍头榫包括榫宽变窄和加木销两种,也都常见于南方;半榫包括榫宽加宽和榫高变小两种作法,在南北方均可能出现;馒头榫包括榫截面加大和榫长加大两种作法,馒头榫加宽常见于北方,馒头榫加长常见于南方。这些尺寸差异可以帮助理解不同地域榫卯作法造成的节点刚度差异。将这些尺寸作法编组,得到基本试验组如表3-1所示。

表3-1 榫卯实验尺寸表

榫种	图例	尺寸(单位 mm)		
		榫宽	榫高	其他
燕尾榫-1		40	40	
燕尾榫-2		40	55	
燕尾榫-3		30	40	
燕尾榫-下落式		40	40	安装方式为下落式
十字箍头榫-1		40		有销钉
十字箍头榫-2		25		有销钉
十字箍头榫-3		40		无销钉
半榫-1		40	60	
半榫-2		60	60	
半榫-3		60	40	
馒头榫-1		30	30	
馒头榫-2		50	50	
馒头榫-3		30	30	

3.3 试验方案设计

通过研读西安建筑科技大学等发表的燕尾榫试验成果,本书试验设计试图避免如下已知缺陷:

- 行程短:由于试验条件和设备的限制,目前大多数试验行程在 40～60 mm 之间,较难全面反映木构节点刚度性质。

- 节点构造有误,例如燕尾榫,在不使用下落式这种特殊技法时,必须从柱顶落下,但其上端一般都有檩条等构件在重力作用下牢牢压住燕尾榫,相当于给榫卯施加了牢固的上部变形约束和摩擦面,而部分已有试验忽略这一现象,造成初始滑移非常大,和台湾的已有研究成果显著不同,应当改进。

- 只考虑水平荷载作用,未研究过竖直荷载作用效果。虽然榫卯的半刚性行为可以简化为刚度随转角变化的过程,但是在竖直和水平两种荷载作用下,会产生不同大小的水平分力并导致一定的节点刚度差异。

考虑到上述问题后,本实验设计如下:

- 加载:为获得榫卯弯半刚性数据,有两类方法,一种是针对节点施加弯矩,另一种是对用这种节点连接的简单框架施加荷载。本书选择后者,主要考虑有些节点如燕尾、馒头无法直接对节点加载这一现实问题。

- 框架均为二柱一梁基本框架,梁两端和柱连接处使用榫卯,构件按 1∶2 缩尺,组成高 1.5 m、跨度 1.5 m 的单榀框架。梁一律为80 mm×120 mm,柱径 120 mm。对于像十字箍头榫,半榫等必须三柱两梁的榫卯,有一个方向为悬空梁。

- 设计配合长行程的试验设备和方法,增加试验行程至 140 mm,即略大于 1 倍柱径。

- 增加合理竖向荷载,考虑竖向荷载的 p-Δ 效应和有效约束。

- 增加竖直荷载研究项目。

本次试验 10 组共计 26 个构件,其中两两重复,分别对应水平作用和竖直作用。水平试验

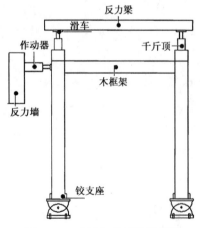

图 3-11 水平加载试验装置图

装置如图 3-11,通过水平反力墙和作动器以低周反复模拟地震水平作用,同时在两个柱顶均通过千斤顶施加恒定的竖直荷载 20 kN,模拟屋面荷载。为保证千斤顶能跟随框架同步侧移,千斤顶和梁之间以滑板连接。没有另设拉杆用双侧推的方式进行水平加载。竖直荷载试验装置如图 3-12。两侧柱头施加恒定竖直荷载 20 kN,梁中三分之一处通过分配梁和千斤顶施加荷载,产生纯弯段。

试验构件选用木材为同一批次的杉木,并制作了材性构件,通过实验获取材料强度实测数据。杉木为南方多用材种,北方常用松木,本次试验没有采用松木,以避免材性干扰。测得木材湿度 18%,抗弯弹性模量10 000 MPa,顺纹抗弯强度 105 MPa,顺纹抗剪强度 4 MPa,顺纹抗压强度 38 MPa,顺纹抗拉强度 80 MPa。由于无法直接测量榫卯内部应力-应变状态。故主要靠水平作动器获得水平力和位移,并由框架刚度换算为榫卯节点刚度。为校验数据,在榫卯节点附近

设置了百分表和应变片,竖直荷载下,通过测量,跨中变形;榫卯节点附近应变;梁柱交点附近的转角互相校验。为放置百分表,柱顶以胶结方式粘贴木块,对应位置见图3-13,竖直荷载时见图3-14。

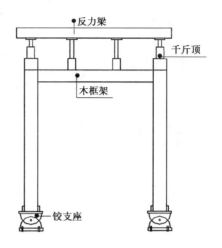

图 3-12　竖直加载试验装置图

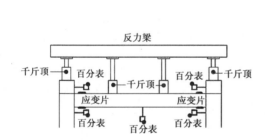

图 3-13　水平加载测量布置图

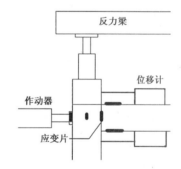

图 3-14　竖直加载测量布置图

3.4　试验加载、现象描述与分析

本次试验,获得了数种榫卯连接构架在竖直和水平荷载作用下的结构行为和破坏特征,分述如下:

3.4.1　总体特征和加载方式

所有水平作用下的构件均为节点破坏,所有竖直作用下的构件都为梁弯剪破坏(非纯弯破坏)。水平作用下框架在水平力很小时就发生了较大的变形,且抗侧力几乎不增长。故必须通过变形控制。经多次尝试,确定了 5 mm 初始步进,位移 50 mm 以后 10 mm 步进,位移 100 mm 后 20 mm 步进的加载策略。竖直荷载下,梁变形持续增长,故直接使用千斤顶间断加载方式,每次步进 1 kN。图 3-15 和图 3-16 分别显示了上述荷载作用下最终构架的破坏形态。表 3-2 罗列了各试验构件的破坏极限。

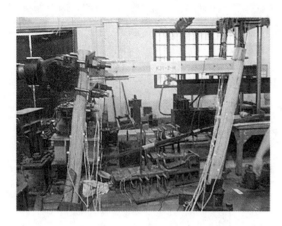

图 3-15　水平荷载构架破坏图

图 3-16　竖直荷载构架破坏图

表 3-2　构件水平荷载下结构破坏极限表　　　　　　　（单位：mm）

KJ1-1	KJ1-2	KJ1-3	KJ2-1	KJ2-2	KJ2-3	KJ3-1	KJ3-2	KJ3-3	KJ4-1	KJ4-2	KJ4-3	KJ5
160	220	200	140	160	120	200	200	200	140	180	140	180

3.4.2　水平作用下试验现象

水平作用下的燕尾榫破坏形态为拔榫。变形在 20 mm 以内时，框架只有轻微变形，变形超过 20 mm 后，可听到"吱吱"木材压紧声。变形超 40 mm 后，柱卯口薄弱位置开始出现竖向劈裂裂缝，并伴随"啪啪""咯吱"声。说明榫卯内部已开始明显变形，此时可略微看到榫头的拔出。类似这样的过程会一直持续，而榫头的拔出逐渐明显，但每次反向加载后又能基本恢复。当变形达到 60 mm 左右时，会突然发出巨大的木材撕裂声，此后加载梁柱基本无声。变形达 80 mm 时，燕尾榫拔出逐渐不能完全恢复。柱头劈裂裂缝明显加剧，变形大于 120 mm 后，千斤顶顶部小车超出行程，不得不撤下两个竖向千斤顶。而失去千斤顶约束的框架变形明显增加，并持续伴随着"咯吱"作响的木材破坏声，最终"嘣"的一声，榫头拔出，框架破坏。对破坏后的榫头和卯口观察可发现，其表面均有不同程度的磨光现象。几个关键阶段如图 3-17 所示。

水平作用下的十字箍头榫破坏形态为柱卯口折断。用十字箍头榫连接的框架一开始就发出"噔噔"木材压紧的声音，框架变形 20 mm 左右时，已可看出柱卯口侧倾变形。变形达 40 mm 左右时，可明显看出卯口为单侧受力，双侧卯口一侧向框架变形方向明显侧倾，而另一侧卯口变形很小，此时还伴随"吱吱"声。变形达 60 mm 左右时，有"噼啪"纤维撕裂声，榫、卯脱开，单侧柱卯口根部产生横向裂缝。但各类裂缝可随反向加载恢复。框架变形在 80～100 mm 之间时，会突然发生单侧卯口劈裂，并伴随卯口根部局部压皱压裂，由于失去约束，垂直于框架方向的榫头会明显侧倾，梁头明显拔出，卯口单侧受力。当框架变形在 100～140 mm 之间时，可能出现另一侧卯口相继破坏或同一侧卯口彻底破坏的情况，框架也彻底破坏。观察破坏的卯口，柱梁交界处有不可恢复的横纹变形。其几个关键阶段如图 3-18 所示。

燕尾榫组原始框架

未加载节点

初加载框架

初加载节点,主要表现为节点的明显旋转

荷载增加后,局部卯口开裂

大变形框架

大变形节点,增加了拔榫

燕尾榫抹平

燕尾榫卯口较毛糙,显示变形过程中
与榫头的互相作用过程

图 3-17 燕尾榫构架水平加载试验现象图

半榫水平作用下的破坏形态为柱卯口折断后拔榫,由于榫头完全深入卯口,内部变形完全不可见。但其变形模式并非简单的水平拔出,而是旋转和拔出两种变形相伴。其拔出总量并不比燕尾榫更明显。框架变形小于 20 mm 时,仅可听见"吱吱"的木材压紧声而无明显榫头拔出。变形接近 40 mm 时,左右两侧榫头处梁、柱脱开约 1～2 mm,一旦反向加载即可闭合。框架变形 60 mm 时,柱上出现竖向裂缝,裂缝也可以随反向加载缩小。变形超过 80 mm 后,柱卯口位置可观察到明显弯折,并伴随木材纤维拉断声如"吱吱"、"噔噔",上述各种裂缝和榫头拔出逐渐明显并不可恢复。变形大于 120 mm 后,千斤顶顶部小车超出行程撤下。失去千斤顶约束的框架变形明显增加,卯口裂缝增大至 10 mm 左右,两侧各有 5～10 mm 不可恢复的拔榫,直至柱顶水平位移 200 mm 左右,随着"嘣嘣"巨响,最终卯口突然破坏。卯口纤维要么被压皱,要么被拉断。其几个关键阶段如图 3-19 所示。

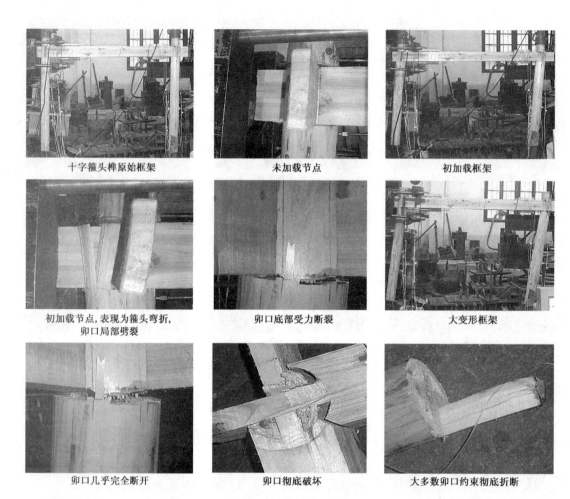

十字箍头榫原始框架　　　　　　　未加载节点　　　　　　　　初加载框架

初加载节点,表现为箍头弯折,　　卯口底部受力断裂　　　　　　大变形框架
卯口局部劈裂

卯口几乎完全断开　　　　　　　卯口彻底破坏　　　　大多数卯口约束彻底折断

图 3-18　十字箍头榫框架水平加载试验现象图

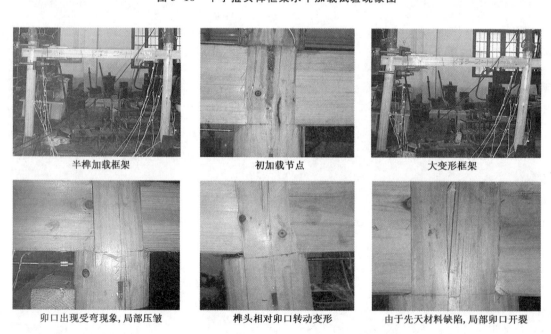

半榫加载框架　　　　　　　　初加载节点　　　　　　　　大变形框架

卯口出现受弯现象,局部压皱　　榫头相对卯口转动变形　　由于先天材料缺陷,局部卯口开裂

卯口局部弯折

卯口严重承荷破坏

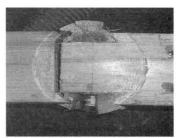
榫头完好,卯口破坏

图 3-19　半榫框架水平加载试验现象图

　　馒头榫水平作用下的破坏形态为拔榫和折榫,其榫卯被深埋在构件内,较难直接观察。框架水平变形小于 20 mm 时,有"吱吱"木材压紧声,但榫卯周围没有明显变形。水平变形达 40 mm 时,榫卯上端梁头明显变形,并在千斤顶压力下出现局部受压破坏裂纹。水平变形大于60 mm 后,木框架会发出"噔"的拔榫声,并可以看出梁柱分离、榫头脱出,反向加载后上述脱榫均可恢复。水平位移 120 mm 后千斤顶卸下,梁柱交接位置变形无法恢复,且接续加大,很快出现连续"噔噔"声,榫头不是折断就是拔出,构架破坏。观察破坏后的榫头,均发生了不同程度的纤维拉断。在整个试验过程中,不仅馒头榫有变形,而且馒头榫上部的梁由于竖直荷载的约束作用,也共同参与了变形全程。其几个关键阶段如图 3-20 所示。

馒头榫原始框架

未加载节点

未水平加载,竖直荷载已加,
梁头由于局部承压,有破坏

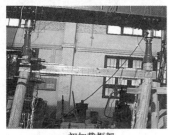
初加载框架

初加载节点,表现为梁柱相对转动

大荷载下梁柱脱开

最终馒头榫榫头折榫破坏

卯口粗糙

破坏前可窥见榫头明显弯折

图 3-20　馒头榫框架水平加载试验现象图

下落式燕尾榫破坏形态与一般燕尾榫非常接近,但由于燕尾榫上部木块并不能和木柱协同工作,而是会和燕尾榫一并拔出,故其破坏极限也相对较早。变形在 20 mm 以内时,框架只有轻微变形,看不出明显变化。变形超过 20 mm 后,可听到"吱吱"一类木材压紧声。变形40 mm 以上后,柱卯口薄弱位置出现竖向劈裂裂缝,并伴随"啪啪""咯吱"声。榫头的拔出逐渐明显,并伴随燕尾榫上木块一并拔出。反向加载能基本恢复。变形 80 mm 以上后,燕尾榫和其上部木块拔榫逐渐不能完全恢复。变形大于 120 mm 后,撤下两个竖向千斤顶。框架变形明显增加,并持续伴随"咯吱"作响的木材破坏声,最终燕尾榫榫头拔出,上部木块未完全拔出,框架破坏。其几个关键阶段如图 3-21 所示。

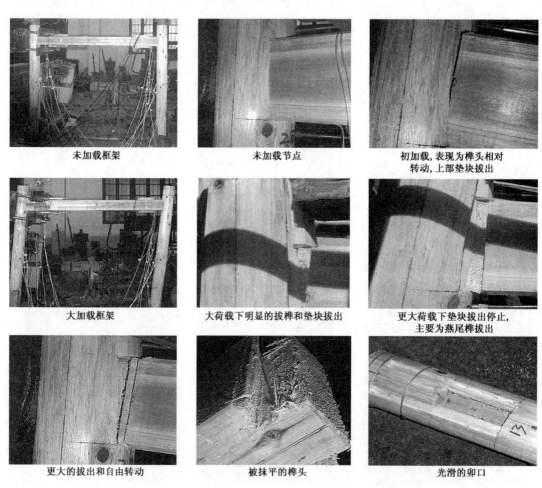

未加载框架	未加载节点	初加载,表现为榫头相对 转动,上部垫块拔出
大加载框架	大荷载下明显的拔榫和垫块拔出	更大荷载下垫块拔出停止, 主要为燕尾榫拔出
更大的拔出和自由转动	被抹平的榫头	光滑的卯口

图 3-21　下落燕尾榫框架水平加载试验现象图

3.4.3　竖直荷载下试验现象

燕尾榫在竖直作用下不破坏。在施加荷载前期,榫卯无响应,待加载一、二级后,开始发出"吱吱"的榫卯挤紧声;木梁出现明显弯曲变形后,可发现燕尾榫有转动并伴随拔出,这一现象会持续直至梁突然弯剪破坏。观察可发现榫头已局部被抹平。其几个关键阶段如图 3-22所示。

十字箍头榫竖直作用下不破坏,在施荷后,可发现柱端卯口侧弯,且只有靠近梁一侧卯口

未加载的燕尾榫框架

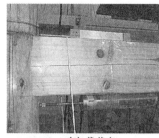
未加载节点

加载过程

梁端局部承压破坏

荷载增大后破坏加剧,榫卯轻微转动

梁弯剪破坏

图 3-22　燕尾榫框架竖直加载试验现象图

受力,而远离梁一侧基本不受力,伴随荷载加大,这一现象逐渐明显。在柱卯破坏前,就先发生了梁的弯剪破坏。其几个关键阶段如图 3-23 所示。

未加载十字箍头榫框架

未加载节点

加载后节点轻微转动

局部梁劈裂

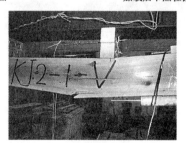
梁弯剪破坏

图 3-23　十字箍头榫框架竖直加载试验现象图

半榫竖直作用下无明显破坏,在整个过程中,仅可见梁的转动并伴随少量榫头拔出,没有其他明显现象。梁最终突然破坏。几个关键阶段如图 3-24 所示。

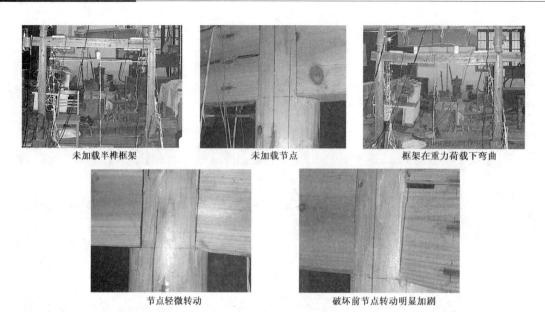

图 3-24   半榫框架竖直加载试验现象图

馒头榫竖直作用下破坏形态不明显,施加荷载全程,仅可见梁头,出现明显反弯现象,并伴随偶尔出现的"吱吱"声,梁弯剪破坏后,可见榫卯已有部分纤维弯折,但并未完全损坏。其几个关键阶段如图 3-25 所示。

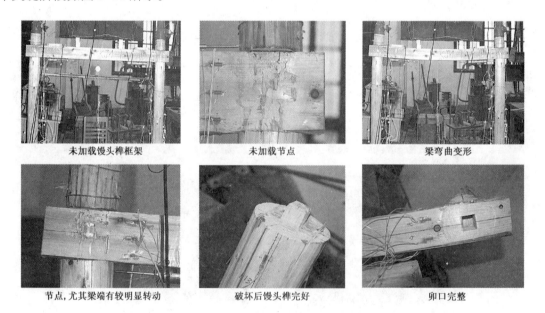

图 3-25   馒头榫框架竖直加载试验现象图

下落式燕尾榫试验现象和一般作法燕尾榫完全相同,不再赘述。其几个关键阶段如图 3-26 所示。在竖直作用下的各榫卯受力破坏形态与水平工况下有所差别,其一,梁柱交接处均出现明显的局部承压破坏;其二,榫卯节点附近木纤维有明显拉伸;其三,榫卯在低周水平荷载下和竖直荷载下受力变形方式有差异,例如十字箍头榫在水平荷载下双侧卯口交替受力,而竖直荷载下仅靠近柱端受力。

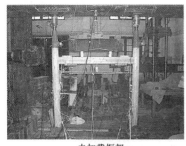

未加载框架

未加载节点

梁弯曲变形

节点轻微转动

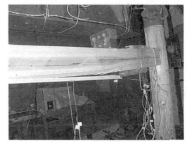

梁弯剪破坏

图 3-26　下落式燕尾榫框架竖直加载试验现象图

3.4.4　试验现象小结

上述框架无论是受竖直荷载或水平作用,其变形大致可分为四个阶段。第一个阶段变形小,榫卯无明显变形,这一阶段对应的框架水平位移大约在 20～30 mm;第二阶段变形稍大,榫卯没有显著变形,但可以听到"吱吱"等榫卯内部碰撞挤压声,这一阶段对应的框架水平位移大约在 30～70 mm;第三阶段变形很大,榫卯可以发现明显拔榫变形,但可恢复。这一阶段对应的框架水平位移大约在 70～100 mm;第四阶段榫卯不可恢复,变形很大,最终破坏,其变形普遍在 100 mm 以上。竖直荷载由于梁会先破坏,故没有第四阶段。

3.5　试验数据分析

3.5.1　竖直荷载作用

试验中共获得了三组数据可供推算榫卯转动刚度,分别为梁架跨中变形值、梁端转角值和梁端木纤维应变值。由于榫卯半刚性节点性质,必然导致其跨中变形、端部转角和端部弯矩均小于简支假设,根据其差值,就可推导榫卯的半刚性节点属性。但考虑到榫卯节点可能存在的复杂应力状态,转角和应力的推算确实有较大误差可能,故仅作为参考,主要依据跨中变形数据。

若从跨中变形推导,则刚度 K_1:

$$D_c = D_{c1} + D_{c2} = \frac{23PL^3}{648EI} - \frac{ML^2}{8EI} = \frac{23PL^3 - 81ML^2}{648EI} \qquad [式 3-1]$$

$$M = \frac{23PL^3 - 648EID_c}{81L^2} \qquad \text{[式 3-2]}$$

$$\theta = \theta_1 + \theta_2 = \frac{PL^2}{9EI} - \left(\frac{ML}{3EI} + \frac{ML}{6EI}\right) = \frac{2PL^2 - 9ML}{18EI}$$

$$= \frac{2PL^2 - \dfrac{23PL^3 - 648EID_c}{9L}}{18EI} \qquad \text{[式 3-3]}$$

$$K_1 = \frac{M}{\theta} = \frac{\dfrac{23PL^3 - 648EID_c}{9L^2}}{\dfrac{2PL^2 - \dfrac{23PL^3 - 648EID_c}{9L}}{2EI}} \qquad \text{[式 3-4]}$$

上述公式中, $E(\text{N}/\text{mm}^2)$ 为木材顺纹弹性模量; $I(\text{mm}^4)$ 为梁的惯性矩, 等于 $bh^3/12$, b 为梁宽, h 为梁高; $W(\text{mm}^3)$ 为梁截面矩, 等于 $bh^2/6$; $K(\text{N} \cdot \text{mm}/\text{rad})$ 为榫卯转动刚度; $D_c(\text{mm})$ 为跨中变形; $D_{c1}(\text{mm})$ 为由分配梁上竖直荷载所造成的跨中变形; $D_{c2}(\text{mm})$ 为由节点弯矩造成的跨中变形; $P(\text{N})$ 为竖直荷载; $L(\text{mm})$ 为梁的跨度; $M(\text{N} \cdot \text{mm})$ 为节点弯矩; $\theta(\text{rad})$ 为节点转角; $\theta_1(\text{rad})$ 由分配梁上竖直荷载造成的节点转角; $\theta_2(\text{rad})$ 为由节点弯矩造成的转角; 几组推导数据由于测量误差的原因, 无法完全一致, 但是具有统一的趋势。其中, 跨中变形的数据较为稳定, (在后期易受到木材塑性变形影响) 最终三者结合, 去特异值后得到各种榫卯及作法的转角比、弯矩比如表 3-3。

表 3-3　刚度转折点比值表　　　　　　　　　　　　　　（单位:%）

类别	1-1	1-2	1-3	2-1	2-2	2-3	3-1	3-2	3-3	4-1	4-2	4-3	5
弯矩比	74	52	74	56	52	52	81	94	59	95	93	82	41
转角比	25	28	23	23	17	21	66	72	14	72	32	42	12

在竖直荷载下, 各类各作法的榫卯转角-弯矩曲线均具有明显的上升和下降段, 并伴随若干次转折。有时会在上升段和下降段之间出现平台区。

3.5.2　水平荷载作用

试验获得了加载力-水平位移关系和榫卯端部转角-应变关系这两组数据。其中反力架加载力-水平位移关系为全程实时记录, 榫卯端部转角-应变关系只能在加载停止时记录。由于比较靠近榫卯节点, 应力变异性较大。只有少数应变片测量数据可用于换算, 大部分则远远低于加载力-水平位移关系换算得到的榫卯转角-应变关系。和其他类似研究成果。可能是因为木材靠纤维传力, 纤维之间应力衰变很快, 而应变片位置和榫卯受力纤维不在同一范围时, 就会造成测量值偏低。最终以加载力-水平位移关系转换为基准, 配合转角-应变关系校正。框架加载力-水平位移关系到榫卯节点的转角-弯矩关系可按照如下过程转化:

首先转换框架数据为节点数据:

$$\theta = \tan^{-1}\frac{\Delta}{h} - \theta_c - \theta_h \qquad \text{[式 3-5]}$$

$$\frac{M_R}{K} = \tan^{-1}\frac{\Delta}{h} - \frac{M_R h}{3EI_c} - \left(\frac{M_R l}{3EI_h} - \frac{M_R l}{6EI_h}\right) = \tan^{-1}\frac{\Delta}{h} - \frac{M_R h}{3EI_c} - \frac{M_R l}{6EI_h} \qquad [式\ 3\text{-}6]$$

$$\frac{M_l}{K} = \tan^{-1}\frac{\Delta}{h} - \frac{M_L h}{3EI_c} - \left(\frac{M_L l}{3EI_h} - \frac{M_L l}{6EI_h}\right) = \tan^{-1}\frac{\Delta}{h} - \frac{M_L h}{3EI_c} - \frac{M_L l}{6EI_h} \qquad [式\ 3\text{-}7]$$

$$\theta_R + \theta_L = 2\tan^{-1}\frac{\Delta}{h} - \frac{Mh}{3EI_c} - \frac{Ml}{6EI_b} = \frac{M}{K} \qquad [式\ 3\text{-}8]$$

$$M = Fh\cos\theta_0 + N_R\Delta + N_L\Delta \qquad [式\ 3\text{-}9]$$

$$K = \frac{l}{\dfrac{\tan^{-1}\dfrac{\Delta}{h}}{Fh\cos\tan^{-1}\dfrac{\Delta}{h} + N_R\Delta + N_L\Delta} - \dfrac{h}{3EI_c} - \dfrac{l}{6EI_b}} \qquad [式\ 3\text{-}10]$$

上述公式中，$E(\mathrm{N/mm^2})$ 为木材顺纹弹性模量；I_c 为柱的惯性矩（$\mathrm{mm^4}$）；I_b 为梁的惯性矩（$\mathrm{mm^4}$）；$K(\mathrm{N\cdot mm/rad})$ 为榫卯节点转角刚度；$h(\mathrm{mm})$ 为框架高度；$l(\mathrm{mm})$ 为框架跨度；$\theta_0(\mathrm{rad})$ 为节点转角；θ_R 为框架右节点转角；θ_L 为框架左节点转角；θ_c 为由节点弯矩造成的柱端转角；θ_b 为由节点弯矩造成的梁端转角；$M(\mathrm{kN\cdot m})$ 为节点弯矩；$\Delta(\mathrm{mm})$ 为框架水平位移；F 为水平作用力。由于在榫卯框架实验中，不可能准确的分别测量出框架两端榫卯所承担的弯矩。故上述的榫卯节点转角刚度，实际是由框架的结构行为推导出"等效"榫卯刚度而并非实际榫卯刚度。虽然不能直接从框架实验数据得出"精确"榫卯半刚性数据十分遗憾，但由于必然存在的榫卯拔榫、变形、不对称工作状态，即使可以得到纯粹的榫卯半刚性数据，也必须在框架分析中转换为等效的榫卯刚度。而不同榫卯间的半刚性强弱关系不会因为这一转化而改变，因此"等效"榫卯刚度仍可用于比较榫卯各种作法的差异。同时，在榫卯节点附近的应变可同步验证"转化"后的榫卯刚度及其趋势的正确性。根据上式，可得表 3-4 所示。

表 3-4　竖直荷载下榫卯节点抗弯半刚性系数

分组	类别	K_1 (kN·m/rad)	K_2 (kN·m/rad)	K_3 (kN·m/rad)	$\theta_u(\mathrm{rad})$	$M_u(\mathrm{kN\cdot m})$	极限弯矩比（%）
KJ1	KJ1-1	81.7	21	0.5	0.008	0.350	1.74
	KJ1-2	176	87.9	−44.8	0.013	1.757	8.74
	KJ1-3	117	79.9	−2.7	0.013	1.332	6.63
KJ2	KJ2-1	80.3	149	−24.3	0.008	0.746	3.71
	KJ2-2	20.6	6.03	4.896	0.016	0.191	0.95
	KJ2-3	21.1	6.68	1.541	0.020	0.256	1.27
KJ3	KJ3-1	61.4	23.4	−23.4	0.017	0.702	3.49
	KJ3-2	76.3	32.7	−2.29	0.018	0.981	4.88
	KJ3-3	37.6	14.5	−19.9	0.019	0.483	2.4
KJ4	KJ4-1	92.2	29.6	2.938	0.014	0.790	3.93
	KJ4-2	70.6	21.2	−5.54	0.017	0.706	3.51
	KJ4-3	31	10.9	2.957	0.020	0.398	1.98
KJ5	KJ5	23.1	9.9		0.018	0.297	1.48

随后使用 ANSYS12.0 以 beam188 模拟框架梁柱,combine39 模拟榫卯半刚性单元,并按试验条件施加约束和荷载,验证上述数据得到图 3-27(模拟分析中,假设梁柱为杆件,榫卯为弹簧单元,构架的侧向刚度由梁、柱抗弯刚度和榫卯转动刚度共同构成,并考虑几何非线性。在分析中,combine39 单元可以滞回加载,但要求其弹簧刚度不能出现下降段,不能符合本验算要求。故最终采取的是单调变形加载的方式,比较的是该单调加载曲线和滞回曲线的包络线关系)。可以看出,在变形值 100 mm 以下时,有限元模拟计算和实验数据还是基本吻合的(100 mm 以上时,由于临近破坏且去掉了千斤顶,出现了约 30% 左右的差异)。

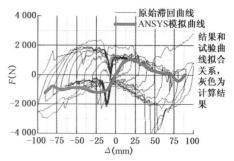

图 3-27　ANSYS 计算验证图

经上述过程,即可从构架的水平力-变形滞回曲线获得榫卯的弯矩-转角滞回曲线,根据滞回曲线相关理论,滞回曲线的骨架曲线理论上即其加载-变形曲线,即可获得榫卯的弯矩-转角加载曲线。由于加载过程中变形很大,同时单侧拉压加载的问题,造成榫卯出现明显的拔榫和挤压现象,加载装置也出现了不垂直于加载对象或是局部脱开的现象,如千斤顶落下或局部高压的情况。因此根据试验现象,去除了滞回曲线中的某些可能有极大影响的特殊点。未严格按照曲线包络形态。最终结果如图 3-28 所示。

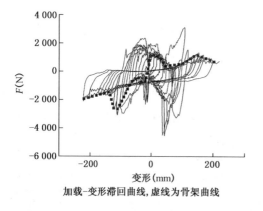

加载-变形滞回曲线,虚线为骨架曲线

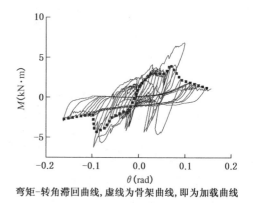

弯矩-转角滞回曲线,虚线为骨架曲线,即为加载曲线

图 3-28　榫卯滞回曲线与骨架曲线

3.6　榫卯转动刚度简化模型

虽然榫卯在竖直荷载和水平荷载下的转角-弯矩曲线存在较大差别,但其对应的阶段特征是一致的,首先是刚度较大,基本保持不变的"准弹性阶段",榫卯在这一阶段的刚度较大;然后是刚度明显减弱的"后弹性阶段",这时由于局部榫卯进入塑性阶段而导致其刚度下降;随后可能出现平台区,即榫卯抵抗弯矩不再增长而转角逐渐增加的阶段;最后为下降阶段。在国内类似研究中,部分模型有一个在"准弹性阶段"之前的刚度较低的挤紧阶段。该次实验榫卯制作紧密,顶部荷载大,该阶段不明显。

由于试验构件数目不足,不足以使用基于统计学的模型。故采用常见的多折线退化模型,即将榫卯的半刚性转角-弯矩曲线简化为多折线表示,并将不对称的骨架曲线做对称处理,所有榫卯均可归纳入如图3-29所示的三折线模型。

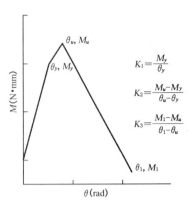

由于不同榫卯间极限弯矩大小和转角差异很大,难以比较。为看出差异,在统计所有试验节点转动刚度上升段较为明显的第一次转折和极限弯矩及转角的比值后,取方差较小的弯矩比值算术平均值70%作为所有榫卯 K_1,K_2 的临界点,见表3-3。以该比值的100%为 K_2,K_3 的临界点。由于该临界点值为所有榫卯统计后的算术平均值,造成部分榫卯应用该临界值后,出现 K_3 不下降的情况。故表3-4所列出值仅供方便比较,而表3-5则列出了实验中榫卯在各个阶段的刚度和阶段变化所对应的转角。

图3-29 榫卯转动刚度退化模型

表3-5 水平荷载下榫卯节点抗弯半刚性系数

分组	类别	K_1 (kN·m/rad)	K_2 (kN·m/rad)	K_3 (kN·m/rad)	θ_u(rad)	M_u(kN·m)	极限弯矩比(%)
KJ1	KJ1-1	124.6	18.6	−6.67	0.05	2.31	11.5
	KJ1-2	73.26	45	−54.2	0.078	4.81	23.9
	KJ1-3	90.71	18.3	−4	0.044	1.82	9.05
KJ2	KJ2-1	116.7	34.6	−24.5	0.022	1.5	7.46
	KJ2-2	92.5	26.7	−16.9	0.04	2.12	10.5
	KJ2-3	116	28.8	−34.4	0.027	1.65	8.21
KJ3	KJ3-1	71.18	29.4	−5.36	0.034	1.71	8.51
	KJ3-2	111	79.2	−61.3	0.032	3.17	15.8
	KJ3-3	70	27.1	1.86	0.04	1.9	9.45
KJ4	KJ4-1	80	48	−58.4	0.036	2.4	11.9
	KJ4-2	116.7	29	−7.3	0.033	2.01	10
	KJ4-3	106	30.7	−18.1	0.025	1.52	7.56
KJ5	KJ5	52.78	26.8		0.073	2.89	14.4

3.7 不同形式、不同作法的榫卯半刚性差异及数据分析

如前节所述,由于地域、位置不同,榫卯有诸多变化,这些作法差异对榫卯转动刚度有哪些影响呢? 分别分析如下:

3.7.1 竖直荷载作用下榫卯比较

在竖直荷载下的各类,各作法榫卯转角-弯矩曲线如图3-30。在竖直荷载作用下,榫卯半刚性并不明显,其最大弯矩值,极限转角相对水平作用下均极小,榫卯尚未达到极限,梁、柱、卯口均已严重损坏。这其中,标准尺寸的馒头榫、十字箍头榫和半榫均强于燕尾榫。K_1 最大的是燕尾

榫,说明其小变形下刚度最强。K_2 最大是十字箍头榫,其 K_1,K_2 之间的差值很小,说明其刚度一直较强。K_1,K_2 差值较大的是馒头榫和燕尾榫,说明其榫卯有相对明显的拔出或塑性变形。K_3 最小的是半榫,说明其到达极限后刚度衰减较大。在竖直荷载作用下,由于导致卯口破坏的框架水平分力不明显,故榫头的大小对榫卯刚度有明显影响,馒头榫、半榫、十字箍头榫等榫头较大或等效榫头大的榫卯刚度大。细分来看,各组差异如下:

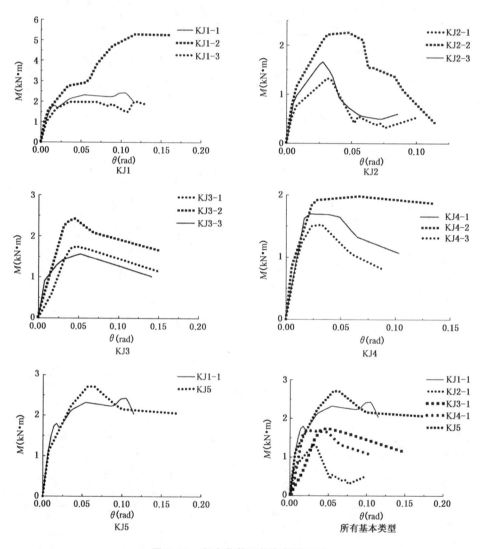

图 3-30　竖直荷载下榫卯转动刚度

(1) 燕尾榫组

无论是变窄的燕尾榫或是加长的燕尾榫,其刚度均明显大于标准作法,其中加长型优势最明显,是 13 种榫卯试验中最强的,其 K_1 增长了 100%,极限弯矩增长了 500% 以上。而变窄的燕尾榫的 K_1,K_2 也明显高于标准型,其中 K_1 增长达到 44%,极限弯矩增长 400%,即使考虑可能的误差,这一差异也非常明显。说明燕尾榫对于榫宽,榫长变化非常敏感。其中减少榫宽、增加榫长都是变相增加卯口的截面尺寸或增加接触面积。说明提高卯口的握持力显著影响燕尾榫刚度。

(2) 十字箍头榫组

该组与前述的总规律类似,截面最大的 KJ2-1 K_1 刚度增长约 400%,极限弯矩增加了 300%,而其截面宽度仅增加 40%,虽不能排除较为明显的试验测量误差,但该趋势还是明显的。另一方面,增加销钉无助于增加节点刚度,其极限弯矩和 K_1 刚度均远小于截面面积相同的 KJ2-1。

(3) 半榫组

该组变化规律与前述各类规律类似,截面最大的 KJ3-2 K_1 刚度增长约 25%,极限弯矩增加约 50%,而其截面宽度增加值为 50%,KJ3-3 等效榫高缩小约 50%,其刚度和极限弯矩也比 KJ3-1 小约 65%。说明榫高的变化影响大于榫宽。

(4) 馒头榫组

该组变化规律与之前各组不同,标准作法 KJ4-1 K_1、K_2 刚度和极限弯矩均较大。KJ4-2 的截面宽度增长了 67%,但其 K_1、K_2 略小于标准作法,而榫长加长的馒头榫 K_1 仅为标准作法的 30%,极限弯矩也只有标准作法的 50%。结合试验现象,造成这一独特变化规律的原因很可能是因为馒头榫刚度来源大部分来自梁头约束而非榫卯本身。因此增加其截面面积没有显著效果,增加榫长则会由于传递弯矩增加,提前破坏榫头而减少极限刚度。

(5) 下落式组

下落式组燕尾榫比标准作法燕尾榫弱,K_1、K_2,极限弯矩小于标准作法,且其初始阶段出现较为明显的滑移阶段。这是由于其上部木垫块和大卯口结合不密实造成的。

(6) 竖直荷载下各类榫卯半刚性的综合比较

本书此处以极限弯矩对应的割线刚度为基准,提出一种粗略的比较榫卯半刚性的方法。

设榫头截面极限弯矩 $M = \sigma W$,其中 σ 为木材顺纹抗弯模量,W 为截面矩。榫头的单位长度纯弯变形刚度为 $1/EI$,其中 E 为木材顺纹弹性模量,I 为截面惯性矩。将此值与试验测得的榫卯极限弯矩对应的割线刚度比较,即可得出榫卯相对刚性连接的强弱比例关系。

从表 3-4 可以看出,榫卯半刚性刚度和一般仅有刚性连接刚度的 0.01% 到 0.1%,而其极限弯矩也仅有刚性节点假设的 1%~8%。

3.7.2 水平作用下榫卯比较

水平作用下各类,各作法榫卯转角-弯矩曲线如图 3-31。榫卯刚度非常明显。其中燕尾榫是最强的榫种,而馒头榫、半榫、十字箍头榫较弱且接近,最弱的是十字箍头榫。K_1、K_2 最大值均出现在燕尾榫组,说明其刚度最强。榫头构造能否有效防止其从卯口中拔出成为主要影响要素。从割线刚度比和极限弯矩比两个方面来看,燕尾榫刚度最大,十字箍头榫最弱,半榫和馒头榫稍强均是由于其榫头较不易从卯口中滑出的原因。在水平荷载作用下,K_1、K_2 之间的差值明显大于竖直荷载下,说明其性能退化较为明显。除上述规律外,相同类型的榫卯由于尺寸差异,也会形成较为明显的差别。

(1) 燕尾榫组

加长燕尾榫相较标准燕尾榫,其 K_1 刚度不如标准型,K_2 则强于标准型,极限弯矩折算弯矩比增长超过 200%,明显大于标准作法。是 13 种榫卯试验中最强的,相较而言,变窄的燕尾榫则相比标准型有较为些微的削弱,各种指标均低于标准型,但其极限刚度比仅有标准型的 82%。上述数据说明增加榫长是提高节点抗弯能力最有效的方法。而削减榫宽则

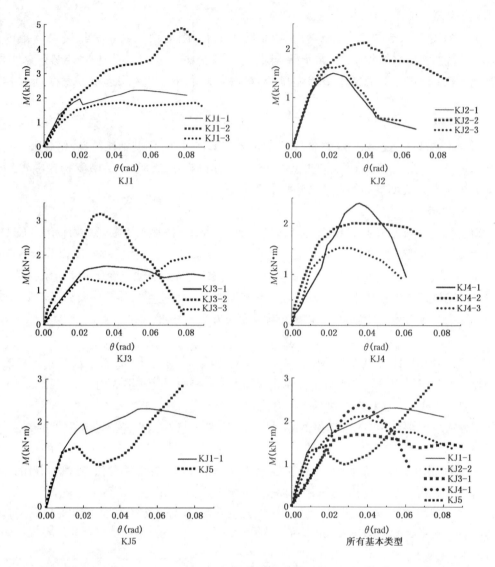

图 3-31　水平荷载下榫卯转动刚度

对榫卯节点刚度不利。

（2）十字箍头榫组

该组榫头截面最大的 KJ2-1 转动刚度反而不如榫头更小的 KJ2-2，在极限刚度比类似情况下，极限弯矩仅有 KJ2-2 的 71%，究其原因，是因为 KJ2-1 卯口过大而导致柱卯过早破坏造成的。KJ2-3 由于没有销钉的削弱，其 K_1 和极限弯矩均增长了约 10%。从上述规律判定，十字箍头榫由于开口截面较大，增加卯口截面尺寸，减少各类削弱截面的构造作法能有效提高刚度。

（3）半榫组

该组中 K_1 刚度，极限弯矩等各项指标最为突出的是榫宽增加 1.5 倍的 KJ3-2，其 K_1，折算刚度，极限弯矩等相较 KJ3-1 均增长了约 100%。KJ3-3 的曲线形态较为特殊，这主要是因为其拉压两个方向曲线差异很大造成的。其中截面削弱少的接近 KJ3-2，截面削弱多的则远不如 KJ3-1。从上述数据变化规律可以看出，较大的榫宽可以为半榫提供较高的初

始刚度 K_1 和更大的极限弯矩。这主要是因为半榫的卯口远大于十字箍头榫组，即使是由于加大榫宽而削弱卯口也不会导致卯口提前破坏。但较大的 K_1 和极限弯矩也就意味着其后的衰减更快。

（4）馒头榫组

该组对榫头宽度变化不敏感，三组折算刚度比，极限弯矩均较为接近，KJ4-2 的 K_2 小于 KJ4-1 和 KJ4-3，但其极限弯矩和 K_3 较大。三者中 KJ4-3 的折算刚度最弱。由于馒头榫仅承担着部分传递梁柱间弯矩，故其榫头宽度对刚度和极限弯矩影响有限，总体来看对尺寸不敏感。

（5）下落式燕尾榫组

下落式燕尾榫组的曲线形态较为特殊，其中 $0.02\sim0.03$ rad 之间的下落段依据试验记录为燕尾榫上部木块被拔出的过程，但从极限弯矩和折算刚度看，这种作法比标准作法的燕尾榫要强。说明这确实是一种行之有效的构造措施。

水平荷载下的榫卯半刚性刚度和刚性相比仍旧很弱，其半刚性一般仅有刚性连接刚度的 $0.04\%\sim0.07\%$，而其极限弯矩所占比例有所提升，但也仅有刚性节点假设的 $6\%\sim26\%$。较之竖直荷载作用下的榫卯刚度，则有普遍的提高。

3.8 受荷状态对榫卯转动刚度半刚性的影响

3.8.1 竖直荷载与水平作用下榫卯半刚性行为差异

在竖直荷载和水平荷载作用下，榫卯在半刚性曲线形态、极限弯矩和极限弯矩对应转角三个方面具有明显差异：竖直荷载下的榫卯半刚性曲线大多接近抛物线形，有并不明显的平台区；而水平荷载下仅燕尾榫组有明显的平台区，其余都几乎没有平台区；竖直荷载下除燕尾榫组外，其他组的极限弯矩均小于水平荷载下同组榫卯；竖直荷载下极限弯矩多出现在 0.015 rad 附近，而水平荷载下，多出现在 $0.02\sim0.05$ rad 之间。配合实验现象和实验数据分析，推测造成差异的原因主要为以下两点：

第一：榫卯的受力状态差异：在水平作用下，两侧榫卯交替受力，为非对称布置，而竖直作用下，为对称布置。例如对于十字箍头榫，在水平作用下，双侧卯口交替受力；而竖直荷载下，只有单侧卯口受力。台湾的相关研究指出，某些榫卯顺、逆时针旋转时刚度有多达两倍的差异[1]。

第二：水平分力和木材各向材性的差别如图 3-32：虽然竖直和水平荷载下都会产生水平分力，但竖直荷载下水平分力显著小于水平作用下的。$N \leqslant F_{m1} + F_t u$，$N \leqslant F_{m1} + F_t u$ 时，榫卯工作在状态 1，这时榫头不滑移。竖直荷载和水平作用下的榫卯工作状态相似，一旦 $N \geqslant F_{m1} + F_t u$，$N \leqslant F_{m1} + F_t u$，$N \leqslant F_{m1} + F_t u$，榫卯就工作在状态

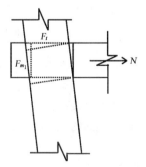

图 3-32 水平轴力的影响本构关系图

---

[1] Chang W S, Hsu M F, Komatsu K, et al, 2007. On mechanical behavior of traditional timbershear wall in Taiwan Ⅱ: simplified calculation and experimental verification[J]. Journal of Wood Science, 2007, 53 (1):24-30.

2,榫头滑出,变形增加并建立新的平衡,而此时榫头和柱接触面的抵抗力显著增加。

考虑到折算差和上述两种原因综合作用,本试验的数据尚不足以独立分析上述两类原因的影响,故暂不作明确结论。

3.8.2 柱头竖直荷载有无的差异

在水平加载过程中,由于水平位移到达 120 mm 左右时,柱头千斤顶无法有效加载,故必须卸荷。通过比较榫卯滞回曲线在同一侧移值时有荷与无荷的差异,可以粗略得出无柱头竖直荷载时残余承载力与有荷时的关系如下:燕尾榫组依次为 13%,19%,11%;十字箍头榫组依次为 5%,75%,8%;半榫组依次为 6%,9%,10%;馒头榫依次为为 4%,4%,12%。可见图 3-33。

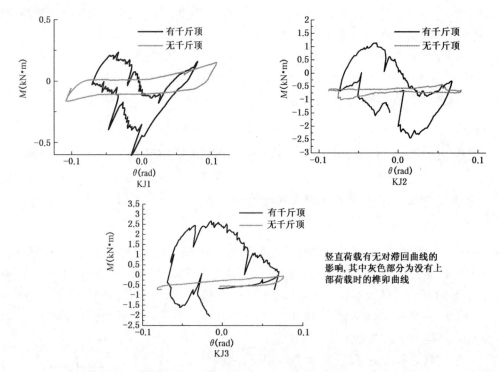

图 3-33　竖直荷载影响图(KJ4 不能在无竖直荷载工况下试验)

上述数据表明,柱头竖直荷载和榫卯转动刚度关系的几种特性:首先,榫卯对竖直荷载的依赖程度是有区别的,水平抵抗力越强,如燕尾榫或比例合适的十字箍头榫,其对竖直荷载的依赖程度越低;其次,竖直荷载的存在对任何榫卯来说都是必需的,除了 KJ2-2 的十字箍头榫,其余榫卯无竖直荷载的承载力都会下降至原有的 5%～20%。

3.9　本章小结

通过本章的试验数据分析,我们可以得出如下结论:

- 无论竖直或水平作用,榫卯都具有按转角提供抵抗弯矩的能力,即具有节点抗弯能力,但若以极限弯矩为衡量标准,只有刚性节点的 10%～15%,而刚度差异更大。

- 不同榫卯具有不同的转动刚度曲线,其极限弯矩差异一般在 70% 左右,刚度差异 40% 以内。

- 无论是竖直或水平荷载作用下,各榫卯转动刚度有一定差别,宜分别建立对应的半刚性模型。但在单纯重力荷载作用下,除非特殊情况,可忽略其半刚性,按铰接假设。

- 卯口对水平作用下榫卯转动刚度具有重要作用,在卯口提供约束力不变前提下,所有提高榫卯截面面积作法均可提高榫卯刚度和极限弯矩;凡是造成卯口约束力下降的作法均导致榫卯刚度和极限弯矩的下降。

- 榫头上部的竖直荷载有无对榫卯半刚性有明显影响,粗略估计没有上部荷载的榫卯半刚性约为有上部荷载情况的 5%～20%,具体依榫种不同而变化。在竖直荷载下,馒头榫半刚性最佳,其次为十字箍头榫、燕尾榫和半榫,下落式燕尾榫最差。在水平作用下,燕尾榫是最强的,馒头榫仅次于燕尾榫,强于半榫,而十字箍头榫最弱。

上述各结论说明,由于榫卯的节点抗弯性能会由于类型改变而有一定的变化,并对构架造成影响,在构架分析中,需要合理、适度的考虑榫卯类型变化造成的影响。各种作法的详细差异可以参见本章的表 3-4,表 3-5 和后续构架分析章节。

4 斗栱节点研究

4.1 研究对象

斗栱是中国高等级建筑中通用的节点作法,其形象早在商周时期就有。此前研究已众。由于在概念上只研究节点,故使用斗栱而非铺作这一名称,内容上也不涉及铺作层问题。铺作层的试验研究在《古建木构铺作层侧向刚度的试验研究》中已有过尝试❶。而对铺作层的讨论将在构架研究部分进行。

斗栱起源目前并不清晰,后续章节将适当解析。从已知的实物形象看,早在商周时期的铜器中,就已经出现了斗的形象❷(图4-1);而在战国时期壁画中,则出现了斗栱和用斗栱做节点的建筑形象和斗的模型❸❹(图4-2,图4-3)。该期柱头普遍使用斗栱,并伴随早期擎檐柱构造的消失,呈类似希腊柱头的垫块状。很可能为大斗上加横栱的形态。斗栱除垫块功能,也被应用于架空木构,形成类似干阑的悬空建筑造型。少数铜器中刻画有出檐斗栱的形象。表示斗栱还发展出支撑屋面出檐这一功能。并为后来双向发展斗栱作了铺垫。

图4-1 西周铜器中的大斗

图4-2 战国壁画中的斗栱

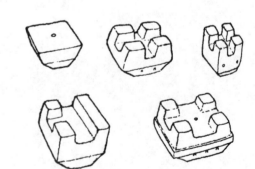

图4-3 战国文物中类似垫块的斗栱

---

❶ 隋龑.古建木构铺作层侧向刚度的试验研究[J].工程力学,2010(3):74.但该文研究中的斗栱构件制作似乎有悖《营造法式》规定,梁嵌入斗栱并未高宽减半。同时其加载方式也可能造成了过大的摩擦力。

❷ 刘叙杰.中国古代建筑史(第一卷):原始社会、夏、商、周、秦、汉建筑[M].北京:中国建筑工业出版社,2003:242.

❸ 马承源.漫谈战国青铜器上的画像[J].文物,1961(10):26-30.

❹ 陈应祺,李士莲.战国中山国建筑用陶斗浅析[J].文物,1989(11):79-82.

至汉代时,已可在很多明器上看到明确的斗栱形象。一些画像砖中也有对其刻画❶(图4-4)。柱头斗栱除战国时垫块外,还发展出夸张横栱的形象,❷(图4-5)。此外,在楼阁明器中,可以普遍见到作为平坐或是铺作存在的斗栱。但这一时期的斗栱趋近于单向发展,即使负担出檐,也直接搁置在梁上的,并未双向发展。主要是大斗和横栱组合,类似替木。这一时期尚不能很好地解决转角问题,经常并用双栱❸(图4-6)。由于出挑的构件来源为梁,而横向构件来源为替木,故可从明器上看出出挑构件的截面尺寸某些情况下会大于横向构件,这可能就是之后斗栱纵横向区分足、单材的缘起。

图4-4 汉代住宅中的斗栱

图4-5 汉代异形栱

图4-6 汉明器中的斗栱

图4-7 南北朝组合纵架所用斗栱

斗栱至南北朝时期,据文献和形象记载,除纵架斗栱层叠数增加外❹(图4-7),已出现纵横交错的斗栱。可作为参考的日本飞鸟时期建筑也已出现了较为发达的双向斗栱❺(图4-8)。其部分原因可能是水平联系构件下降到柱头位置,使得横架出头成为可能。结果提高了斗栱自身双向稳定和刚度。与之伴随的,是唐以后斗栱单、足材和斗栱出檐和非出檐方向的对应。大约自唐起,斗栱作为一种完整的节点组合就已确立,其基本组成方式也没有过明显改变。以

❶ 傅熹年.中国古代建筑史(第二卷):三国、两晋、南北朝、隋唐、五代建筑[M].北京:中国建筑工业出版社,2001:278.

❷ 四川乐山市文管所.四川乐山市中区大湾嘴崖墓清理简报[J].考古,1991(1):34.

❸ 张勇,河南博物院.河南出土汉代建筑明器[M].郑州:大象出版社,2002:36.

❹ 中国科学院自然科学史研究所.中国古代建筑技术史[M].北京:科学出版社,2000:64.

❺ 日本木构建筑保护研究内部资料:74

柱头斗栱为例,斗栱由斗、华栱和横栱三部分层层垒叠而成(图 4-9)。最下层大斗连接柱,华栱垂直于开间方向,用于支撑挑出的屋面,而横栱则平行于开间方向,负责联系各个独立的斗栱。最上一跳华栱之上则为梁,在进深方向上联系各个斗栱或梁柱。补间和转角斗栱相对柱头斗栱的主要差别是位置不同和上端负载情况不同。

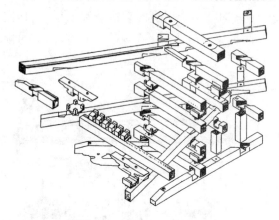

图 4-8　日本法隆寺金堂斗栱分解图

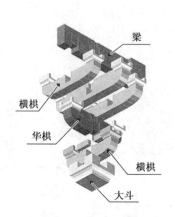

图 4-9　斗栱分解图

　　唐代画像中的柱头斗栱,大都纵横交错[1](图 4-10)。可能出于造型上的需要,也可能出于增加支撑撩檐枋跨中荷载的需要,补间铺作也逐渐发展为出跳形态。我国唐代木构实例中的补间铺作既有类似于柱头铺作的如佛光寺大殿[2](图 4-11),也有类似于早期壁画中蜀柱的大雁塔门楣[3](图 4-12)。柱头、角部和补间铺作斗栱的趋同使斗栱从单一节点向结构层转化,至迟在唐末形成了完整的铺作层。

图 4-10　唐代壁画中的斗栱

图 4-11　佛光寺大殿斗栱

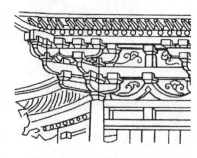

图 4-12　大雁塔门楣的斗栱

　　斗栱至宋代,不但以材份这种模数化方法统一了柱头铺作、转角铺作、补间铺作的设计,且补间铺作已经发展为和柱头铺作完全一致[4](图 4-13)。同时期的金还发展出了斜栱这一装饰化极强的作法。依据《营造法式》的记载,这时还明确规定了柱和铺作交接的插柱造或缠柱造

[1]　傅熹年.中国古代建筑史(第二卷):三国、两晋、南北朝、隋唐、五代建筑[M].北京:中国建筑工业出版社,2001:340.

[2]　中国科学院自然科学史研究所.中国古代建筑技术史[M].北京:科学出版社,2000:73.

[3]　傅熹年.中国古代建筑史(第二卷):三国、两晋、南北朝、隋唐、五代建筑[M].北京:中国建筑工业出版社,2001:644.

[4]　中国科学院自然科学史研究所.中国古代建筑技术史[M].北京:科学出版社,2000:64.

作法❶(图4-14)，这种特殊的节点解决了楼阁竖向连接问题。较之日本飞鸟时期二层搁置在梁柱上是较大的进步。

图4-13　宋代建筑中的斗栱

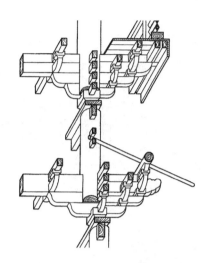

图4-14　以斗栱为层间衔接的叉柱造

　　元代的斗栱和宋代的显著差别就是同等级建筑中使用的材份明显下降了，根据相关研究，其截面尺寸最大下降了一半之多，但是相应梁的尺寸并未显著降低，这就造成了比例上的显著变化❷。(图4-15)斗栱节点中的一些不属于连接斗栱和梁、柱的构件，开始出现了装饰化的倾向，例如补间铺作中一跳华栱的假昂作法等❸(图4-16)。

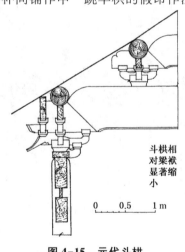

斗栱相对梁袱显著缩小

0　　0.5　　1 m

图4-15　元代斗栱

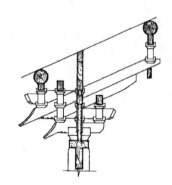

图4-16　晚期华栱头部似昂的装饰作法

　　大约自明代中期开始，斗栱在三个方面开始了更加明显的变化：第一个就是延续元代的斗栱用料减少的趋势，斗栱的比例越来越小；第二个就是斗栱中出现了以斗口代替材份的趋势，这看似属于建筑营造范畴，但这一转变实际上意味着不再区分单、足材，也即是出檐的荷载减少，已经不需要特意加强斗栱两个方向的区别；第三就是斗栱纵横向的差异从

❶　郭黛姮.中国古代建筑史(第三卷)：宋、辽、金、西夏建筑[M].北京：中国建筑工业出版社,2003:659.
❷❸　中国科学院自然科学史研究所.中国古代建筑技术史[M].北京：科学出版社,2000:119.

宋代及之前的高度差异开始向宽度差异转变,虽然斗栱两向栱的高度趋向于一致,但是华栱向越接近梁的跳数就越宽。这一趋势贯穿了明、清斗栱的发展❶。(图4-17,图4-18)

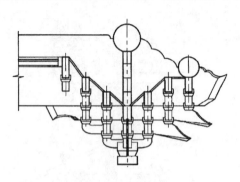 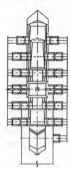

图4-17   清斗栱侧样图   图4-18   清斗栱仰视图

4.2   研究目标

在上述演变的过程中,可以发现,如下基本结构问题:

第一、等级差。同一时期、地域,高等级建筑斗栱用料大(材份大),层叠多。如同为唐代遗例,同在五台山地区,三开间的南禅寺柱头斗栱形制为双抄五铺作,五开间庑殿顶的佛光寺则为七铺作双抄双下昂。

第二、与梁、柱比例关系。斗栱自唐代起呈现一种"退化"的迹象,即斗栱所占比例越来越小,而斗栱连接的水平构件如梁等,则相对变大。显示出斗栱结构机能的退化。(图4-19)

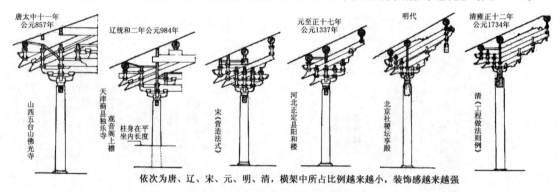

图4-19   斗栱沿历史演变图

第三、方向差。同一时代、地域、等级的斗栱,华栱向截面高度大,上下连接密实;横栱向截面高度小,上下有空隙。至清代,虽然纵横向高度接近,但华栱向宽度仍更大。

针对上述系列特征,有如下问题值得探索:

第一:斗栱层叠数目是否真的与建筑等级和安全性相关;是否层叠数越多,斗栱转动刚度越大?这一问题的结论有助于将某一层叠数的斗栱研究结论推理至各种层叠数。

第二:斗栱随时代演变的退化猜想是否有依据;作为连接梁柱的节点,是否小节点大梁的转动刚度一定强于大节点小梁?这一问题的结论既有助于解答建筑历史的问题,也有助于将

❶   孙大章.中国古代建筑史(第五卷):清代建筑[M].北京:中国建筑工业出版社,2009:409.

不同时期的斗栱研究成果联系起来。

第三:斗栱横栱向和华栱向的节点转动刚度有何差别?这一问题的结论既有助于帮助认识斗栱两个方向的结构性差异,也有助于辨析斗、横栱、华栱三者对抗侧刚度贡献的差异,进而有助于建立合理的有限元简化模型分析。

4.3 试验设计

如前所述,国内目前已有部分文献通过实验的方式对斗栱进行了节点试验,但就其文章描述,尚有不完备之处:

第一、试验条件:在已有试验中,普遍上下端固定,既有铁件固定,也有竖直荷载固定的[1]。这一加载方式限制了斗栱的转动而使其只能发生剪切破坏。由于斗栱顶面施加了实际上不存在的摩擦面,导致摩擦阻力增加。图4-20和图4-21为典型的宋式柱头斗栱[2],其顶部虽看似由屋面约束,但这种约束力有限,并且间隔出现。刚度较弱的椽子不可能在水平变形全过程中提供不变的竖向荷载和摩擦面,倾斜屋面在水平力作用下很易滑动。且由结构力学可知,在斗栱顶部的若干木枋中,只有最外侧木枋受荷最大。非均匀上部荷载在提供有效约束同时,也会形成不利的附加重力弯矩。

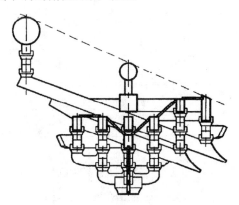

图 4-20 使用昂的宋柱头铺作

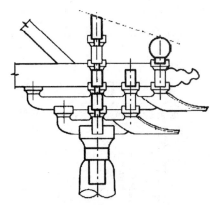

图 4-21 不用昂的宋柱头铺作

第二、斗栱之间参照系不明。目前实验数据已涵盖了一定等级和不同时代(主要是宋、清)的斗栱,但并不便于构架研究。斗栱的结构意义在于梁柱节点,只有当其所连接的梁柱同一规格时才有比较节点刚度的意义[3]。已有试验无法对宋、清,不同材份的斗栱进行比较。

针对上述问题,本章设计了四组共八个构件的斗栱,进行针对性试验。其基础是宋式和清

❶ 袁建力,陈韦,王珏,等.应县木塔斗栱模型试验研究[J].建筑结构学报,2011(7):9-14;隋龑.古建木构铺作层侧向刚度的试验研究[J].工程力学,2010(3):74.前者为了防止斗栱失稳,将斗栱倒置。后者在斗栱顶部设置了较大的水平承压面,其顶端的承压面假定都可能造成顶部摩擦力影响过大。

❷ 郭黛姮.中国古代建筑史(第三卷):宋、辽、金、西夏建筑[M].北京:中国建筑工业出版社,2003:349.

❸ 斗栱本身是模数化设计,所以不存在是否1∶1的问题。斗栱通常作为连接梁柱的节点出现,从唐、宋至明、清,斗栱相对于梁柱的比例在不断缩小,故不能简单地以斗栱的大小判定。从尺度上来说,四铺作的宋式斗栱甚至可以超过六铺作的清式斗栱,但二者连接梁截面却可以一定程度上接近。由于宋梁宽高比2∶3,清5∶6,二者不可能做到完全对应。本书以截面矩接近为标准。

式两类标准柱头斗栱。宋、清式均分别参照《斗栱》一书中的宋、清作法❶。宋式分三组,材份
一致,均为 10 cm,出跳(铺作)数递增。清式一组,其连接水平梁截面尺寸与宋式类似(由于二
者截面高宽比不同,宋式 3∶2,清式 6∶5,无法完全对应)。以保证由梁承担和传递的弯矩,变
形接近,清式斗栱总尺寸与一跳宋式接近,总出跳数三跳,与最高等级的宋式三跳对应。其中
宋式四铺作外包尺寸 820 mm×1 100 mm×750 mm(图 4-22),宋式五铺作外包尺寸 1 060 mm

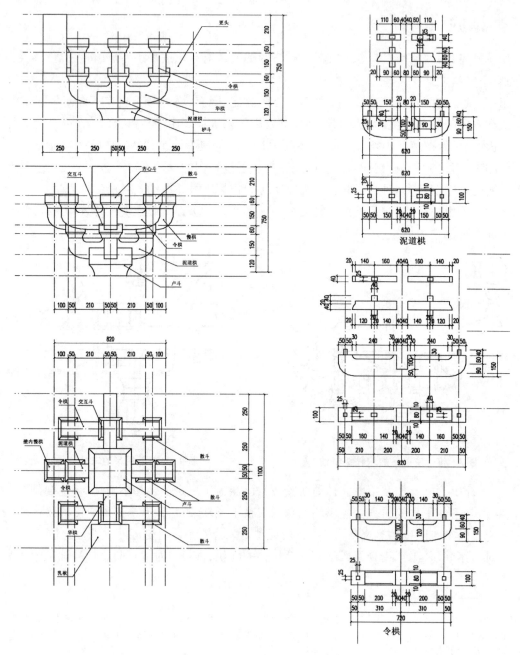

图 4-22　四铺作宋式斗栱设计图

❶　潘德华.斗栱[M].南京:东南大学出版社,2004.

×1 560 mm×960 mm(图4-23,图4-24),宋式六铺作外包尺寸1 060 mm×2 080 mm×1 170 mm(图4-25,图4-26),清式外包尺寸为480 mm×1 255 mm×780 mm(图4-27)。对斗栱整体刚度有影响的细部如斗口包耳也严格按照《营造法式》制作,但对一些工艺细部如卷杀作了适当简化(图4-28)。

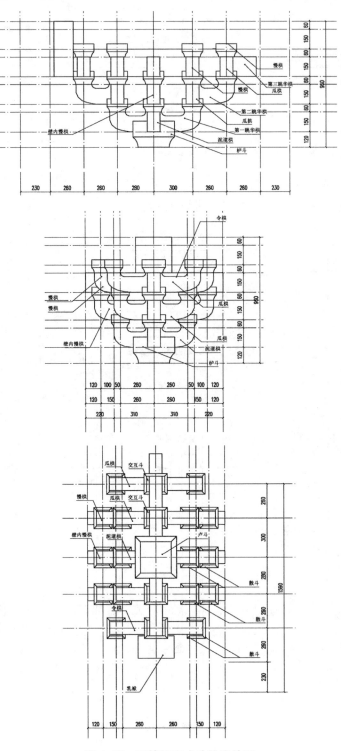

图4-23　五铺作宋式斗栱设计图

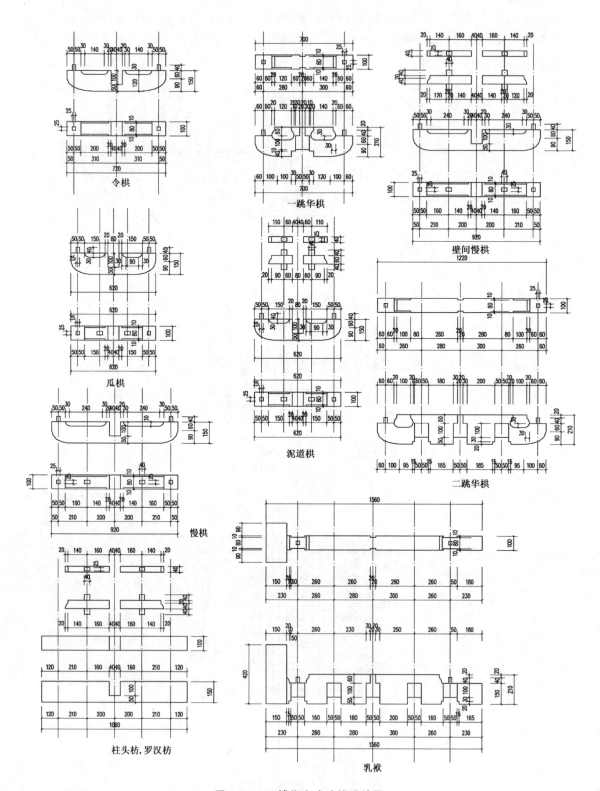

图 4-24　五铺作宋式斗栱设计图

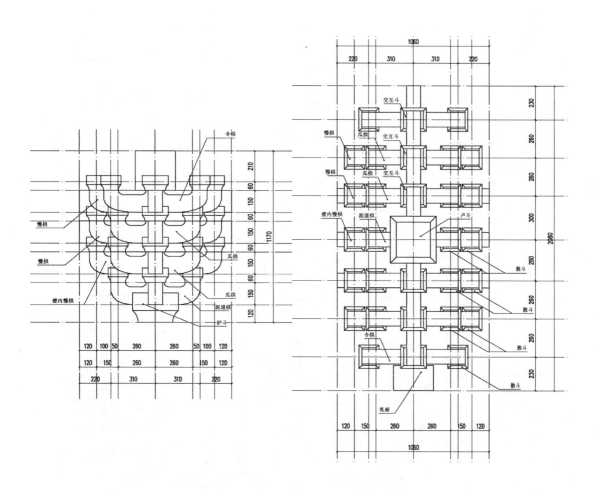

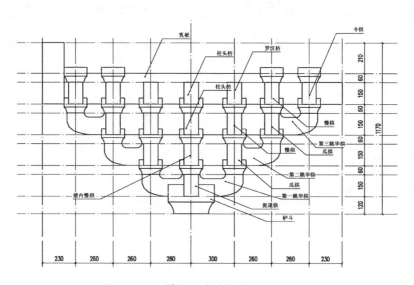

图 4-25 六铺作宋式斗栱设计图

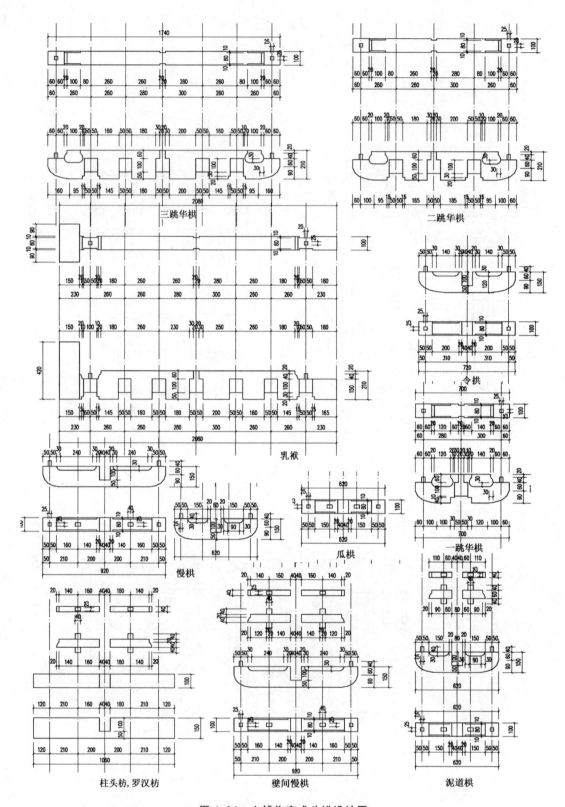

图 4-26　六铺作宋式斗栱设计图

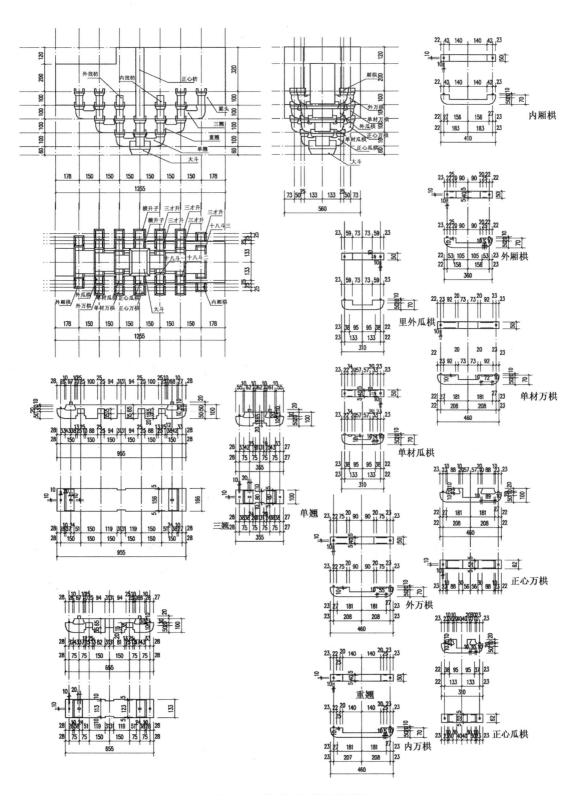

图 4-27 清式三跳斗栱设计图

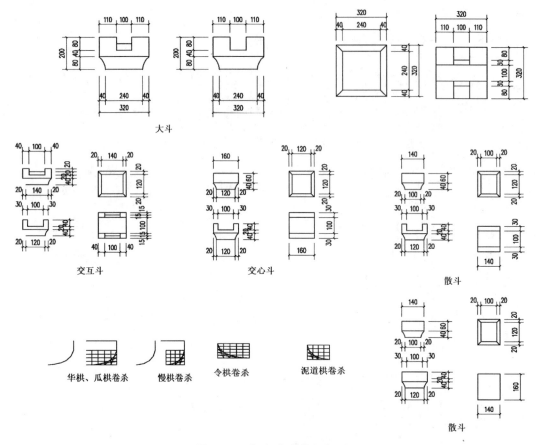

图 4-28 大斗、卷杀等细部图

为获得斗栱抗侧刚度,使用水平作动器在 1.2 m 高度处加载,同时在两侧悬挑端用自主设计的加载装置,以实物加载方式对称施加共 15 kN 竖直荷载,模拟屋面荷载。斗栱底部以馒头榫和木墩连接。(以木墩代替木柱是因为其刚度更大,可有效减小影响实验分析的柱端水平变形。)木墩有多个高度和不同跳数斗栱匹配,其底部与地面刚接。斗栱底部大斗两侧安装位移计,可推算大斗底部转角。在斗栱上下侧贴应变片,以获取应力。(图 4-29～图 4-31)

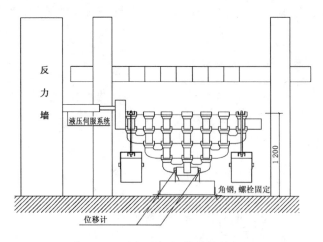

图 4-29 斗栱水平加载试验设备图

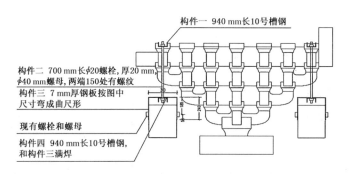

图 4-30 加载设备图

考虑到过往试验研究中,斗栱呈现半刚性行为,在无法准确判断其刚度拐点时,应优选位移控制。宋式四铺作共制作了三个相同构件,其中一个专门用于研究加载。通过对第一个构件即宋式四铺作斗栱的尝试性加载(5 mm 步进,每步进三个循环),发现三个循环直至斗栱破坏前都没有明显退化,且各级之间基本均匀变化,故基本确定以 10 mm 为一个基本步进,每步进一个循环,在刚度拐点附近多次循环的加载策略。

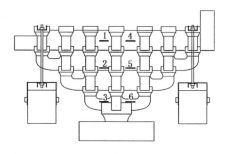

图 4-31 应变片分布图

4.4 实验现象,描述和分析

4.4.1 宋式四铺作,华栱方向变形

宋式四铺作在水平加载初始没有明显现象,水平位移 20 mm 时,可以看出斗栱轻微侧倾。由于这时角度很小,很难判断该变形是栱的相互错位还是斗底旋转,且几乎没有声音发出。水平位移 30 mm 时,开始出现轻微的"吱吱"声,水平位移在 30～60 mm 之间时,声音维持"吱吱"声,而"噔噔"声逐渐变多。这时可以看出,变形主要来自斗底,即大致以斗底馒头榫为中心,大斗旋转加局部弯曲变形。上部斗栱基本保持平行,没有明显错动。当位移增大到 70 mm 附近时,会突然发出巨大的"噔噔"声。大斗转角显著加大,据此判断"噔噔"声应为大斗底部馒头榫拔榫声。但斗栱仍然能维持整体形态。大斗变形状态和之前差别明显,不但可以看到拔出的榫头,而且明显弯曲,并局部出现裂纹。其旋转中心从大斗中心移至榫头之外的斗底接触面。水平位移继续增加后,会出现越来越明显的馒头榫拔出。水平位移 100 mm 以上时,斗栱上部华栱偶尔会出现局部变形脱开,即上层华栱从下层华栱处脱开,出现达数毫米的缝,但变形归零后裂缝缩小,能完全恢复。从这一阶段开始,斗栱不仅会出现较为明显的平面内变形,还出现平面外侧倾,水平位移越大,越容易发生。途中多次停止加载,人工恢复其平面外变形。这一情况一直维持到水平变形达 160 mm,斗栱底部馒头榫拔出,试验无法进行。具体过程参见图 4-32。

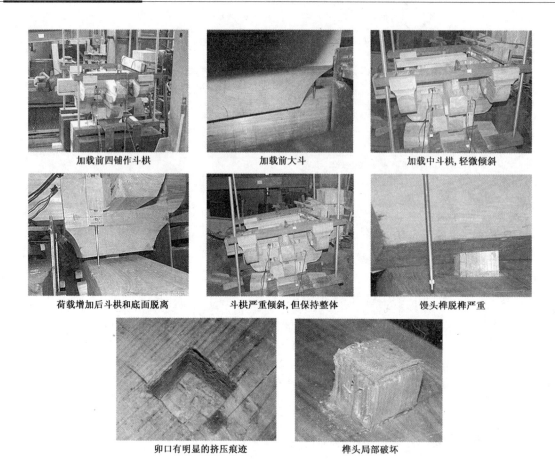

加载前四铺作斗栱　　　　加载前大斗　　　　加载中斗栱,轻微倾斜

荷载增加后斗栱和底面脱离　斗栱严重倾斜,但保持整体　馒头榫脱榫严重

卯口有明显的挤压痕迹　　　榫头局部破坏

图 4-32　宋四铺作华栱向试验现象图

4.4.2　宋式五铺作,华栱方向变形

宋式五铺作变形情况类似四铺作。水平位移 20 mm 左右就可以看出斗栱轻微侧倾。位移达 30 mm 时,开始出现轻微的"吱吱"声。水平位移在 30~60 mm 之间时,声音维持"吱吱"声,而"噔噔"声逐渐变多。以斗底馒头榫为中心,大斗旋转,弯曲变形不明显。位移增大到 80 mm 时,突然发出巨大的"噔噔"声。大斗明显弯曲,但没有出现裂纹。随着变形逐渐增加,华栱一端总会出现 2~3 mm 的分离,并随水平位移增加而逐渐变大,但变形总能完全恢复。水平位移达 100 mm 时,斗栱出现平面外侧倾的现象。试验一直持续到水平位移 200 mm,斗栱榫头未拔出,但由于水平位移无法增加而停止。卸下斗栱后,可以看出斗底卯口一定程度上变大,榫头局部磨光,但没有明显折榫。具体过程参见图 4-33。

加载前五铺作　　　　　　加载前大斗　　　　　　加载后斗栱倾斜

伴有平面外失稳   严重脱榫   大斗卯口未见明显损伤

馒头榫卯口有挤压   榫头局部剪断

图 4-33   宋五铺作华栱向试验现象图

4.4.3 宋式六铺作,华栱方向变形

宋式六铺作基本类似五铺作。但其平面外侧倾开始较早,在 80 mm 附近,斗底变形方式没有明显差别时就已经出现,至 120 mm 时由于无法手工恢复,不得不在单侧增加支撑墙,表面通过滑轮滚动摩擦做侧向支撑。当位移达到 220 mm 时,斗栱榫头未拔出,但水平位移无法增加而停止。卸下斗栱后,可看出斗底卯口一定程度上变大,榫头局部磨光,但没有折榫。具体现象参见图 4-34。

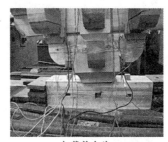

加载前六铺作   加载前大斗   初加载,已产生平面外侧移

防止平面外变形,不得不使用
 大型混凝土块作为侧挡   大斗底部变形   斗栱严重倾斜,但保持整体

平面外侧移　　　　　　　　　斗底旋转

图 4-34　宋六铺作华栱向试验现象图

4.4.4　宋式四铺作,横栱方向变形

宋式四铺作横栱向和其华栱向比较类似。水平位移 20 mm 以下时既没有明显声音,也没有明显的变形。20 mm 以后逐渐出现"吱吱"声,然后转变为"噔噔"声。在 60 mm 到 70 mm 之间时,会发出较响的"噔噔"声并看到榫头拔出。由于横栱上下间联系弱于华栱(华栱上下层紧密结合,横栱则是通过垫块和销子连接),故横栱和垫块之间很快就出现了间隙,并明显大于华栱之间曾经出现的间隙。该类缝隙在反向加载中可完全恢复。在大斗底部馒头榫明显拔出后,出现了较明显的斗底变形。可能由于其高度较低,华栱连接好,没有出现平面外失稳。随水平位移增加,斗栱旋转变形逐渐明显,位移达 210 mm 时,斗栱榫头未拔出,但水平位移无法增加而停止。卸下斗栱后,可看出斗底卯口一定程度上变大,榫头局部有不明显的折榫。具体现象参见图 4-35。

加载前四铺作　　　　　　严重倾斜　　　　　　　斗底脱榫

大斗完好　　　　　　略微变形的榫头　　　　　卯口有挤压痕迹

图 4-35　宋四铺作横栱向试验现象图

4.4.5 宋式五铺作,横栱方向变形

宋式五铺作和四铺作类似。水平位移 20 mm 以下时既没有明显声音,也没有明显的变形。20 mm 以后逐渐出现"吱吱"声,然后转变为"噔噔"声。在 80 mm 左右,会发出较响的"噔噔"声并看到明显拔榫出。横栱间间隙出现明显早于且大于四铺作。同一水平位移下,大约大 1~2 mm。在大斗底部馒头榫明显拔出后,斗底也呈现明显弯曲变形,并伴随平面外失稳。但直至试验结束也未发生平面外失稳破坏。水平位移达 210 mm 时,斗栱榫头未拔出,但水平位移无法增加而停止。卸下斗栱后,可看出斗底卯口一定程度上变大,榫头局部变得更加光滑。具体现象参见图 4-36。

未加载五铺作　　　　　　加载前斗栱横栱向　　　　　　加载前大斗

初加载　　　　　　馒头榫拔榫　　　　　　馒头榫脱榫

卯口挤压　　　　　　榫头局部剪坏

图 4-36　宋五铺作横栱向试验现象图

4.4.6 宋式六铺作,横栱方向变形

宋式六铺作变形情况和四铺作类似。20 mm 以后逐渐出现"吱吱"声,水平位移达 40~50 mm 后,横栱间就出现可恢复的缝隙。在水平位移 80 mm 时,会发出较响的"噔噔"声,且看到榫头拔出。横栱间间隙明显早于且大于四铺作。在大斗底部馒头榫明显拔出后,斗底也呈

现弯曲变形,直至试验结束,未发生平面外失稳破坏。当水平位移达 220 mm 时,斗栱榫头未拔出,但水平位移无法增加而停止。卸下斗栱后,可以看出斗底卯口一定程度上变大,榫头局部更加光滑。具体现象参见图 4-37。

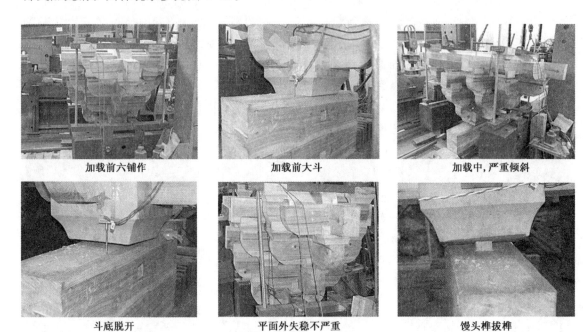

加载前六铺作	加载前大斗	加载中,严重倾斜
斗底脱开	平面外失稳不严重	馒头榫拔榫

图 4-37 宋六铺作横栱向试验现象图

4.4.7 清式华栱向

清式斗栱在水平作用下基本变形过程和宋式四铺作类似。清式斗栱在水平位移 20 mm 以下时既没有明显声音,也没有明显变形。当水平位移在 50~60 mm 之间时,会突然发出明显"噔噔"声,斗栱旋转变形明显增大并可发现榫头拔出。其间伴随并不明显的平面外失稳。这一过程会反复直至试验结束,当水平作动器位移达 210 mm 时,已几乎完全脱榫。由于水平位移无法增加而停止。卸下斗栱后,可以看出斗底卯口一定程度上变大,榫头局部更加光滑。具体现象参见图 4-38。

未加载清式斗栱	加载前大斗底	加载中,倾斜

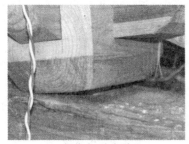

加载中,斗底脱开　　　　　　　　　　　局部拔榫

图 4-38　清斗栱华栱向试验现象图

4.4.8　清式横栱向

清式横栱在水平力作用下变形过程和华栱向几乎完全相同。没有出现宋式中横栱向、华栱向明显的试验现象区别。具体现象参见图 4-39。

加载前清式斗栱横栱向　　　　加载中,斗底脱开　　　　　馒头榫拔榫

图 4-39　清斗栱横栱向试验现象图

4.4.9　其他现象与总结

试验中还有两个现象需要研究。第一,加压板和木材连接处局部压坏,虽然加固并用钢索绑牢,但仍然造成位移恢复时出现缝隙。这就造成水平作动器外推时较为准确,回退时则会出现较小的滑移段,实验中通过观察、暂停和测量的方法记录了这一段变形的大概尺寸(准确测量不可能,因为该变形随时变化)并将这一滑移值排除在分析数据外;第二,大斗底部有一定面积,故斗栱转角并不等于水平位移除以斗栱高度。斗栱底部馒头榫产生了较大的抵抗力,直接导致水平作动器受阻后无法保持水平,而是在外推时上翘。为解决这一问题,大斗两侧安装有百分表,利用其读数读取大斗两侧变形,并折算为斗底中心旋转变形。

总体而言,无论是两种方向,或四类斗栱间,试验现象都较为近似。水平加载初始,只能看见斗栱以大斗中部为旋转轴,对等的往复转动而没有任何的声响。水平位移在 20～30 mm 附近时可以听见"吱吱"声,但看不出除大斗外的显著变形。30 mm 之后,可听见"吱吱"声或轻微"咯噔"声,要变形仍是以大斗中心为转轴的左右转动。位移增大到 60～80 mm 时,会突然发出巨大的"噔噔"声。大斗转角显著加大,大斗底部馒头榫拔榫斗栱仍能维持整体形态。位移进一步加大后,大斗底部出现明显弯曲,有时还会出现裂纹。水平位移 100 mm 后,斗栱上部华栱或横栱偶尔会局部变形,但能完全恢复。此阶段会伴生明显的平面外变形,甚至会增大至如果不以辅助设施支撑,就会率先发生平面外失稳破坏的程度。水平位移继续增加至 150 mm 后,斗栱随时可能破坏。既有馒头榫折榫,也有变形过大,馒头榫拔榫;或有既不拔榫或折榫,但拆解后发现馒头榫已经局部折坏的情况。在一些细微的实验现象上,各个斗栱有区别:华栱向的结合要强于横栱向,各层栱之间出现变形的可能性和幅度更小;跳数也有影响,跳数多的斗栱更易发生平面外失稳,也容易发生各层栱之间的扭转。

4.5 试验数据及分析

根据水平作动器获得的水平推力位移,可直接获得力-位移关系的滞回曲线。但该曲线需根据试验现象进行修正。

由于前述加压板问题,水平位移 30 mm 后,木材局部承压破坏,导致水平作动器回退时在 0~30 mm 段有较为明显的滑移,通过记录每一次的滑移段,可以对该数据进行一定程度的修正。即

$$\Delta h' = \Delta h - \Delta b \qquad\qquad [式 4\text{-}1]$$

其中,$\Delta h'$ 为水平作动器回退时的实际滑移,Δh 为水平作动器直接测得的位移,Δb 为观察记录得到的滑移值。

此外,由于水平作动器外推时受阻上翘,故其测得的力与变形不准。由于斗栱本身未发现明显的内部变形,可基本视为一个整体,所以大斗底部转角近似等于斗栱转角。对于实际变形,以大斗底部双位移计的变形值换算测得,即:

$$\theta = (\Delta l - \Delta r)/D \qquad\qquad [式 4\text{-}2]$$

其中,Δl 和 Δr 分别为左右两个位移计位移值,D 为大斗边长,则斗栱实际抵抗弯矩为:

$$M = F\cos\theta_1 H \qquad\qquad [式 4\text{-}3]$$

其中,M 为斗栱抵抗弯矩,F 为作动器水平力,H 为作动器距地面高度,θ_1 为水平作动器相对于水平面的上翘角,该值可按下式计算:

$$\theta_1 = \cos^{-1}\frac{\theta H}{H_0} \qquad\qquad [式 4\text{-}4]$$

其中,H_0 为水平作动器上位移计测得位移。根据前述公式,可获得斗栱弯矩-转角关系滞回曲线,而滞回曲线的骨架线即为斗栱的抗侧刚度半刚性曲线。这一转换过程如图 4-40。

试验时在斗栱上表面、下表面和侧面都贴有应变片。理论上不但可以推算应力,获得应变-转角曲线,且可推算斗栱实际承担的弯矩。对前述计算分析进行修正。结果如图 4-40。可以看出,该数据基本遵循应力随斗栱转角变形增加的趋势。但其应力响应明显过低。虽尝试过 5 cm,10 cm,12 cm 三种规格的应变片,但推算弯矩仅为外力弯矩的 5%~

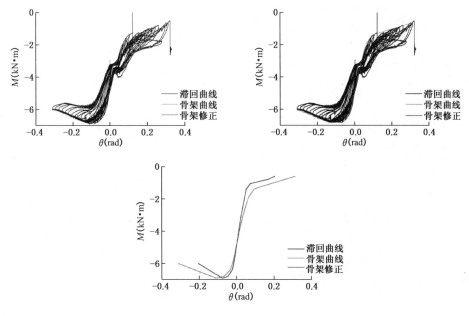

图4-40　斗栱滞回与骨架曲线

10%,很难作为参考。这可能由于木材为纤维受力,纤维之间应力扩散较快,很难找准对应纤维所致。

4.6　斗栱转动刚度半刚性退化曲线模型

本试验获得的斗栱骨架曲线(图4-41)具有一些共同特征,曲线整体上分三到四段,第一阶段为刚度较小的小幅上升段,对应转角为0.003 rad或更小。这一阶段并不是每种斗栱都有且并不明显。配合试验现象,这段可能为斗栱榫卯挤紧阶段;第二阶段为刚度很大的上升段,对应转角约0.01～0.02 rad,配合试验现象,这段可能是外部弯矩小于屋面荷载所产生的抵抗弯矩,斗栱各部分密切配合的准刚性阶段;第三阶段为刚度逐渐变小的上升阶段,对应转角约0.02～0.04 rad。配合试验现象,这段可能是外部弯矩大于竖

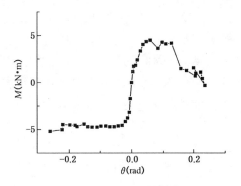

图4-41　斗栱骨架曲线

直荷载产生的抵抗弯矩,主要依靠馒头榫抵抗弯矩变形的过程,是弹塑性阶段;第四阶段并不稳定,可能持平,可能缓慢下降,也可能小幅上升。其转角范围自0.04～0.2 rad。配合试验现象,这段斗栱馒头榫基本破坏,只能依靠竖直荷载产生抵抗弯矩,为纯塑性阶段。根据这一曲线,将斗栱转动刚度按下述表达式描述为图4-42的节点模型。与骨架曲线相比,去除了第一个并不常见的挤紧阶段。

表 4-1　斗栱节点转动刚度弹塑性比例表

斗栱类型	$\theta_1/\theta_2(\%)$	$M_e/M_u(\%)$
宋式四铺作华栱向	54.2	75.9
宋式五铺作华栱向	22.6	69.9
宋式六铺作华栱向	25.6	77.2
宋式四铺作横栱向	29.5	67.5
宋式五铺作横栱向	50	62.9
宋式六铺作横栱向	31.3	75.3
清式华栱向	26.5	76
清式横栱向	64.9	84.7
算术平均值	38.1	73.7

$$M_e = K_1\theta_1 \qquad\qquad [式4-5]$$

$$M_{pe} = M_e + K_2(\theta_2 - \theta_1) \qquad\qquad [式4-6]$$

$$M_p = M_{pe} + K_3(\theta_3 - \theta_2) \qquad\qquad [式4-7]$$

上式中，M_p，M_{pe}，M_e 分别为斗栱处于弹性阶段、弹塑性阶段和塑性段的弯矩；K_1，K_2，K_3 分别为斗栱三阶段的刚度，θ_1，θ_2，θ_3 分别为三阶段转角。根据曲线，将 M_{pe} 定义为斗栱极限弯矩 M_u，θ_2 定义为极限弯矩对应转角 θ_u。根据统计数据(表 4-1)，将 M_e 定义为 M_u 的 70%，θ_1 为 M_e 的对应转角，得到相应的刚度如表 4-2。由于各斗栱 θ_u 不同，所以最后加入 $K_4 = M_u/\theta_u$ 这一名义刚度以方便比较。

从图 4-42 可以看出，斗栱的塑性段长度约是弹性段 8～10 倍，其半刚性主要表现为很强的刚性段和很长的塑性段。这表明斗栱在小变形时有较大的刚度，而大变形时又有较好的维持能力。

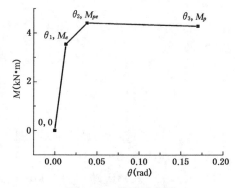

图 4-42　转动刚度图

表 4-2　斗栱转动刚度表

斗栱类型	$K_1(\mathrm{kN\cdot m/rad})$	$K_2(\mathrm{kN\cdot m/rad})$	$K_3(\mathrm{kN\cdot m/rad})$	$\theta_u(\mathrm{rad})$	$M_u(\mathrm{kN\cdot m})$	$K_4(\mathrm{kN\cdot m/rad})$
宋式四铺作华栱向	264.1	95.8	−4.7	0.024	4.15	172.9
宋式五铺作华栱向	457.1	57.5	−0.5	0.031	4.58	147.7
宋式六铺作华栱向	343.6	50.6	−8.2	0.043	5.4	125.6
宋式四铺作横栱向	141.4	28.3	0.2	0.044	2.83	64.3
宋式五铺作横栱向	88	41.7	−1.2	0.04	2.64	66
宋式六铺作横栱向	207.8	34.8	−2.2	0.032	2.67	83.4
清式华栱向	78.6	12.2	−0.7	0.049	1.46	29.8
清式横栱向	41.7	26.2	−2.8	0.037	1.31	35.4

4.7　斗栱转动刚度差异研究

4.7.1　宋式三个等级华栱向转动刚度比较

宋式据跳数,区分为三个等级,即四铺作一跳,五铺作两跳,六铺作三跳。转动刚度曲线如图 4-43 所示。结合表 4-2,可以将其变化规律总结为:相似的曲线形态,随跳数增长的极限弯矩和转角 M_e,K_1;随跳数递减的 K_2 和 K_4。

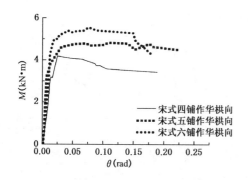

图 4-43　宋式斗栱华栱向转动刚度

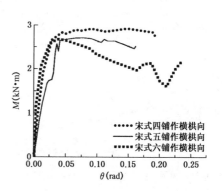

图 4-44　宋式斗栱横栱向转动刚度

4.7.2　宋式三个等级横栱向转动刚度比较

转动刚度曲线如图 4-44。在曲线形态,最大抵抗弯矩能力,各阶段刚度多个方面比华栱向更为接近。基本可以认为,跳数对于斗栱横栱向刚度没有影响。

4.7.3　宋式同一等级斗栱华栱向和横栱向的比较

宋式同一出跳数两个方向的转动刚度曲线如图 4-45~图 4-47。两者在曲线形态上类似,各阶段对应转角也接近。但在最大抵抗弯矩和各阶段刚度上有明显差异,且随着跳数增加而增加,结合图 4-50,图 4-51 可以看出华栱向的变化率大于横栱向。

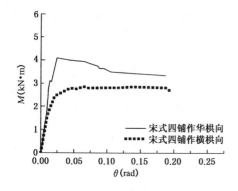

图 4-45　宋式四铺作斗栱转动刚度

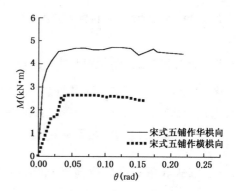

图 4-46　宋式五铺作斗栱转动刚度

4.7.4　清式华栱向和横栱向的比较

从图 4-48 可以看出,清式斗栱的华栱向和横栱向差异很小,华栱向略强。其中华栱在极限弯矩和转角方面有一定优势。横栱向出现明显波浪形的主要原因是在具体加载细节上的差异。对于华栱向的加载,由于顶部梁头出挑后有明显的高度变化,故加载钢板卡接牢固。而横栱向是采用在横栱顶钉上加载木块的方式加载。试验过程中,较大荷载时加载木块会出现局部松脱的现象,试验中会在再次加固后继续试验。但该过程必然造成曲线的局部陡降和整体变形的增加,实际处理中没有考虑波谷,按照轮廓线处理。

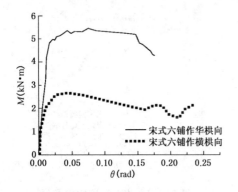

图 4-47　宋式六铺作转动刚度

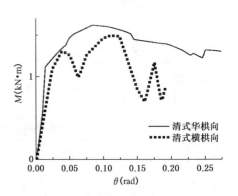

图 4-48　清式斗栱转动刚度

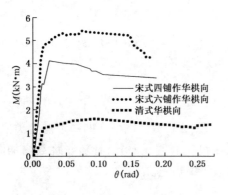

图 4-49　宋式和清式斗栱转动刚度

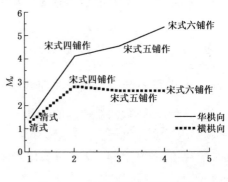

图 4-50　斗栱极限弯矩比较图

4.7.5　清式和宋式斗栱抗侧刚度比较

图 4-49 绘出了清式和宋式四铺作、六铺作华栱向的转动刚度曲线,虽然形态类似,但清式最大抵抗弯矩和刚度既小于尺度接近的宋式一跳,也小于跳数相同的宋式三跳。可以据此确认清式斗栱节点转动刚度弱于宋式。

4.7.6　清式和宋式在华栱向半刚性的比较

图 4-50,图 4-51 分别比较了宋、清式斗栱华栱向的极限弯矩和名义刚度 K_4,其中宋式极限弯矩和跳数增长接近线性关系。K_4 的衰减和跳数增长也接近线性关系。宋、清式之间由于材份比例等不同,不能直接比较。但若以大斗的边长比为基本单位,则二者在极限弯

矩和 K_4 刚度上的增长接近平方关系(即宋、清大斗边长比接近 2.1∶1,极限弯矩和 K_4 的比约 4∶1)。

4.7.7　宋、清式斗栱横栱向比较

图 4-50,图 4-51 还分别比较了宋、清式斗栱横栱向的极限弯矩和名义刚度 K_4,其中宋式极限弯矩和跳数增长几乎无关。K_4 的增长和跳数增长接近线性关系。宋、清式之间若以大斗的边长比为基本单位,则二者在极限弯矩和 K_4 刚度上的增长接近线性关系(即宋、清大斗边长比接近 2.1∶1,极限弯矩和 K_4 比约 2∶1)。

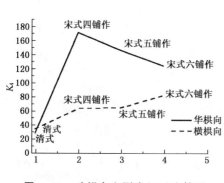

图 4-51　斗栱名义刚度(K_4)比较图

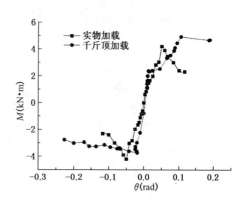

图 4-52　斗栱竖直荷载对骨架曲线的影响

4.7.8　竖直荷载的影响

在使用自主设计的加载装置前,曾参照已有实验文献使用千斤顶加载,但由于大位移时千斤顶不可避免的倾斜问题导致最终改变加载方式。但千斤顶加载可轻易获得比实物加载多得多的竖直力,而首次使用千斤顶加载也达到了 70 mm 不卸载。故其实验数据也可用于间接比较。针对宋式四铺作华栱向,图 4-52 绘出了千斤顶加载过程的骨架曲线和实物加载骨架曲线的区别。其中千斤顶加竖直荷载 30 kN,实物加载仅为 15 kN。二者的刚度和极限弯矩非常接近,可见竖直荷载大小在保证斗栱密实的基础上对斗栱刚度的影响有限。

4.8　与其他研究成果之比较

国内许多研究都对斗栱的抗侧刚度有所涉及,其中试验数据较为翔实的是以应县木塔斗栱为研究对象的《应县木塔斗栱模型试验研究》和以宋代四铺作斗栱为研究对象的《古建木构铺作层侧向刚度的试验研究》。

从图 4-53 可知,本书测得的曲线显示出较其他两个试验较差的耗能能力。有两大类因素可能造成这一差异:第一种是竖直荷载造成的初始弯矩大小差异,但该可能已经在 4.7.8 的相关试验中被排除;第二种是由于其余斗栱试验的约束条件和本书不同。《古建木构铺作层侧向刚度的试验研究》中的乳栿构件并未在进入斗栱范围后将用材从二足材缩减为一足材,实际梁栿的约束力和刚度被成倍计入了斗栱内并限制了斗栱的转动可能。而《应县木塔斗栱模型试验研究》中由于斗栱倒置,不但限制了斗栱转动可能,也导致顶部摩擦面显著增加。这种假定

上下面为平行错动方式的变形是不符合实际构架变形情况的。通过 ANSYS 模拟分析可知,当斗栱和柱连接时,结构变形中虽然包含了斗栱变形的成分,但最为明显的仍然是斗栱和柱头之间的相对转动而非错动(图 4-54)。

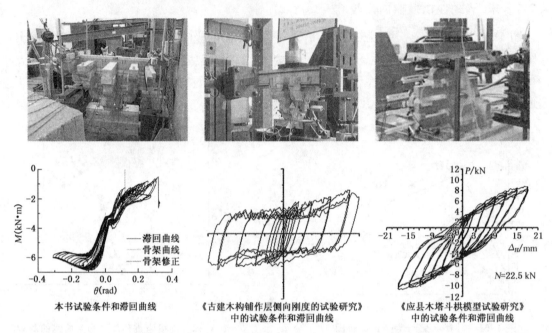

本书试验条件和滞回曲线　　《古建木构铺作层侧向刚度的试验研究》　　《应县木塔斗栱模型试验研究》
　　　　　　　　　　　　　　　中的试验条件和滞回曲线　　　　　中的试验条件和滞回曲线

图 4-53　其他研究斗栱侧向刚度和本研究比较图

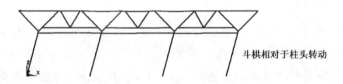

斗栱相对于柱头转动

图 4-54　带斗栱框架变形示意图

虽然三个试验由于斗栱的材份尺寸不一而无法直接比较,但可以看出如下区别和规律:首先,三者滞回曲线不同,后两者试验获得的滞回曲线较饱满,而本书所获得的滞回曲线有明显的捏缩效应,这与后两者通过荷载限定了斗栱的变形方向并以剪切变形为主有关;其次,就是简单折算后,本实验的斗栱刚度大约只有后两者研究的 70%~80%,这也与本实验没有考虑顶部摩擦面有关;第三,针对不同大小的竖向荷载影响,虽然袁建力等针对应县木塔斗栱模型进行的研究提出了不同观点,但本试验和《古建木构铺作层侧向刚度的试验研究》结果一致,均为影响很小。《应县木塔斗栱模型试验研究》的结论应该和其斗栱倒置,形成不存在的巨大摩擦面有关。

在实际建筑中,由于前文所述的斗栱上部屋面荷载倾斜和屋面刚度以及接触面不足的情况,对于常见的檐部斗栱,应当更接近本章的研究结果;但对于部分内檐斗栱或平坐层斗栱,可能更接近于前述两试验和本章之间的某种结果。具体情况有待后续研究揭示。

4.9　总结与探讨

4.9.1　分析小结

依据上述分析,可以得出如下结论:

- 就斗栱刚度而言,宋式强于清式,华栱向强于横栱向,跳数多的强于跳数少的。说明斗栱的等级,尤其是总尺寸对结构抗侧刚度有明显影响。但这三个因素对榫卯半刚性的影响程度不同。

- 宋式四铺作和清式斗栱较大的刚度差异说明,除总尺寸外,斗栱材份对抗侧刚度的影响也很大。宋式斗栱用材,1分′为10 cm,清式折算后约在5~6 cm,其刚度差理论值4.7倍,试验值5.8倍,虽有差别(原因后详),但仍能明显看出宋式强于清式。

- 宋式华栱向强于横栱向说明,栱截面的大小和连接紧密程度会影响斗栱刚度。宋式华栱不仅高度大,而且连接也使用较为复杂的斗口包耳方法。如按足/单材比推测,理论差值2.74倍和试验值2.68倍接近。

- 清式华栱向和横栱向差异小于宋式说明,斗栱刚度由梁和斗栱共同组成,宋式斗栱中梁所占比例小,故斗栱跳数影响大;清式梁所占比例大,故斗栱影响小。

- 竖直荷载大小对斗栱抗侧刚度几乎没有影响(一定范围内)。

- 宋式斗栱横栱向抗侧刚度变化小,华栱向刚度变化大可以推测,梁下斗栱抗侧刚度由两部分组成,即由斗栱底部大斗(三种刚度曲线的区别也可以说明这一点)和栱提供,大斗底部的馒头榫是整个斗栱体系中最容易变形的环节,决定斗栱刚度的主要因素是斗栱最底层大斗的尺寸和对应的馒头榫刚度。大斗馒头榫的刚度约为总刚度的60%~70%。

由上述关系,配合滞回曲线可以推测斗栱的本构关系:第一阶段,斗栱挤紧;第二阶段,将水平荷载传递给大斗,大斗斗底馒头榫依靠摩擦和竖直荷载产生的弯矩协同抵抗外弯矩;第三阶段,大斗持续变形,大斗拔出并随馒头榫剪切变形,这时一部分华栱可能参与到协同受力中;第四阶段,变形过大,馒头榫折榫或彻底拔出,破坏。由于斗栱底部构件和斗栱上部梁对斗栱抗侧刚度有影响,故叠合层数越多,效果越差。本质上是由于连接构件的榫卯节点刚底较差。

4.9.2　讨论

通过实验和相应数据分析,有如下几点值得继续讨论。首先建筑等级和斗栱跳数的关系值得怀疑。不同跳数斗栱在华栱向有一定的差别,但差值较小,横栱向则基本没有差别。故增加跳数更可能和竖直荷载大小,支撑出檐需求等建筑造型需求相关;其次,若单从节点转动刚度出发,宋式到清式的节点退化是确实存在的。但斗栱的退化不等于构架的退化,这点仍需结合传统木构架研究进行;第三,本次实验斗栱转角较大,超出之前实验数倍,从而获得了未曾有过的准破坏阶段斗栱半刚性和滞回曲线。从实验数据可看出,斗栱是一种利用不充分的节点,其最薄弱的大斗底部馒头榫破坏时,上部的横栱或华栱仅能发挥很少的变形和耗能能力。这是否是其退化的内因仍有待研究。

上述分析均指出,对斗栱刚度影响最大的首先是总尺寸,其次是材份和方向(华栱向或横栱向),最后才是层叠数量。因此构架分析时必须以一定的材份为讨论基础,并区分纵横的差异,反而是其层叠数为相对次要考虑问题。

5　竖向拼柱榫卯研究

5.1　研究对象

如前文所述,要完成楼阁从层叠式向通柱式的转变,在建筑构造技术上,就必须能做到柱的竖向拼接,即通柱构造。

拼接柱本身有很长的历史,早在东汉建宁三年(公元 170年)《郙阁颂碑》就记载:"缘崖凿石,临深长渊,三百余丈,接木相连,号为万柱"。而在南北朝造塔高峰出现时,由于有塔心柱这一普遍形象需求,对那些层数很多(七到九层)的木构塔,除了依靠天然长木或是皇家御赐刹木外,在一木难求的情况下,就可能出现过拼接柱的作法。从日本五重塔塔刹木的榫卯拼接可知[1](图 5-1),在日本飞鸟时期就已经使用了拼接柱(对应我国隋代,木构阶段可能为南朝)。而武周洛阳的明堂"巨木十围,上下通贯,柿、栌、樟、棍借以为本,亘之以铁索",很可能就是拼柱。

在宋《营造法式》中,记载了另一种拼接柱作法,如图 5-2。这种作法被称为合柱鼓卯[2],其依据拼合构件的多少被称之为"二合、三合、四合"。但这并非本章所指的拼接柱,而是在断面上以小材拼接大材的方法,所使用的两端燕尾榫(又称银锭榫)在战国墓中即已出现。宁波保国寺大殿中则有该方法的变种实例(图 5-3),其内檐金柱由四根圆木拼成,外侧用小直径的圆木作为装饰遮蔽拼缝[3]。

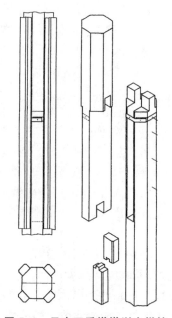

图 5-1　日本五重塔塔刹木拼接

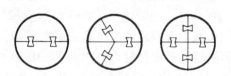

图 5-2　宋代使用银锭榫的拼柱方法

除在书中明确记载的拼接柱外,《营造法式》卷第十九,大木作功限三,望火楼功限中记载了另一种可能的拼柱:"望火楼一坐,四柱,各高三十尺;上方五尺,下方一丈一尺"。据文字,望

---

❶　日本木构建筑保护研究内部资料:75.

❷　(宋)李诫修编,梁思成注释.营造法式注释[M].北京:中国建筑工业出版社,1983:308.

❸　中国科学院自然科学史研究所.中国古代建筑技术史[M].北京:科学出版社,2000:98.

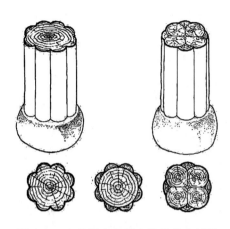

图 5-3　宋保国寺大殿中使用的分瓣柱

火楼四柱长近 10 m,很可能就是通柱。

　　自明代飞云楼开始,出现大量三层及三层以上使用通柱作法的木构楼阁。这也催生了拼柱构造的演进。目前的飞云楼很可能是明代正德年间修建的,并于清乾隆十一年重修❶。其通柱高 15.45 m,下口直径 70 cm,上口直径 55 cm。这几根通柱并非整木,而是由两根大约均为 7 m 多的木料以螳螂榫或勾头搭掌榫,并加楔拼接而成,还用铁活加固❷(图 5-4)。

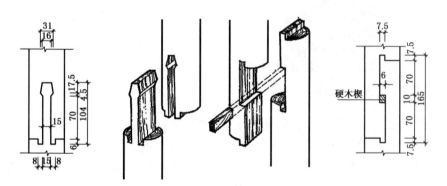

图 5-4　明飞云楼中的拼柱

　　清初工部《工程做法》中即提出"分瓣别攒柱料"及"别攒长盖"梁柁的作法;据研究,清代拼合梁柱采用拼合、斗接、包镶三种方法:"一般柱身长度不够可用两木对接,接口用十字榫或巴掌榫;柱身亦可内用心柱,外用瓜皮形小料包镶成大柱,包镶料有八办、十二办之分;特长柱身的心料亦可墩接,外加斗接的包镶料,形成长柱❸"。拼柱突出成就都体现在楼阁通柱造中,如承德普宁寺大乘阁中直径为 74 cm,柱高 24.47 m 的 16 根攒金柱,即用此法制成❹。在通柱与其穿枋间加铁箍连接是必不可少的。增加铁质联系构件,可能很早就有应用,在清代,铁箍、铁

　　❶　孙大章.万荣飞云楼[J]//建筑理论及历史研究室.建筑历史研究(第 2 辑)[M].北京:中国建筑科学研究院建筑情报研究所,1982:102.

　　❷　孙大章.万荣飞云楼[J]//建筑理论及历史研究室.建筑历史研究(第 2 辑)[M].北京:中国建筑科学研究院建筑情报研究所,1982:108.

　　❸❹　孙大章.中国古代建筑史(第五卷):清代建筑[M].北京:中国建筑工业出版社,2009:429.

钉、铁把锔用于大木构件,更是常见作法。这种拼接后的柱,从外观上很难看出其纵向拼接位置[1](图5-5)。

除上述这些拼柱外,还有一种值得关注的"拼接"方式,即层叠式楼阁上下层楼面交接节点。在目前已知实例中,采用斗栱的建筑大多采用"叉柱"的作法,但根据上下层关系不同,又有上下层严格对位的中心叉和上下层存在退层关系的单向叉两种(图5-6)[2]。而某些简单,不用斗栱的建筑,上层柱以管脚榫或直接搁置在下层梁上[3]。

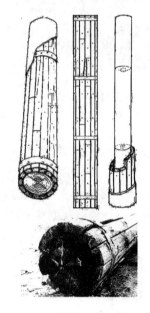

图5-5　清使用铁活的拼接柱

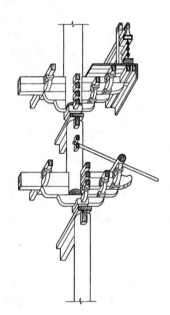

图5-6　宋叉柱造

总体来看,历史上有两种类型的拼柱作法,分别是平面上拼接和高度拼接。

平面拼接即拼帮或鼓卯作法。这种作法不是本章研究重点。首先,该构造仍无法解决木材长度不足问题,可以应用在单层甚至重檐建筑中,但是不能用在高度较大的楼阁建筑中。其二,这种构造即使应用在较矮的楼阁中,其问题也不如通柱构造明显。由于木材不断开,所以其刚度可以维持一致,至少等于小材的刚度。而前述试验研究表明,榫卯或斗栱拼接的刚度和极限弯矩远小于刚性,仅为其0.3%～10%。通柱造的榫卯连接刚度可能也属于这一范围,该数值是明显低于小木材刚度的。

高度上的拼接,目前由于缺少建筑拆解资料,仅飞云楼等少数实例明确作法,但日本的塔中尚有研究结果(图5-1,图5-7～图5-9)[4]。此外,唐宋楼阁中的叉柱造等也可提供实例。由于木构的柱脚容易腐烂,往往需要将柱脚腐烂部分锯掉,用新的木柱代替原有的腐烂部分,这类作法一般被称为墩接,在民居中可以见到大量实例。这种节点在苏联的早期木构规范中即有提及[5],由于抗弯时只能依靠截面很小的木销提供弯矩,并有一个方向无法约束,可以认为

❶　中国科学院自然科学史研究所.中国古代建筑技术史[M].北京:科学出版社,2000:127.
❷　郭黛姮.中国古代建筑史(第三卷):宋、辽、金、西夏建筑[M].北京:中国建筑工业出版社,2003:659.
❸　潘谷西.中国古代建筑史(第四卷):元、明建筑[M].北京:中国建筑工业出版社,2001:448.
❹　日本木构建筑保护研究内部资料:21.
❺　(苏)巴普洛夫.木结构与木建筑物[M].同济大学桥隧教研组,译.上海:上海科学技术出版社,1961:52.

若无铁箍参与,其性能接近铰接。

　　高度拼接的卯口总体有四种可能。第一种,即十字墩接。这类作法的代表主要是上层柱落在斗栱正中心上方时采用。第二种即四十五度十字墩接,这种方式由于旋转了四十五度,避开了沿开间和进深的两个主受力方向,理论上可以有更好的连接性能。但由于这种方式较为繁杂,且不能应用于斗栱,实例中仅有日本案例。第三种是一字槽口,槽口方向平行于进深方向,上方柱底端榫头仅仅是插入下侧柱卯口中,一旦承受进深向荷载,就很容易倾覆。为了提高连接可靠性,往往还会附加螳螂榫或勾头搭掌榫并附加销,实例如飞云楼。这种连接方式可以很方便地和斗栱连接匹配,并适用于柱不在斗栱中心正上方的情况。第四种就是垂直于进深方向的槽口,由于这类构造存在和第三种同样的缺陷,故仅存在于理论上,没有实际案例支撑。

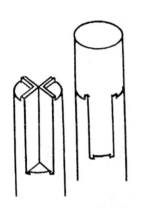 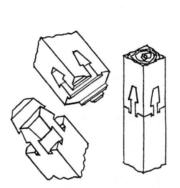 

图 5-7　日本木构中的　　　图 5-8　日本木构中的带螳螂榫　　图 5-9　日本木构中的
　　　　对角拼柱　　　　　　　　　　的对角拼柱　　　　　　　　　　十字拼柱榫

　　除上述榫卯变化外,另一种重要的连接方式就是榫卯和铁件的结合。东亚传统木构较少使用铁件,但在柱的纵向拼接中铁件则较为常见。例如日本的五重塔的通柱就使用了铁件的连接方式,而在很多单向叉柱的建筑中,也可见到用铁件在节点补强。

　　上述这些作法的尺寸离散性很大。归纳起来,其榫口宽度一般不会超过柱径的三分之一,榫长则从1倍柱径到3倍柱径都有。对于铁件的厚度等也缺少记载。

5.2　研究目标

　　针对上述对象,结合楼阁演化过程中从层叠式到通柱式的过程,特别提出了如下结构性能问题进行研究。

　　第一:各种不同种类的拼柱构造是否存在抗侧刚度上的差异,虽然理论上四十五度的十字口应当具有最强的刚度,是否实际中确实如此呢?

　　第二:铁件的使用对于节点刚度的影响。上述四种基本方式,都可以通过使用铁件的方法来加强。但是,铁件加固后节点的刚度是否会发生改变,是怎样的改变,值得研究。

　　第三,通柱拼接节点,是否与前述的斗栱连接之间存在较大的性能差异,这种差异是否大到影响通柱和层叠式的演变?

5.3　试验设计

为解答上述问题,本研究设计了三组共六个构件的柱连接节点进行针对性试验。其设计见图 5-10。

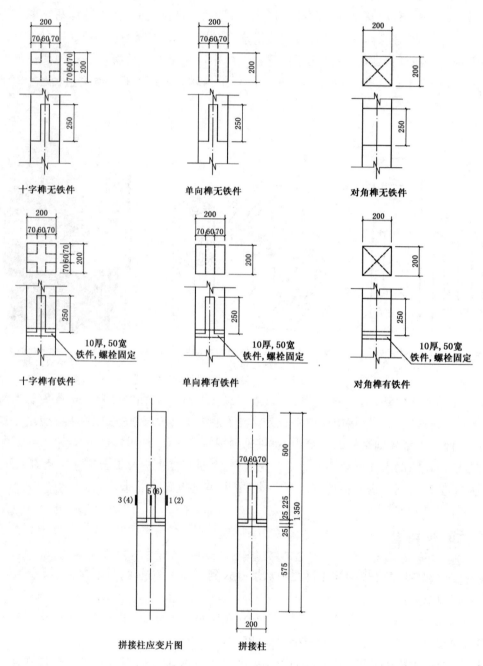

图 5-10　拼接柱试验设计图

　　为获得拼柱节点转动刚度,使用水平作动器在 1.2 m 高度处加载,顶部通过千斤顶施加共 30 kN 的竖直荷载,模拟屋面荷载。千斤顶上通过小型滑车和反力梁连接以保证一定的滑动能力。底部插入轨道并刚接。拼接柱榫卯附近沿纤维方向贴应变片获取应力变化规律(图 5-10,图 5-11)。由于没有任何位置可以架设百分表,且可以由水平作动器的水平位移计直接读取数值,故没有设额外的百分表计量变形。

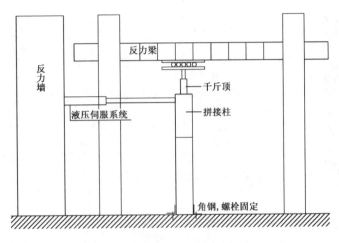

图 5-11　拼柱榫卯试验设备图

5.4　实验现象,描述和分析

　　由于国内外均未进行过类似节点的研究,并不清楚其节点特性,故第一个十字无铁件加固节点以 5 mm 为步进,采用位移控制的方式进行试验。通过记录试验现象和同步阅读水平作动器的力-位移曲线进行观察。从其结果判断,拼柱节点是与斗栱相比,其节点行为更接近刚性节点。在节点破坏前,刚度基本线性增长,接近破坏时刚度逐渐衰减,破坏后刚度迅速衰减。为了较为准确地获得其半刚性拐点位置,故均采用 5 mm 步进、位移控制的试验方法。

5.4.1　十字榫口,有铁件

　　有铁件加固的十字榫刚度较大,开始出现明显的实验现象也较早。当水平作动器位移达到大约 10 mm 左右时,柱已有肉眼可以看出的倾斜。但由于榫卯之间的天然缝隙,还很难判断这种倾斜来自于拼接榫卯位置或是整根柱。在加载期间,会有间隔的"咔咔"声出现。水平位移增加至 20 mm 附近,间隔"咔咔"声慢慢变成连续"嗒嗒"声,说明榫头开始有拔榫变形。同时也可以较为明显地看出,拼柱榫卯以上的倾斜明显大于下半段。说明主要变形来自榫卯接头。当水平位移增加至 30 mm 附近时,榫头附近出现细微裂纹,构件除了发出连续"嗒嗒"声外,还偶尔发出间隔劈裂声。当水平位移达到 40 mm 附近时,除上述声音外,还可以听到"吱吱"的声音,配合观察榫卯可以发现其加固铁件一定程度上松脱,固定用螺丝钉拔出。这时柱的侧倾已相当明显,并且榫卯之间出现了 3～4 mm 的缝隙,但这种变形在反向加载后可完全恢复。水平位移继续增加,在 50～80 mm 之间时,上述变形迅速加大。构件发出连续木材劈裂声。加固铁件被明显拉开。和十字榫不同的是,柱外观看不出明显裂纹或损伤。80 mm 之后,由于加固铁件逐渐失效,柱拼接位置变形明显增加,在反向加载时也无法消失。当水平位移增加到 100 mm 时,箍铁突然剪断,然后立刻伴随巨响,柱可明显看出折断。当水平位移增加到 110 mm 时,柱榫头完全折断破坏。过程参见图 5-12。

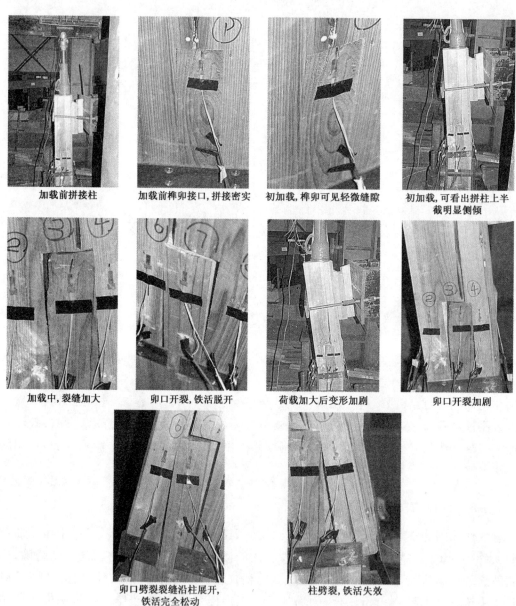

加载前拼接柱　　　加载前榫卯接口,拼接密实　　初加载,榫卯可见轻微缝隙　　初加载,可看出拼柱上半截明显侧倾

加载中,裂缝加大　　　卯口开裂,铁活脱开　　　荷载加大后变形加剧　　　卯口开裂加剧

卯口劈裂裂缝沿柱展开,　　　柱劈裂,铁活失效
铁活完全松动

图 5-12　有铁件十字榫拼柱试验现象图

5.4.2　有铁件加固的对角榫

有铁件加固的对角榫和十字榫试验过程一定程度类似。当水平位移在 10~20 mm 左右时,会有间隔"咔咔"声出现。水平位移增加至 30 mm 附近,间隔"咔咔"声变慢,但在拼柱角

部可以发现逐渐增大的榫卯缝隙,同时也可以较为明显地看出,主要变形来自榫卯接头。当水平位移增加至40 mm附近,构件发出间隔的木材劈裂声,榫卯之间的缝隙继续增加但反向加载可恢复。水平位移达到 50 mm 时,除上述声音外,还可以听到"吱吱"声和"咯噔咯噔"拔榫声,配合观察榫卯可以发现其加固铁件一定程度上松脱,固定用的螺丝钉拔出。在水平位移 60～80 mm 之间时,变形明显增加,上述拔榫声明显更加频繁,卯口缝隙加大,铁件螺钉一定程度上被拔出。80 mm 后,上述变形迅速加大。构件发出连续的木材劈裂声。加固铁件被明显拉开。同时,榫卯本身也有一定损伤出现,如局部开裂、卯口局部劈裂、榫头局部纤维弯折等。水平位移继续增加,拼接柱上半段突然劈裂。但捆绑后实验可继续,最终在水平位移达到100 mm 时,拼柱榫卯完全折断后试验结束。过程参见图 5-13。

加载前对角榫拼接柱	加载前拼柱节点	初加载,对角出现缝隙	上半截柱侧倾
缝隙上端增大	柱、卯脱开	侧倾加剧	柱卯脱开加剧
铁活被拔开	榫头由于铁活限制, 尚不能自由转动	侧倾进一步加剧	柱卯局部劈裂

柱卯几乎完全松脱　　　　　　　　　柱劈裂

图 5-13　有铁件对角榫拼柱试验现象图

5.4.3　单向榫口,卯口方向竖直加载,有铁件

　　有铁件加固的单向榫口刚度较弱,但是其实验现象和前面两种铁件加固后类似。水平位移达到 20 mm 之前,变形并不明显,加载期间,会有间隔"咔咔"声。当水平位移增加至 20 mm 时,可以明显看出,主要变形来自榫卯接头。水平位移增加后,榫卯变形继续加大,缝隙增加,并伴随"咯噔"声、"哒哒"声、"咔咔"声,还偶尔发出间隔的劈裂声。水平位移 50 mm 时,可以发现其加固铁件一定程度上松脱。水平位移在 50~70 mm 之间时,上述变形迅速加大。铁件松脱明显,而柱卯根部也出现了明显的纤维拉断破坏。之后伴随水平位移不断增加,加固铁件越发被拉开,榫卯损伤越来越深和明显。但这一过程一直持续到变形增长至水平作动器水平位移达到 190 mm,由于变形无法增加,实验停止。将构件卸下后,可以发现其榫头已明显折断。过程参见图 5-14。

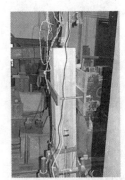

加载前单向榫口构件　　　加载前单向榫口　　　　榫卯密室　　　　　　初加载

卯口出现轻微缝隙　　　　铁活拉开　　　　　　柱卯松脱　　　　　　铁活错动

严重侧倾　　　　　　　　　　柱卯剪断

图 5-14　有铁件单向榫试验现象图

5.4.4　十字榫口,无铁件

无铁件加固的十字榫破坏较之有铁件加固的更早。水平位移达到 20 mm 时,柱的变形并不明显。加载期间,会有间隔"咔咔"声。水平位移增加至 30 mm 时,间隔"咔咔"声慢慢变成连续"咔咔"声,变形明显,并可以看变形来自拼柱榫卯,水平位移增加至 40 mm 时,突然发出巨大"咔咔"声,拼接卯口劈裂破坏,榫头附近出现细微裂纹。水平位移达 50 mm 附近时,除上述声音外,还可以听到"咯噔"声,榫头从卯口拔出,卯口劈裂加剧,拼接柱的上半段实际已接近自由变形。水平位移达 70 mm 后,柱突然劈裂,继续增加变形至 80 mm,构件彻底破坏。过程参见图 5-15。

未加载十字榫口拼接柱　　未加载卯口　　　　初加载　　　出现缝隙,上下半截
　　　　　　　　　　　　　　　　　　　　　　　　　　　　　明显错动

缝隙加大　　　　　侧倾加剧　　　　单侧榫卯缝隙加剧　　　转动加大

沿单侧卯口柱劈裂   单侧卯口完全破坏   十字榫口完好

图 5-15   无铁件十字榫试验现象图

5.4.5   对角榫口,无铁件

无铁件加固的对角榫拼接柱的刚度和极限均大于十字榫口。在水平位移 10 mm 以下时,构件仅发出轻微"咔咔"声。变形增加至 20 mm 时,偶尔发出"噔噔"劈裂声。继续增加变形至 30 mm,劈裂声更加频繁,角部已可看出榫卯缝隙。当水平变形达到 40 mm 时,构件发出巨大的"劈啪"声,但并未出现明显的卯口缝隙。水平位移增加到 50 mm 时,没有明显响声,但拼接榫附近变形明显,出现了卯口的错位。这种错位可在水平变形恢复后基本消失。变形继续增加后卯口变形加大,直至 70 mm 左右,卯口出现了明显的劈裂,榫头也有较为明显的开裂。随后基本处于略有约束的自由变形状态,直至水平变形增加至 110 mm 后方完全破坏。过程参见图 5-16。

未加载对角榫拼接柱   加载前榫卯   初加载,自由转动   加载加剧,转动加大

单侧缝隙明显   上半截明显转动   转动加剧   对角出现木材破坏裂隙

下端柱卯口开裂　　　　　　卯口劈裂破坏

图 5-16　无铁件对角榫试验现象图

5.4.6　单榫口,无铁件

单榫口无铁件加固无法进行实验,当卯口方向和水平作动器一致时,上半截柱处于自由变形状态,水平作动器几乎无力。当卯口垂直水平作动器时,在大约 10 mm 左右,就会发生较为明显的平面外变形。实验无法继续。可能需要增加销钉或螳螂榫等构造措施。

5.4.7　现象小结和初步分析

上述试验现象基本符合预期,即铁件加固的强于非铁件加固的,对角榫强于十字榫强于单向榫。变形的过程基本是 10 mm 以下没有明显变化,20～30 mm 之间会发出轻微"咔咔"声,并能观察到变形明显来自于榫卯本身。40～50 mm 阶段拼接榫卯会破坏,如果有铁件加固则可以延缓这一过程。50 mm 以上,榫卯会进一步破坏,如没有铁件加固,则会出现卯口的逐渐劈裂加剧和榫头的裂纹;有铁件加固,则会延缓这一过程,铁件与榫头协同变形。在没有铁件加固时,70～80 mm 构件就已基本破坏,以卯口开裂和榫头折榫为主,有铁件则可以延迟至约 100 mm 附近,破坏现象和没有铁件接近。虽然就试验现象而言,对角榫和十字榫较为接近,又均强于单向榫,但是其分界点差距很小,还需要观察具体受力数据。

5.5　试验数据及分析

根据水平作动器获得的水平推力和水平位移,可以直接获得力-位移关系的滞回曲线。并可由该曲线得到榫卯的弯矩-转角滞回曲线即:

$$M = FH + G\Delta \qquad \text{[式 5-1]}$$

$$\theta = \frac{\Delta}{D} - \frac{1}{2} \cdot \frac{MD}{3EI_c} - \frac{M(H-D)}{3EI_c} \qquad \text{[式 5-2]}$$

式 5-1,5-2 中 M 为榫卯的抵抗弯矩,F 为作动器提供的水平力,H 为水平作动器的作用高度,θ 为榫卯转角,Δ 为水平作动器直接测得的水平位移,G 为千斤顶加载的竖直荷载,D 为拼接柱顶至拼接榫卯柱心的高度,E 为木材顺纹弹性模量,I_c 为柱截面矩。由于在试验时没有设置平行柱,故未能测得实际的相对转角。但下半截柱基本为竖直状态,底部刚接在地轨内。

故测得的变形非常接近相对转角变形。在公式中排除了柱自身弯曲变形的影响。滞回曲线的骨架线即为拼接柱榫卯的抗侧刚度半刚性曲线。将局部不对称的曲线转化为对称形态即为拼接柱的转动刚度曲线。这一转化过程参见图 5-17。

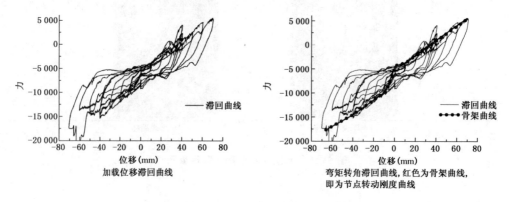

图 5-17　拼柱榫卯滞回及骨架曲线图

　　试验时在榫头,上表面、下表面和侧面都有贴应变片。理论上不但可以推算应力,获得应变-转角曲线,而且可以推算出实际承担的弯矩。和斗栱类似,其应力响应较低,大约只有推算弯矩的 30%,并且离异性很大,有的应变片完全符合应力-弯矩关系,有的则完全不能对应。故此只将其作为参考而不纳入计算范畴。

5.6　拼接柱榫卯转动刚度半刚性退化模型

　　本试验获得的斗栱骨架曲线具有一些共同的特征,曲线整体上分为三到四段,第一阶段为刚度较大的上升段,对应试验现象,这可能是榫卯破坏前的阶段;第二阶段为刚度较低的上升段,配合试验现象,这可能是榫卯局部破坏后的阶段,如果没有铁件加固,拼接柱榫卯会在这一阶段彻底破坏。如果细分,前两阶段又能分为若干刚度逐渐变化的小段。第三阶段为刚度下降阶段,配合试验现象,这可能是加固铁件逐渐失效并最终破坏的阶段。从图 5-18 还可以看出,拼接柱榫卯的半刚性线性段较长,且缺少平台区,到达极限后快速破坏。没有铁件加固的拼接节点甚至会直接到达极限破坏。考虑到上述的试验现象,可以将较短、影响较小的中间若干阶段合并,并按下述表达式描述为图 5-19。

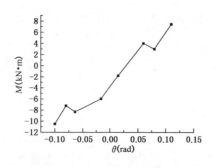

图 5-18　拼接柱骨架曲线图

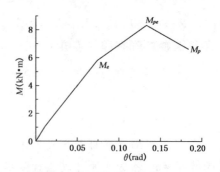

图 5-19　拼接柱转动刚度图

$$M_e = K_1\theta_1 \qquad\qquad\text{[式 5-3]}$$

$$M_{pe} = M_e + K_2(\theta_2 - \theta_1) \qquad [\text{式 5-4}]$$

$$M_p = M_{pe} + K_3(\theta_3 - \theta_2) \qquad [\text{式 5-5}]$$

式5-3～式5-5中，M_p，M_{pe}，M_e 分别拼接柱榫卯各个阶段对应的弯矩；K_1，K_2，K_3 分别为三阶段的刚度；θ_1，θ_2，θ_3 则分别为三阶段的转角。如果将 M_{pe} 设定为拼接柱榫卯的极限弯矩 M_u，θ_2 设定为 θ_u，则前两阶段转折点的对应数值统计如表5-1，表5-2。根据此表，将离散性较小的弯矩比的20%作为 K_1，K_2 分界，并加入 $K_4 = M_u / \theta_u$ 这一名义刚度，方便比较。

表 5-1　$\theta_1\theta_2$ 与 M_e 与 M_u 比例表

拼接类型	θ_1/θ_2(%)	M_e/M_u(%)
十字榫	6.9	23.2
对角榫	15	28.4
十字榫加铁件	6	17.3
对角榫加铁件	8.3	12.6
单向榫加铁件	18	27.1
平均值	11	21.7

表 5-2　各拼接榫卯转动刚度表

拼接类型	K_1 (kN·m/rad)	K_2 (kN·mrad)	K_3 (kN·m/rad)	θ_u (rad)	M_u (kN·m)	K_4 (kN·m/rad)
十字榫	227	46.4	—	0.124	6.81	55.1
对角榫	134	62.7	—	0.105	7.37	70.2
十字榫加铁件	171	61.5	−48	0.134	9.42	70.5
对角榫加铁件	87.6	58.4	−34	0.133	8.33	62.6
单向榫加铁件	135	77	−24	0.088	7.41	84.2

5.7　不同拼接方式转动刚度比较

5.7.1　三种铁件加固榫卯的差异

虽然三种榫卯均表现为三阶段破坏(图5-20)，但其刚度有一定差异。K_1 刚度为十字榫大于单向榫大于对角榫，K_2 则为单向榫大于对角榫和十字榫。说明单向榫破坏前刚度较大，但单向榫的破坏极限早，极限弯矩也小，与没有加固铁件的十字榫或是对角榫相比没有优势，破坏时其他各类拼柱榫卯还处于上升阶段。而对角榫在铁件破坏和榫头局部损坏后，维持刚度的能力较好，十字榫介于二者之间。另一方面，单向榫各阶段临界转角小于其他两类。说明其较大的抵抗弯矩导致铁件破坏较早。这是单向榫的极限弯矩和转角均小于其他两种的主要原因(图5-21，图5-22)。

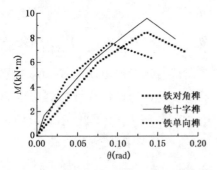

图 5-20　三种有铁件加固的实验节点转动
刚度曲线

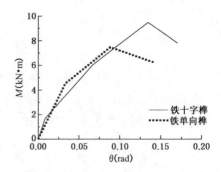

图 5-21　有铁件十字榫和单向榫关系

　　有铁件加固的十字榫各个指标均略强于对角榫,仅 K_3 一项落后,说明铁件加固对十字榫意义非凡,在达到极限后,十字榫的刚度迅速下降,而对角榫则相对下降较慢,最终破坏时的转角也略大(图 5-23)。

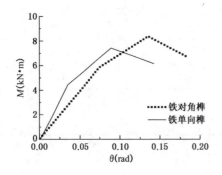

图 5-22　有铁件对角榫和单向榫关系

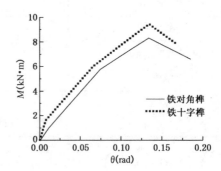

图 5-23　十字榫和对角榫关系

5.7.2　未加铁件的榫卯差异

　　未加铁件的对角与十字拼柱榫卯(图 5-24)大致只经历前两个阶段就会破坏,对角榫的 K_2 刚度,极限弯矩均大于十字榫,但是其 K_1 刚度,极限转角略小于十字榫。从曲线判断,大致从 0.03 rad 开始,对角榫就略强于十字榫。虽然理论上说,对角榫开榫方式导致其榫头最大截面高度是十字榫的 1.5 倍,也应具有更大的刚度,但试验结果表明,其间的差异很小。

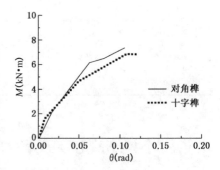

图 5-24　无铁件对角榫和十字榫

5.7.3　十字榫有无铁件加固时的区别

　　十字榫有无铁件加固的差别较为明确(图 5-25),从曲线判断,未加铁件的十字榫类似加固后十字榫的一部分,从 0.05 rad 开始,就全面小于加固型,并且其极限弯矩和极限转角都小于加固型。无铁件加固的各个状态临界点大约提前有铁件加固的约 0.03~0.05 rad。

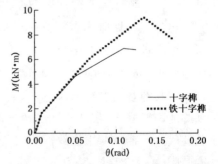

图 5-25　有无铁件时十字榫的刚度差异

5.7.4　无铁件的对角榫和十字榫的异同

有或没有铁件加固的对角榫拼接柱比较接近(图5-26)。其中未加固的对角榫在破坏前强于加固的对角榫可能是构件的个体差异造成,也有可能是铁件加固延缓了榫卯各阶段发展的结果。无铁件加固的对角榫破坏较快,其各个状态临界点大约提前有铁件加固的约0.03~0.05 rad。

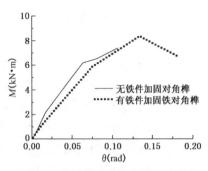

图5-26　有无铁件时对角榫刚度差异

5.7.5　所有拼接柱的比较

总体来看,没有铁件加固的拼接柱会在0.1 rad之前破坏,并经历两个刚度明显不同的阶段;而铁件加固的拼接柱则会在经历三个阶段后破坏,除了单向榫会在0.09 rad破坏外,其余拼接柱作法均可在0.13 rad前保持一定承载能力,同时其极限弯矩和对应的转角均大于未加固型。(图5-27)

铁件的加入并未带来质的变化,虽然铁和木材在材性上有巨大的差异(弹性模量和抗弯极限均差3~5倍),但其对拼接柱强度的影响有限。原因也很简单,在所有铁件

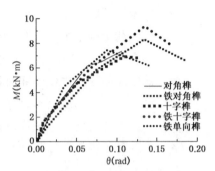

图5-27　五种实验节点差异

加固的拼接柱破坏时,铁件本身都未破坏,而是用于嵌固的铆钉从木构件中拔出。由于无法紧密嵌固,使得铁件本身的性能难以发挥,当然,增加铁箍的数目,配合其他嵌固措施都是可能的方法。其具体影响仍有待研究。

5.7.6　竖直荷载的影响

通过改变施加在拼接柱节点上的竖直荷载,可以模拟由于楼阁层数变化导致的节点性能差异。由于试验条件限制,仅进行了对角榫和十字榫有铁件加固的试验。其结果如图5-28,图5-29。可以看出,施加在拼接柱节点上的竖直荷载大小会在一定程度上影响节点的滞回曲线,荷载越大,滞回曲线越饱满,耗能性能越好。但是这种影响是很小的,荷载增加1倍,最大位移对应的弯矩增加约6%;增加2倍,最大弯矩增长约10%。另一方面,由于竖直荷载会导致附加弯矩增加,加速节点破坏,故并非越大越好。总体来看,竖直荷载的影响是非常有限的。

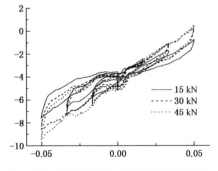

图5-28　竖直荷载对十字榫刚度的影响

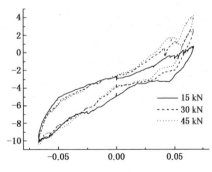

图5-29　竖直荷载对对角榫刚度的影响

5.8　总结与探讨

依据上述分析,可以得出较为如下结论:

- 拼接柱榫卯,除单向榫外,无论用铁件加固与否,都具有较为明显的转动刚度。其刚度大约在不拼接柱的5%左右,极限弯矩大约为不拼接柱的10%左右。看似拼接柱节点为竖向相对的薄弱环节。但由于其刚度相较其他类型的榫卯大,与其他节点形式共同工作时,首先发生变形的会是其他节点,具体结论需结合构架研究。

- 就三种基本榫卯类型看,对角榫略大于十字榫,最差的为单向榫。但是三者之间极限弯矩的差距有限,大约在10%~15%之间。但极限转角差距较大。

- 拼接柱榫卯的半刚性曲线特征为弹性段较为明显而塑性段不明显。一旦破坏后,平台区和下降区很短,破坏很快。就滞回曲线看,其耗能能力有限。但由于柱端允许位移有限,故尚需结合具体构架进行分析。

- 铁件加固的拼接柱榫卯可以延缓破坏,进而获得更大的极限转角和弯矩。未加固的铁件的初始刚度更大,但破坏极限也出现较早。由于尚涉及柱的最大变形问题,几种节点的优劣尚需进一步研究确定。

- 竖直荷载对拼接柱抗侧刚度在一定范围内具有积极意义,但是其效用有限,大约在10%左右。

虽然本章中的单向拼接柱榫没有能够获得试验数据,但结合一定的构造措施如螳螂榫接头或者是销钉后,有可能获得一定的嵌固能力并具有一定的节点抗弯性能。对于垂直于卯口的受荷状态,参考其他拼接柱类型,可能接近铁件加固的前两阶段;对于平行卯口的受荷状态,也不可能超过铁件加固的前两阶段。参考第3章中燕尾榫失去顶端压置后,抗弯能力下降至10%~15%这一结论,可以推测当荷载平行卯口时,抗弯性能为垂直卯口的10%左右甚至更低。当然这一结论仍然有待进一步比较研究。

拼接柱的试验结果指出,是否能有效保证双向受荷对拼接节点的影响最大,其次是铁件的存在与否。各类节点之间的差异并未有推测中的明显差距,是可以在构架分析中相对简化的要素。

6 直榫专项研究

6.1 研究对象和缘起

　　直榫是较早就出现的榫卯,早在 7 000 年前的河姆渡遗址中,直榫就已经出现(图 6-1)。只是这时的直榫似乎尚未定型,呈现出多样的宽高比❶。同时,直榫又很容易和其他榫卯的作法联系起来,榫卯早期就出现过榫肩、四周榫肩和结合销钉等多种作法❷(图 6-2)。但直榫本身有个极大的缺陷就是没有抗拔构造。而一旦受弯也比较容易从卯口脱落,故在其基础上,针对不同的节点特性,演化出不同的榫卯类型。例如在有受拉需要的部位,直榫被燕尾榫❸或是螳螂榫❹替代(图 6-3,图 6-4),在有受弯需求的位置,被长度较大的管脚榫❺替代(图 6-5)。当然,也有一部分榫卯虽然和直榫相关,但原理上和直榫完全不同,例如在角部或交叉部位的箍头榫等❻(图 6-6)。

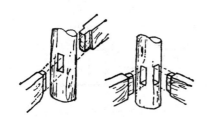

图 6-1　河姆渡中的直榫

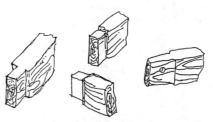

图 6-2　河姆渡中的侧肩榫、周肩榫和销钉榫

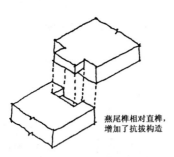

图 6-3　战国时期燕尾榫

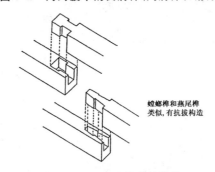

图 6-4　日本建筑中螳螂榫

---

❶　浙江省文物管理委员会.河姆渡遗址第一期发掘报告[J].考古学报,1978(1):48.
❷　杨鸿勋.建筑考古学论文集[M].北京:文物出版社,1987:50.
❸　头大身小的榫卯,抗拔,榫头的斜率称为收溜,清官式作法中常见 1∶10 的斜率。
❹　头大身小的榫卯,抗拔。但榫头部和榫身不是平滑过渡而是阶梯状,未有文献记载其详细尺寸规定。
❺　直榫的一种,垂直下落。如出现在柱底,清代则称为管脚;出现在柱顶,则一般为馒头榫。
❻　又称卡口榫,有单向多向和二、三组合之分。

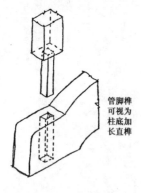

图 6-5   早期管脚榫

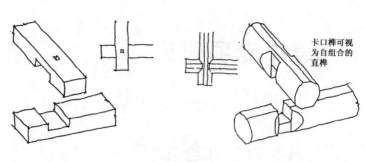

图 6-6   卡口榫

直榫无疑是应用最为广泛，尺寸变化可能最多的榫卯，无论是清官式(图 6-7)、南方苏州地区民居(图 6-8)、云南等地的穿斗民居(图 6-9)或是闽南民居(图 6-10)，都可以见到各种在各个位置的直榫变种。直榫广泛得以应用主要有两个方面的原因：第一是加工容易，与大量需要精细雕琢的榫卯不同，直榫的工艺非常简单，以至于在国外轻型木构中仍然沿用

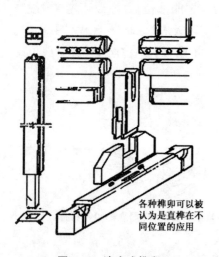

图 6-7   清官式榫卯

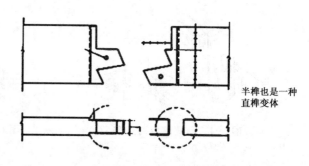

图 6-8   营造法源半榫

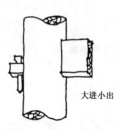

图 6-9   直榫大进小出
榫为变高直榫

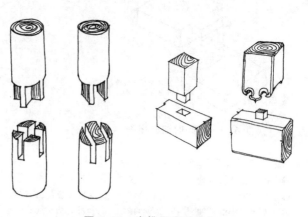

图 6-10   直榫用于垂直向

这一作法❶;第二就是其可以安装的方式、位置多样,相对于必须从顶部安置的燕尾榫,必须加销钉的榫卯或是只能出现在柱头位置的馒头榫,直榫可以安置在几乎所有构件的任意位置。

在前述榫卯研究中,有一个较为明显的缺憾,就是榫卯尺寸对榫卯半刚性的影响研究不足。由于试验构件数不够,结论较难作为判定标准。另一方面,榫卯的作法变化太多,组成千变万化,一一试验会因为试验对象过于庞杂而无法实现。从榫卯的发展历史来看,虽然后期出现了多种多样的榫卯,但都与直榫有着某种联系,可以视为直榫的衍生。例如燕尾榫就可以看作榫头宽度有变化的直榫;半榫则可以看作是榫头有高度变化的直榫;十字箍头榫是双向直榫的交错;馒头榫等可以视为榫肩特别大的直榫等。出现在直榫中的各类尺寸变化在其他各类榫卯中也有体现,例如双榫❷现象,垂直分榫现象❸,长度、高度、宽度的变化等。虽然榫种不同不能一概而论,但是尺寸对直榫转动刚度的影响具有相当的参考价值。

那么,直榫的演化过程中,有哪些尺寸的变化值得研究呢?通过比较河姆渡时期的榫卯和清代榫卯,可以发现如下的重大变化:

第一:尺寸定型化。河姆渡时期的直榫形态类似,但是榫头比例不定,既有宽长的,也有扁长的,但清代出现的直榫普遍为扁长形,其宽度一般为柱径的四分之一,长度等于柱径,高度等于梁高。

第二,榫肩常态化。榫肩是榫卯工艺的一种,在较早的时期就出现过原型,但是甚至到宋代,榫肩都没有成为榫卯工艺中的必备。而清代几乎所有榫卯都有定形化的榫肩作法。

第三:分榫。分榫是榫卯的一种演化方向,即将一个较大的榫卯分为若干个较小的榫卯。从理论上说,由于榫卯的交接位置容易出现应力集中现象,将榫卯适当分散是一种解决办法。分榫有水平向分榫和竖直向分榫两类。但是分榫较少见于实际建筑建造中,但在木墩、墓穴、家具上却经常可见。在清代的建筑典籍中,几乎很难看到分榫的记载。

上述较为明确的演化暗示,直榫的刚度控制条件是其长度和宽度。榫肩作法有一定影响。其他一些如分榫,不常规的尺寸等可能由于结构性能原因遭到淘汰。那么这一结论是否属实呢?

6.2 研究目标

本节针对性的设计了一系列试验,对如下问题进行探讨:

第一:直榫长度对其转动刚度的影响。总体来看,穿透柱的透榫是直榫中的主流,但是在建筑中,有很多不能简单穿透的位置。例如柱底的直榫,梁枋处于同一或接近高度的情况,那么,榫长对于直榫的影响是怎样的呢?

---

❶ Eckelman C, E Hariarova. Rectangular mortise and tenon semirigid joint connection factors[J]. Forest Product Journal, 2008, 58(12): 49-52.

❷ 即把一个榫头分为两个和多个,常出现在蜀柱底部的直榫或拼接柱中

❸ 同样为分榫,但沿高度方向分开。

第二:直榫宽度对其转动刚度的影响。在可以穿透柱的情况下,榫宽对直榫的刚度应该有一定影响,从早期河姆渡时期不定形化的直榫到清代的直榫比例相对固定,实质就是确定合理榫卯宽度的过程。研究这一尺度关系,有助于研究直榫和相关构架的演化规律。

第三:同规格榫卯有无榫肩的影响。理论上说,直榫榫肩的存在,增加了榫卯的接触面积,实质上将原本对榫卯截面没有贡献的部分梁宽也纳入了榫卯范畴。但是实际中,榫肩到底会导致何种变化还有待试验研究。

第四:总截面规格相同时,分榫与不分榫的区别。分榫现象鲜见于建筑中,极有可能是由于其工艺较为繁琐但是效果不佳。该假设同样需要通过试验研究。

除了上述问题外,前述试验在试验方法和数据转换上存在一定问题。在之前的试验中,榫卯的节点刚度是通过框架刚度转换后得到的,虽然与实际木构架受力状况类似,但会受到框架构件尺寸的影响。而大变形下的合理转化,本身就非常复杂。台湾方面的相关研究则都是以单节点进行的。那么单节点榫卯试验结果能否和框架试验结果对应呢?之前榫卯框架试验时使用了缩尺比,那么和真实尺寸的榫卯相比,缩尺会否造成刚度上的差别呢?

6.3　试验设计

本章研究设计了共 15 个构件的榫卯节点进行针对性试验。其设计图见图 6-11,图 6-12。其中长度变化共三个,即全柱径,二分之一柱径,四分之一柱径;宽度变化三个,即二分之一柱径,三分之一柱径,四分之一柱径;榫肩变化一个,销钉变化一个;分榫变化两个,竖直分榫和水平分榫各一个。除分榫和销钉外,其余构件均重复两次,以获得较为稳定的试验结果。

在该节点试验中,参考台湾类似研究,采用单节点加载的方式,即通过对单梁柱节点的加载来获取节点的半刚性曲线。每个节点使用 1:1 的比例制作,由一段高度 1 m 的矮柱和一段高 200 mm、宽 140 mm、长 0.5 m 的梁组成,梁与柱交接使用不同规格的直榫。为了给节点加载,柱的两端刚接于牢固的钢架上。梁端使用滑轮加载,即通过拉力施加荷载,该方法可有效避免千斤顶加载过程中的掉力和量程问题,加载过程保持荷载和柱平行。加载位置安装力传感器,在梁柱交接处附件安置百分表以获得变形数据,榫头附近四面均安置应变片测量应变响应。上述数据均采用 TDS 直连实时测量。数据间隔约为 0.5 s 左右。考虑到之前榫卯试验结果,榫卯的半刚性曲线中线性段退化明显,但使用滑轮人工加载只能以力为控制要素。故实际操作中模仿位移控制方法,按拉索的长度控制加载。即每个加载段所拉动的滑轮锁链长度是固定的。由于榫卯初期刚度较大,后期刚度小,维持同一加载长度会导致后期试验时间过长且没有必要,故在观察到拉力明显下降后,采用了加倍的方式,即加载长度为初期加载的倍数关系。相关设计见图 6-13。

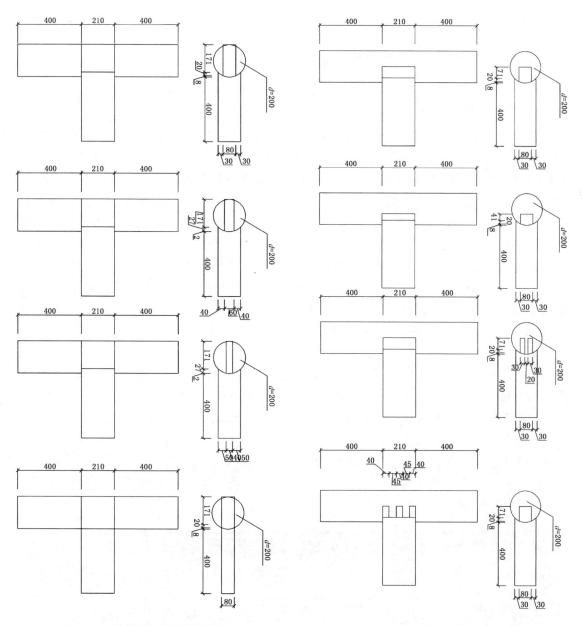

图 6-11 直榫试验构件设计图 1

图 6-12 直榫试验构件设计图 2

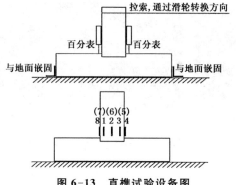

图 6-13 直榫试验设备图

6.4　实验现象描述和分析

6.4.1　榫长变化的影响

　　各种榫长的直榫破坏过程有明显的区分,大概以榫长为柱径的二分之一作为临界点,大于这一情况则发生折榫破坏,小于这一界限最终均发生拔榫破坏。但两者前期的变形过程较为类似。在初期阶段,钢索很难拉动,榫卯几乎没有任何明显变形。但会发出"咯咯"声。随后"吱吱咯咯"声会从间隔变为连续。持续一段时间后可以看出榫卯节点出现明显变形。榫长越长,这一过程越迟。突然,榫卯节点会发出明显的"吱吱"声。由于榫肩的作用,榫卯节点的一面和柱紧密接触,另外一面可以发现数个毫米的榫拔出。随后声音变为间隔的"噔噔"声,每一次"噔噔"声,榫卯的拔出和梁柱转角都会增加,但观察榫肩接触面或是榫卯拔出面,都没有破坏痕迹。这时可以看出,榫长较长的转角略小于榫长较短的情况。随后会突然发出"咔"的巨响。如榫长超过柱半径,则榫头上部拔出面局部木纤维有拉皱现象,榫头有一定可见的弯曲;若榫长不到二分之一柱径,则榫头没有明显破坏现象,变形主要表现为梁柱相对旋转。持续加载后,榫长不到二分之一柱径的直榫会发出"吱吱"声。突然,卯口破裂,在连续的"吱吱"声后,榫卯彻底拔出破坏。拔出的榫头可以看见明显的弯折和局部破坏。榫长超过二分之一柱径的会发出"咔"的巨响,突然折榫破坏。此后加载可持续但已无意义。拔出的榫头底部和顶部与卯口接触面均被明显压缩,呈三角形。榫长为四分之一柱径的试件试验过程非常困难,由于嵌固力太弱,即使用木片卡死,也会在试验初始阶段很快就损坏而无法获取半刚性过程数据,两个试件除了获得极限弯矩接近 $0.6 \text{ kN} \cdot \text{m}$ 外,无法有效得到中间过程数据,可能需要在双向作动器等工具配合下才可。过程参见图 6-14 和图 6-15。

较长的榫长不会拔榫

较短榫头折断

断头明显弯剪破坏,
下侧纤维拉断

断榫卯口完好

同样长下榫宽改变不会
导致破坏形态改变

榫宽较宽时破坏方式一致

卯口同样不破坏

图 6-14　直榫变长试验现象图

榫宽短的直榫实际　　　　卯口劈裂　　　　　卯口内部粗糙　　　　局部劈裂的卯口破坏
为卯口破坏

榫头有变形但光滑　　　　　榫头无折榫　　　　　　劈裂的卯口

图 6-15　直榫变宽试验现象图

6.4.2　榫宽变化的影响

各种榫宽的直榫破坏过程类似,没有明显区分。在初期阶段,钢索很难拉动,榫卯几乎没有任何明显变形。随后会发出连续的"吱吱咯咯"声。同时榫卯节点出现明显变形。突然,榫卯节点会发出明显"吱吱"声,榫卯之间的转角显著增加。随后声音变为间隔的"噔噔"声,每都伴随明显的榫卯拔出和梁柱转角增加,但观察榫肩接触面或是榫卯拔出面都没有明显的破坏痕迹。此后拉索会很容易拉动。但拔出的榫面没有明显破坏,持续加载至声音变回"吱吱"声。突然,卯口破裂,在连续的"吱吱"声后,榫卯彻底拔出破坏。拔出的榫头可以看见明显的弯折和局部破坏。较宽的榫头和较窄的榫头均为头部约 15～25 mm 范围有局压破坏,没有显著区别。过程参见图 6-16。

较窄或较宽的长直榫破坏形态相同

卯口和破坏位置类似

图 6-16　直榫变宽试验现象图 2

6.4.3 榫肩作法的影响

有无榫肩作法在榫长,榫宽一致情况下,仅变形模式略有区别,其余均比较接近。榫卯破坏同样经历"吱吱"声小变形,"噔噔"声大变形,最终破坏三个阶段。主要变形区别在于,榫肩的存在使得榫卯变形时以榫肩和柱接触面为旋转轴,而无榫肩以榫卯底部和柱卯接触面为旋转面。破坏时,有榫肩作法的转角和拔出值略小于无榫肩作法。但该差异对榫卯转动刚度的影响尚需结合计算分析。过程参见图6-17。

有无榫肩直榫均会有 　　破坏位置和无榫肩类似 　　卯口光滑 　　破坏为弯剪破坏
较大的极限转角

图6-17　直榫有无榫肩试验现象图

6.4.4 销钉作法的影响

本次试验仅针对榫长为柱半径的情况进行了销钉试验。实际建筑案例中,较少出现透榫结合销钉的情况。有销钉作法与无销钉作法没有明显可见的试验现象区别。榫卯破坏同样经历"吱吱"声小变形,"噔噔"声大变形,最终破坏三个阶段。但在大变形前期即可发现较大的销钉变形,怀疑已经断裂,破坏后拔出半榫可以发现销钉被剪断。过程参见图6-18。

销钉榫破坏形态 　　试验中拍摄到的折断的销钉 　　可见木销被剪坏 　　卯口劈裂破坏

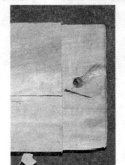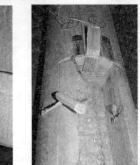

销钉孔有明显的剪切痕迹 　　销钉不改变榫卯的破坏形态

图6-18　直榫有无销钉试验现象图

6.4.5 分榫作法的影响

分榫作法和不分榫作法比较起来,破坏较早,极限荷载也略小,但破坏过程类似。榫卯破坏同样经历"吱吱"声小变形,"噔噔"声大变形,最终破坏三个阶段。水平分榫和竖直分榫作法互有差别。在大变形阶段,由于榫头较小,榫头上部拔出面局部木纤维有拉皱现象,榫头有一定弯曲,但加载可继续。其次整个破坏过程拉动滑轮铁索长度远小于不分榫作法,各破坏阶段均早于不分榫作法。第三就是榫头破坏形态不同,水平分榫的榫头同步破坏,破坏状态类似不分榫。竖直分榫的榫头只有最上部的破坏明显,中间的略微破坏,而底部的几乎不破坏,其卯口的损伤程度也低于前述任何一种榫卯。过程参见图 6-19,图 6-20。

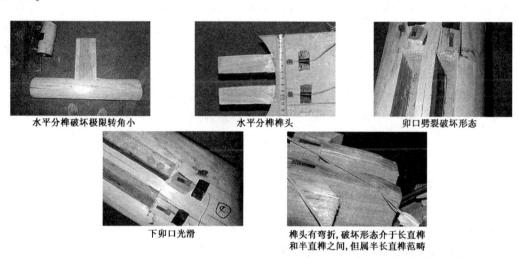

水平分榫破坏极限转角小   水平分榫榫头   卯口劈裂破坏形态

下卯口光滑   榫头有弯折,破坏形态介于长直榫和半直榫之间,但属半长直榫范畴

图 6-19 水平分榫试验现象图

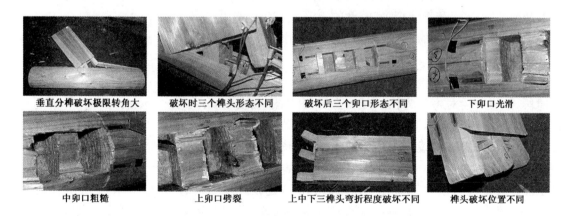

垂直分榫破坏极限转角大   破坏时三个榫头形态不同   破坏后三个卯口形态不同   下卯口光滑

中卯口粗糙   上卯口劈裂   上中下三榫头弯折程度破坏不同   榫头破坏位置不同

图 6-20 垂直分榫试验现象图

上述试验现象表明,主要有两个要素会对榫卯的破坏形态造成明显改变,即榫长和是否水平分榫:榫长以柱半径为临界点,超过则发生折榫破坏,不到则发生拔榫破坏。水平分榫明显弱于等截面榫头的情况,暗示榫卯的长宽比可能为重要的控制要素。但其他类型的破坏形态均较为接近,需配合试验数据分析。

6.5 试验数据及分析

根据 TDS 所测得的拉力和变形,可以按下式计算出榫卯的转角-弯矩关系曲线。

$$M = FH \qquad\qquad [式 6\text{-}1]$$

$$\theta = \frac{\Delta}{D} \qquad\qquad [式 6\text{-}2]$$

式 6-1,式 6-2 中 M 为榫卯的抵抗弯矩,F 为 TDS 测得的实时拉力,H 为铰链作用点与柱心的距离,θ 为榫卯转角,Δ 为百分表测得的榫卯位移,D 为百分表与柱边的距离。

理论上说,上述变形尚需针对两个要素加以修正:第一就是大变形,即由于变形较大而造成的硬化和实际弯矩减少;第二就是梁柱变形影响,即在变形中去除梁柱变形的影响。但通过比较阅读台湾相关试验研究论文,发现无一对上述情况进行校正。为了方便和类似论文结果进行比对,本书此处也不加以修正。

除上述方法外,试验时在梁的上表面、下表面和侧面都有贴应变片,可计算弯矩。不但如此,还可以推算应力,获得应变-转角曲线。而且可以推算出实际承担的弯矩。比较发现,针对部分试验构件,该测量值比较接近推算值,该次试验使用的为 5 cm 规格的应变片,贴片位置接近梁中部。之所以比较成功,应该是由于贴置位置接近实际受力纤维。可见只要找准受力纤维,是可能用应变片测量榫卯弯矩的。但该数值有效对象有限,本书仅作参考,不作为主要分析对象。

6.6 直榫转动刚度退化模型

本试验获得的直榫转动刚度曲线(图 6-21)整体上分为两到三段,第一阶段为刚度较大的上升段,对应试验现象,这可能是直榫的刚性阶段,多数榫卯作法对应转角出现在 0.05~0.1 rad 附近;第二阶段为刚度逐渐降低的上升段,配合试验现象,这可能是榫卯的刚度退化阶段,这一阶段对榫长为柱半径的直榫,普遍出现在 0.1~0.15 rad 附近,对榫长为柱径的直榫,在 0.1~0.25 rad 附近;第三阶段为刚度零的水平段,该阶段根据榫长、榫宽和各种作法的不同有所差异,有长有短,配合试验现象,这可能是榫卯拔出的阶段。其中大约以柱半径为分界点,榫长小于等于柱半径的这一阶段很短或完全没有,超过柱半径的则榫长越长,该阶段越长,但也受到其他一些作法如分榫、榫肩的影响。上述曲线形态可按下述表达式描述为图 6-21。

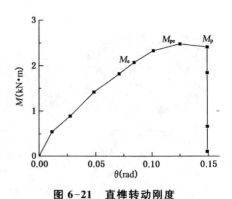

图 6-21 直榫转动刚度

$$M_e = K_1\theta_1 \qquad\qquad [式 6\text{-}3]$$

$$M_{pe} = M_e + K_2(\theta_2 - \theta_1) \qquad\qquad [式 6\text{-}4]$$

$$M_p = M_{pe} + K_3(\theta_3 - \theta_2) \qquad\qquad [式 6\text{-}5]$$

式6-3～式6-5中，M_p，M_{pe}，M_e 分别拼接柱榫卯各个阶段对应的弯矩；K_1，K_2，K_3 分别为三阶段的刚度，θ_1，θ_2，θ_3 则分别为三阶段的转角。为和之前数据对接比较，将 K_1 对应的弯矩设定为 M_{pe} 的70%，并将 M_{pe} 定义为极限弯矩 M_u，θ_2 定义为 θ_u。为方便比较，类似前几章，引入名义刚度 K_4，具体数值可以参见表6-1。

从半刚性曲线图可以看出，直榫榫卯的半刚性较为明显，有明显的线性段和退化段。

表 6-1

斗栱类型	K_1 (kN·m/rad)	K_2 (kN·m/rad)	K_3 (kN·m/rad)	θ_u (rad)	M_u (kN·m)	K_4 (kN·m/rad)
80 mm 宽透榫	74.8	40.5	−3.4	0.12	7.16	59.7
直榫	22.2	17	1.61	0.117	2.38	20.3
60 mm 宽透榫	53.7	12.8	1.3	0.19	5.22	27.5
40 mm 宽透榫	21.9	17.2	3	0.19	3.85	20.26
有销钉直榫	20.5	17.94	−2.5	0.146	2.87	19.66
无肩透榫	65.4	17.4	−6.3	0.154	5.51	36
水平分榫半榫	12.18	13.05	−3	0.07	0.87	12.4
垂直分榫半榫	19.6	12.4	−17.9	0.134	2.24	16.7

6.7 尺寸和作法对榫卯转动刚度的影响

从曲线形态判定，榫长、榫宽、榫肩、销钉作法对提高榫卯刚度有正面影响，而分榫则为负面影响。上述影响会同时作用与 K_1，K_2 和 M_u 三者，并会影响 K_1，K_2，M_u 的临界点，由于其转动刚度曲线为折线，为方便比较，特加入 M_u 所对应的割线刚度 K_3，而 $K_3 = M_u/\theta_u$。结论分述如下。

6.7.1 榫宽的影响

在仅榫宽变化时，基本的变化规律为，榫宽越宽，极限弯矩越大，各阶段刚度也越大。但榫宽同时受到榫长的影响（图6-22～图6-26）。绘出榫宽对 K_1，K_2，M_u 的影响图可发现如下规律：榫宽对 M_u 的影响几乎不受榫长的影响，近似为线性规律（图6-27）；对 K_1 的影响介于线性和平方关系之间（图6-28）；对 K_4 的影响介于线性和平方关系之间，更接近线性（图6-29）。

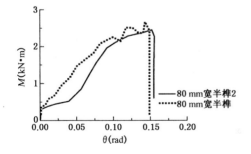

图 6-22   80 mm 宽半榫转动刚度

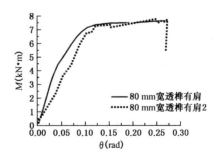

图 6-23   80 mm 宽透榫转动刚度

榫宽对各阶段刚度的临界转折点有影响,且受榫长影响。榫宽越小,K_1到K_2的转折点出现越早,最终破坏极限也越早。

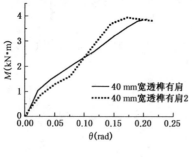

图 6-24   40 mm 宽透榫转动刚度

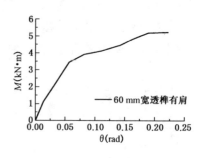

图 6-25   60 mm 宽透榫转动刚度

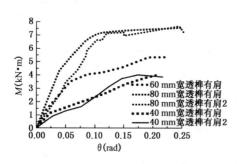

图 6-26   榫宽的影响转动刚度

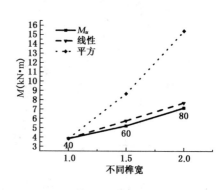

图 6-27 M_u 比较

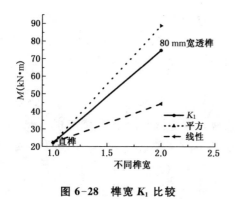

图 6-28   榫宽 K_1 比较

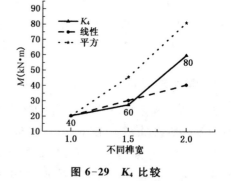

图 6-29 K_4 比较

6.7.2   榫长的影响

在仅榫长变化的条件下,基本变化规律为,榫长越长,极限弯矩越大,各阶段刚度也越大。但榫长同时还影响曲线形态(见图6-22,图6-23,图6-30)。绘出榫长对K_1,K_2,M_u的影响图可发现如下规律:

第一,榫长对M_u的影响为非线性规律,介于平方曲线和线性关系之间,榫长越长,M_u增长越快(图6-31)。

第二,榫长对K_1的影响接近平方关系,榫长越长,刚度越大(图6-32)。

第三,榫长对K_4影响介于平方曲线和线性之间,榫长越长,刚度越大(图6-33)。

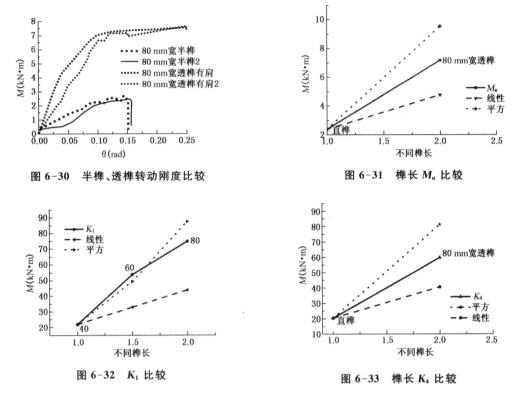

图 6-30 半榫、透榫转动刚度比较

图 6-31 榫长 M_u 比较

图 6-32 K_1 比较

图 6-33 榫长 K_4 比较

第四,榫长对各阶段刚度的临界转折点有影响。根据试验数据,榫长越长,K_1 刚度越大,且 K_1 和 K_2 的临界转角出现越晚,M_u 对应的转角也越大,故最终 M_u 越大,但由于榫长对 K_2 的影响非线性,故最终 M_u 的增长略弱于平方关系。

6.7.3 榫肩的影响

本次试验仅进行了一组有榫肩和无榫肩的对比试验。从曲线形态看,有榫肩的直榫强于无榫肩直榫。但两者的 K_1 比较接近,K_2 有榫肩作法有一定优势且极限弯矩大于无榫肩作法。其最终的极限弯矩增长了约 30%,无榫肩作法仅有一项优势,就是有更长的滑移段(图 6-34)。

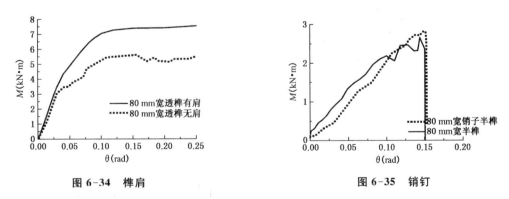

图 6-34 榫肩

图 6-35 销钉

6.7.4 销钉的影响

本次试验仅进行了一组有销钉和无销钉的对比试验。从曲线形态看,两者接近。有销钉的直榫略强于无销钉,虽然 K_1、K_3 刚度互有优劣,但总体比较接近(图 6-35)。

6.7.5　分榫的影响

　　分榫作法对榫卯的刚度有一定影响,从曲线看,竖直分榫接近正常作法的榫卯,而水平分榫则明显弱于正常作法,其曲线形态接近宽度减半的直榫。不但极限弯矩和转角下降,而且 K_3 刚度也只有不分榫的约 50%。从数据看,垂直分榫的 K_1,K_2,M_u 均略弱于正常作法的直榫,大约为不分榫的 80%,但各临界点接近。水平分榫的实际榫宽只有其外形榫宽的一半略多,其 K_1,K_2,M_u 接近半榫宽直榫曲线,可以认为类似榫宽对直榫刚度的影响(图 6-36,图 6-37)。

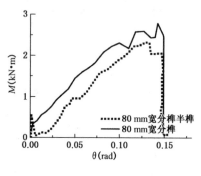

图 6-36　垂直分榫

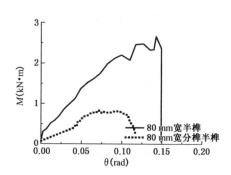

图 6-37　水平分榫

6.8　与同类研究结果的比较

　　进行过直榫相关系统研究的主要成果集中在中国台湾地区,与本书有互补关系的是《台湾传统建筑直榫木接头力学行为研究》(以下简称《直榫》)和《台湾传统木构造"减榫"力学行为与模拟生物劣化之研究》(以下简称《减榫》),*Mechanical behavior of Taiwan traditional tenon and mortisewood joints*(以下简称 *Mechanical*)三篇,其中,《直榫》一文的研究对象主要是三种宽度,尺寸作法一定的榫卯即直榫、透榫和踏步燕尾榫[1](图 6-38);《减榫》所对应的是截面削减的直榫[2],即北方官式作法中的大进小出榫(图 6-39～图 6-41);"*Mechanical*"一文研究内容和本章类似,但是对象更加宽泛,包括圆柱、方柱、方梁等多种组合[3],其最后一组以圆柱圆梁为研究基础,各种榫长的直榫为研究对象的研究结论与本书研究可进行一定程度的对接和比较(图 6-42)。上述研究成果虽然由于缩尺比(1∶2 左右),榫高宽比(1∶3),材料等和本书有所差异,但一些普遍性的规律可以互相参照。此外,第三章中的半榫和馒头榫实验结果也可与本章结果相对应。

　　首先《直榫》一文指出,透榫强于燕尾榫和直榫,这和本书的研究结论一致。而 *Mechanical* 指出的"榫长越长,旋转刚度越大"的规律也与本书一致。其次,其转动刚度曲线形态和本书类似,均为三阶段曲线,曲线的主要转折点在 0.05～0.1 rad 之间的结论也与本书类似,但

　　[1]　李佳韦.台湾传统建筑直榫木接头力学行为研究[J].台湾林业科学,2007(6):125-134.
　　[2]　商博渊.台湾传统木构造"减榫"力学行为与模拟生物劣化之研究[D]:[硕士学位论文].台北:"国立"成功大学,2010.
　　[3]　Min-Lang Lin, Chin-Lu Lin & Shyh-Jiann Hwang. Mechanical behavior of Taiwan traditional tenon and mortise wood joints[A]. PROHITECH 09 Protection of Historical Buildings[C]. Mazzolani, 2009:337-341.

细分则有些不同,本书中榫长为一半柱径的直榫的转动刚度转折点与 *Mechanical* 一文 CH‐1 (榫长同样为柱半径)类似,具有小刚度、大刚度和平直段三段,而和《直榫》一文的近似半抛物线形态不同;此外,所有曲线形态均类似 *Mechanical* 一文中的拉曲线而非压曲线。《减榫》一文中,进行了各种不同榫长削减的实验,得出的基本趋势和本书相同,即折算榫长越大,则刚度越大且最大极限转角越大。刚度明显转折角在 0.03~0.07 rad 之间的曲线形态和本书第三章结论类似。最后,在极限弯矩方面,如果按照尺寸立方比的折算关系来看,则本书的构件极限弯矩普遍比 *Mechanical* 一文中的高出 1.1 倍左右,这是否与材料缩尺有关有待后续研究验证。总体看来,在曲线形态、刚度、极限弯矩、转角等各方面,目前的研究结论是高度一致的。

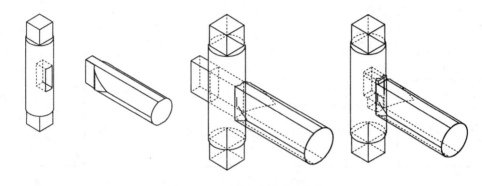

图 6-38 《直榫》中的试验构件

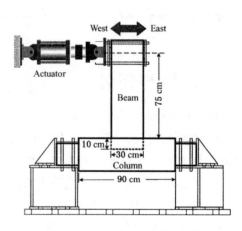

图 6-39 《减榫》一文的试验构件   图 6-40 《减榫》一文的试验设备

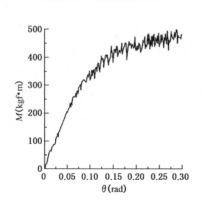

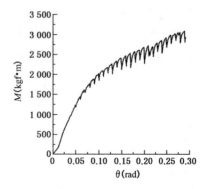

图 6-41 《减榫》一文的节点转动刚度

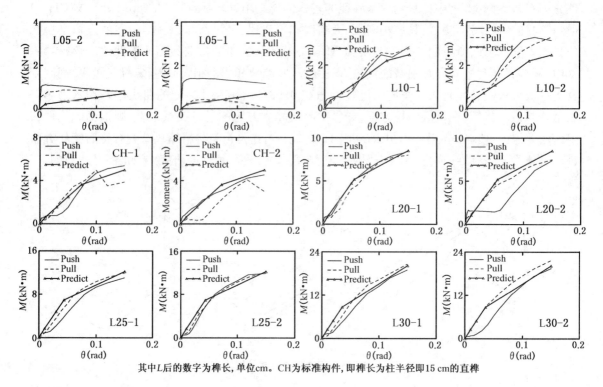

其中L后的数字为榫长,单位cm。CH为标准构件,即榫长为柱半径即15 cm的直榫

图 6-42 *Mechanical behavior of Taiwan traditional tenon and mortisewood joints* 一文的节点刚度

6.9　总结与探讨

依据上述分析,可以得出如下结论:

- 直榫具有明显的转动刚度,其可以分为线性、退化和塑性滑移三段,并且会依据作法、尺寸的不同而变化。

- 在各种变化中影响较为明显的是榫宽和榫长的影响,介乎于线性和平方关系之间,其中,榫宽直接增加榫头刚度,榫长增加刚度同时还增加极限转角。

- 榫肩作法的有无、销钉的有无也会对榫卯产生一定影响,其中榫肩的有无大约会导致约30%的极限弯矩差异,销钉则几乎没有明显影响。

- 分榫作法对直榫的刚度也有一定影响,简单来看,分榫的直榫总体上弱于不分榫的作法。但竖直分榫和水平分榫作法之间有所差别。水平分榫的刚度曲线弱于其榫宽叠加的直榫作法(即 20 mm 宽分榫 2 个,间距 30 mm,刚度曲线接近 40 mm 宽直榫的刚度曲线,各阶段刚度约为 40 mm 宽的 90%);竖直分榫则接近其最上和最下分榫对应的直榫(即 40 mm 高分榫三处,间距 40 mm,接近 200 mm 高直榫,各阶段刚度约为 200 mm 高直榫的 90%)。

从上述分析结论可以推测直榫的转角变形本构关系。即榫长和榫宽共同决定榫卯接触面的尺寸,并直接影响 K_1 刚度的大小和 K_1,K_2 的临界角。当直榫接触面横纹压缩达到极限后,直榫的抵抗弯矩能力增长变缓并逐渐滑出。对于榫长较短的直榫,当其拔出接近卯口时,由于木材横纹抗压强度大于横纹抗剪强度,直榫头部尖角造成局部卯口破坏并最终破坏。对榫长较长的直榫,抵抗弯矩缓慢增加并达到榫头抗弯极限,榫头弯折并最终破坏。

上述直榫试验结果指出在结合构架分析时,最为重视的应是榫卯自身的尺寸和截面关系。以榫长最为重要,榫宽其次。相对而言,是否使用销钉对节点性能或构架整体影响均较小,可一定程度上忽略。最后,榫肩的有无或分榫作法可以等效为某一类型的简单直榫加修正系数。

构架受力机制研究

下篇应用上篇节点研究成果,基于构架的抗侧刚度研究楼阁构架受力机制。大体分为三个章节,第 7 章主要研究单层木构技术中对多层木构楼阁建造技术有影响的部分,重点解答两类问题。第一,单层木构与多层木构必然共通的结构技术和机制,如屋面、墙身;第二,单层木构在初期阶段难以发展出楼阁,具体的技术限制何在?第 8 章研究多层楼阁中重要的演替过程,包括构架类型、节点技术等对楼阁受力机制的影响,特别研究分层叠加和通柱构架的受力机制差异。第 9 章重点研究典型楼阁结构的动力学特征。

在 7、8 两章探讨时,有两个基本的问题需要明确,即怎样研究构架的抗侧刚度和怎样合理利用节点研究结果。

在抗侧刚度方面,由于榫卯的抗弯性能并非线性行为,而是随着转角增加而逐渐退化,这就决定了由榫卯提供抗侧刚度主要来源的构架结构行为也为非线性。简言之,就是当水平荷载变化时,构架抗侧刚度也会变化。而水平荷载除大小区别,在结构上的作用方式也各不相同,例如风荷载一般依建筑高度变化,而地震作用则是从地面开始,这些差异和复杂的构架组成,榫卯关系叠加,就更加难以解析。由于每种构架的抗侧刚度都是一条非恒定的曲线,各构架之间的比较是复杂多变的。为方便比较,本书假定了一种标准水平荷载,即以较早期的陕西、河南地区的标准风荷载为基准的单位面积风荷载,根据相关参数计算调整,设为 0.4 kN/m²。选择这一荷载的主要原因是在各类水平作用中,风荷载是一种较为常见(相对于地震)的情况,也可能实际对建筑造成影响❶❷。但是该标准荷载只是为比较方便而假设的一种状况,并不意味着古代匠师设计时必须依凭其结论进行。

在分析方法上,对于简单的构架,可以对构架中每一独立构件计算平衡状态,使得榫卯节点的抵抗弯矩等于构件外力导致的弯矩,并建立平衡方程解析。但是当必须考虑多种节点的不同属性和重力荷载的附加弯矩效应时,该方法就显得比较繁杂。如果计算对象数目过多,这种逐个解析的方法极易出错。

目前构架分析中,普遍使用计算机有限元计算方法。例如《独乐寺辽代建筑结构分析及计算模型简化》中使用 ANSYS❸,《应县木塔隔震性能分析》中使用 ANDIA❹,《中国古代木结构有限元动力分析》、《宁波保国寺大殿北倾原因浅析》中使用虚拟单元方法等❺❻。这是一种在结构研究中被认可的方法。本书所使用的研究方法为 ANSYS 的 combine39 单元模拟榫卯节点。一方面这种单元可以很容易的和 BEAM 等常用单元结合,另一方面,这是一种典型的非线性单元。相较 SAP2000 中常见的释放梁端刚度的恒定节点刚度,和榫卯转动刚度半刚性匹配度更好。其中 beam 单元模拟梁柱构件,combine39 单元为刚度弹簧单元,模拟具有转动刚度的榫卯和斗栱节点。这主要是考虑到大部分构架单元为长细比较大的梁柱杆件,大多数情况下为顺纹受压、受弯。故采用木材顺纹参数建构 beam 单元模拟。而非线性行为,主要考虑节点转动刚度的非线性和屋面荷载 $P-\Delta$ 效应的几何非线性。并未计入其他可能的如局部承压、抗剪、抗扭的影响。本书将斗栱作为倒三角刚体,底部假设为具有转动刚度的弹簧节点,顶部假设和梁刚接计算。将斗栱扩大为有体积的倒三角可以将斗栱造成的几何非线性置入考虑。对于柱底,考虑到本书的分析情况,简化为铰接节点。未考虑摩擦支座问题。为了验证这种分析方法的有效性,在第 9 章中,结合构架榫卯试验进行了验证。具体节点数据详见节点转动刚度表。

❶ 中国工程建设标准化协会.建筑结构荷载规范(GB 50009—2001)[S].北京:中国建筑工业出版社,2005.
❷《古建筑木结构维护与加固规范》编制组.古建筑木结构用材的树种调查及其主要材性的实测分析[J].四川建筑科学研究,1994(1):9.
❸ 刘妍.宋式古代木建筑结构分析及计算模型简化[D]:[本科学位论文].北京:清华大学,2002.
❹ 杜雷鸣,李海旺,薛飞.应县木塔抗震性能研究[J].土木工程学报,2010(S1):364-369.
❺ 赵均海,俞茂宏,杨松岩,等.中国古代木结构有限元动力分析[J].土木工程学报,2000(1):32-35.
❻ 董益平,竺润祥,俞茂宏,等.宁波保国寺大殿北倾原因浅析[J].文物保护与考古科学,2003(4):1-4.

节点转动刚度表

类 型		K_1 (kN·m/rad)	K_2 (kN·m/rad)	K_3 (kN·m/rad)	θ_u (rad)	M_u (kN·m)
燕尾榫	KJ1-1	124.6	18.6	-6.67	0.05	2.31
	KJ1-2	73.26	45	-54.2	0.078	4.81
	KJ1-3	90.71	18.3	-4	0.044	1.82
十字箍头榫	KJ2-1	116.7	34.6	-24.5	0.022	1.5
	KJ2-2	92.5	26.7	-16.9	0.04	2.12
	KJ2-3	116	28.8	-34.4	0.027	1.65
大进小出榫	KJ3-1	71.18	29.4	-5.36	0.034	1.71
	KJ3-2	111	79.2	-61.3	0.032	3.17
	KJ3-3	70	27.1	1.86	0.04	1.9
馒头榫	KJ4-1	80	48	-58.4	0.036	2.4
	KJ4-2	116.7	29	-7.3	0.033	2.01
	KJ4-3	106	30.7	-18.1	0.025	1.52
下落式燕尾榫	KJ5	52.78	26.8		0.073	2.89
宋式四铺作华栱向		264.1	95.8	-4.7	0.024	4.15
宋式五铺作华栱向		457.1	57.5	-0.5	0.031	4.58
宋式六铺作华栱向		343.6	50.6	-8.2	0.043	5.4
宋式四铺作横栱向		141.4	28.3	0.2	0.044	2.83
宋式五铺作横栱向		88	41.7	-1.2	0.04	2.64
宋式六铺作横栱向		207.8	34.8	-2.2	0.032	2.67
清式华栱向		78.6	12.2	-0.7	0.049	1.46
清式横栱向		41.7	26.2	-2.8	0.037	1.31
十字榫		227	46.4	—	0.124	6.81
对角榫		134	62.7	—	0.105	7.37
十字榫加铁件		171	61.5	-48	0.134	9.42
对角榫加铁件		87.6	58.4	-34	0.133	8.33
单向榫加铁件		135	77	-24	0.088	7.41
80 mm 宽透榫		74.8	40.5	-3.4	0.12	7.16
直榫		22.2	17	1.61	0.117	2.38
60 mm 宽透榫		53.7	12.8	1.3	0.19	5.22
40 mm 宽透榫		21.9	17.2	3	0.19	3.85
有销钉直榫		20.5	17.94	-2.5	0.146	2.87
无肩透榫		65.4	17.4	-6.3	0.154	5.51
水平分榫半榫		12.18	13.05	-3	0.07	0.87
垂直分榫半榫		19.6	12.4	-17.9	0.134	2.24

对所有构架分析来说,要对所有节点广泛试验研究都非常困难。单个节点的试验数目不足是最大的缺陷,这需要保持开放性,有待后续研究不断推进。针对这三类,实际数据处理时考虑了如下办法:

第一,加入直榫研究。在一系列试验中,榫种单一,只变化榫长或榫宽,每个构件重复两次,数据相对稳定。其结论简单来说就是榫长同时影响刚度和极限转角,宽度影响刚度。其影响系数和尺寸比例的关系大致介于平方和线性关系之间。台湾地区论文也具有相类似结论。将上述结论反推至前述结论可发现有吻合度,同时以直榫研究结论为限定值,规定任何榫卯的构造影响变化必须限定在直榫范围内(如较长的燕尾榫的刚度和极限转角不能超过尺寸比例的平方关系),这样可能会一定程度上限制某些构造的特异值,但可一定程度上排除试验材性误差问题。

第二,在斗栱和拼接柱榫卯研究中,最终计算中都是以标准或常见作法作为计算标准,并按实际调整。

第三,适当简化:要将节点试验的每一种结果与纷繁复杂的构架变迁在分析上完全匹配是不现实的,不可能每一种榫卯都对应一种构架。故不得不针对各类影响要素而列出需要考虑得相对优先顺序。首先,对各类节点而言,影响最大的无疑都是截面自身的尺寸,即结合构架分析时,节点的抗弯性能必须与对应的构架中构件尺寸匹配;其次,考虑到节点的影响要素,对榫卯主要在榫深、榫宽、榫卯类型这三项有大的变化时才作出调整。对斗栱除材份外,主要对方向、数量变化作出相应调整,并适当考虑层叠数的影响。对拼接柱,主要针对是否为双向承荷和具备铁件加固作出调整。其余要素只能适当考虑甚至舍弃。其中最大的影响是分析构架的节点和试验构架节点尺寸不一致,对此进行了对应尺寸比例的缩放。

在构架选取方面,也有着类似的困难,由于抗侧刚度问题只是影响构架设计的一个要素,很多的构架变化并非一定为提高抗侧刚度而做出改变,更加可能的是随着空间的需求和营造材料、技术的不同而发生变化。将整个发展过程中出现过的所有构架逐一研究,分析其对楼阁受力机制的影响是不现实也不必要的。同时,如果所有构架均以实例为基本参照,则会发生不同尺度之间的构架比较问题,例如唐代以开间 4 m 的殿阁为依据建立模型,清代则以开间 6 m 的殿阁为依据,即使二者的抗侧刚度出现优劣差别,也很难说明这种差别到底是由节点差异、构架差别,还是尺度差异造成的。上述的两个问题,决定了本书分析所采用的构架,必然是相对规整有序,且能在数个不同时代通用比较的构架。采用这种简化的标准构架虽然不能全面反映构架变迁的全貌,却可以作为比较研究的重要参照系。例如同一个模型,若在早期呈现出某个方向抗侧刚度缺陷,则必然反映为这个方向上土木混合程度的增加和跨度、高度的减少,并可与这一时期的大量案例对应,而如果后一个时期这一问题得以改善,则也同样会反映在相应的构架上。

此外需要说明的就是,本书计算分析得到的结果并不能简单的和实际建筑画等号,由于必然存在假设、简化和一些暂无试验数据,但肯定对构架的刚度有影响的构造,例如屋面密椽形成的屋面刚度、楼板的刚度、角部构造的刚度等,本书的计算结果应该一定程度上不同于实际值,实质上只能是相对定性更加准确的"准定量"分析。不应也不能以本书中计算分析的结果判定一类构架的实际性能。其结果只有在互相比较的情况下才具有一定意义。

7　单层木构受力机制及对楼阁的影响

单层的木构是建造多层木构的基础。一方面，同时代屋盖和屋身结构技术共通；另一方面，单层木构技术决定了多层楼阁中抗侧刚度的重要环节，即同层刚度部分。多层木构必须以单层木构实践为基础决定了单层木构结构技术研究在多层体系中的重要地位。

绪论中曾提出，节点转动刚度是传统木构架抗侧刚度的主要来源，那么，是否可以将繁杂的构架分析略过，将构架分析等同于连接节点数量和刚度的算术比较呢？

首先用一个简单的概念模型探讨。假设一简单的两柱、一梁框架，在柱顶作用一水平力（图 7-1），由结构力学知识可知，由于梁柱本身变形很小（相对节点，在 1% 以下），构架的整体变形主要取决于节点的转动刚度，并应符合下式：

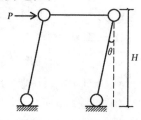

图 7-1　传统木构侧向变形简图

$$PH = 2K\theta \qquad [式 7-1]$$

上式中，P 为柱顶水平力，H 为柱高，K 为节点在 PH 弯矩下对应的割线刚度，θ 为节点的相对转动。则构架的抗侧刚度为

$$K_k = \frac{P}{\Delta} = \frac{P}{\theta H} = \frac{P}{\frac{PH}{2K}H} = \frac{2K}{H^2} \qquad [式 7-2]$$

式中，Δ 为柱顶水平位移。对于固定的构架，高度 H 为一恒值，系数 2 则是因为一共出现了两个梁柱节点。上式的结果简单来说，就是构架的抗侧刚度问题，仅取决于构架中节点的总数量和其转动刚度的总和。构架抗侧刚度的研究可以在一定条件下简化为构架节点转动刚度总量和平均值的数值比较。只要依据 3～6 章的试验结果，计算列表比较即可，与构架形式无关。这一结果说明，单从构架抗侧刚度角度出发，构架的发展机制应是朝着提供更多的节点数和增加节点转动刚度方向发展的。

然而，受到另一个重要影响要素重力荷载的影响，进而引出柱顶屋面荷载带来的构架附加弯矩问题并产生了深远影响。由于传统木构架节点刚度较低，在水平力作用下变形较大，而屋面荷载又很大（占总荷载的 70% 以上），因此一般影响较小的屋面荷载在本书分析中不能忽略。当每个柱顶作用了 G 大小的竖直力时（图 7-2），构架的整体变形公式变为：

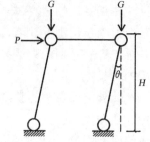

图 7-2　考虑 P-Δ 效应的构架侧向变形简图

$$PH + 2GH\theta = 2K\theta \qquad [式 7-3]$$

由于弯矩增大了，理论上节点的转动刚度 K 会下降，假设这一下降值为 $f(GH)$，则上式变为：

$$PH + 2GH\theta = 2[K - f(GH)]\theta \qquad [式 7\text{-}4]$$

抗侧刚度公式变为:

$$K_k = \frac{P}{\Delta} = \frac{P}{\theta H} = \frac{P}{\dfrac{PH}{2[K - f(GH) - GH]}H} = \frac{2[K - f(GH) - GH]}{H^2} \qquad [式 7\text{-}5]$$

此处,以 GH 形式出现的屋面荷载附加弯矩产生了深远的影响,增加抗侧刚度的途径除了上述两条外,还多出了如何减少重力荷载的附加弯矩一项。这就产生了一种新的可能,即有的构架形式可能既不能提供更多的节点或是提高节点刚度,却会产生更多的重力附加弯矩(如屋面荷载分配不均,集中于某柱)或能减少相同重力下的附加弯矩(如斗栱使得建筑檐高相等时实际柱高下降)。考虑 $P\text{-}\Delta$ 效应的结构分析则必须结合构架形式逐个展开讨论,加上可能出现的夯土、绑扎等问题,以及受技术的时代性制约,构架发展呈现出丰富的多样可能。

总体来看,楼阁在建筑结构上有两个发展演化趋势,第一个是对高度的追求,要求有坚实的底层和层间衔接;第二个是对跨度的追求,即从中心土台到中空楼阁的演化。上述两者不仅能在楼阁中找到代表案例,在同时期的单层建筑中也可以加以验证。表 7-1,表 7-2 罗列了部分重要的古建木构的柱高和跨度变化。从总体趋势来看,即使在单层木构中,也有着逐渐增加跨度和高度的趋势。那么,这种构架上的进步是由怎样的结构技术和机制支撑的呢?

表 7-1❶ 唐至元期间木构跨度、高度简表

建筑名	建筑年代	明间跨度(m)	平柱高(m)	角柱高(m)
五台山南禅寺大殿	唐建中三年(782)	4.99	3.86	3.90
五台山佛光寺大殿	唐大中十一年(857)	5.04	4.99	5.23
平顺天台庵	公元 940 年	3.14	2.42	
平遥镇国寺大殿	北宋乾德元年(963)	4.55	3.42	3.47
平均		4.43	3.67	4.2
福州华林寺大殿	北宋乾德三年(965)	6.51	4.78	4.86
宁波保国寺大殿	北宋大中祥符六年(1013 年)	5.62	4.22	4.22
晋祠圣母殿	北宋天圣年间(1023—1032)	4.94	3.86	
少林寺初祖庵	北宋宣和七年(1125 年)	4.12	3.61	
榆次雨花宫	北宋	4.85	4.08	4.18
平均		5.21	4.11	4.42
独乐寺山门	辽统和二年(984)	6.10	4.37	
独乐寺观音阁	辽统和二年(984)	4.55	4.06	4.17
奉国寺大殿	辽开泰九年(1020)	5.80	5.95	
薄伽教藏殿	辽重熙七年(1038)	5.85	4.99	5.15

❶ 罗德胤. 中国古戏台建筑[M]. 南京:东南大学出版社,2009:179.

建筑名	建筑年代	明间跨度(m)	平柱高(m)	角柱高(m)
善化寺大殿	辽清宁八年(1062)	7.10	6.26	6.68
海会殿	辽清宁八年(1062)	6.13	4.35	4.50
上华严寺大殿	辽清宁八年(1062)	7.10	7.24	
应县木塔	辽清宁八年(1062)	3.81	2.86	
平均		5.81	5.01	5.13
苏州玄妙观三清殿	南宋淳熙六年(1179)	6.35	4.93	
佛光寺文殊殿	金天会十五年(1137)	4.78	4.48	
崇福寺弥陀殿	金皇统三年(1143)	6.20	6.00	6.10
崇福寺观音殿	金	5.28	4.64	
善化寺三圣殿	金皇统年间(1141—1149)	7.68	6.18	6.59
善化寺山门	金皇统年间(1141—1149)	6.18	5.86	6.00
平均		6.08	5.35	6.23
永乐宫三清殿	元中统三年(1262)	4.40	5.32	5.58
永乐宫纯阳殿	元	5.04	4.86	4.99
永乐宫重阳殿	元	4.10	4.20	4.31
永乐宫无极门	元至元三十一年(1294)	4.08	4.32	4.38
北岳庙德宁殿	元	5.75	4.89	
武义延福寺大殿	元延祐四年(1317)	4.60	2.92	
上海真如寺正殿	元延祐七年(1320)	5.91	4.04	
虎丘二山门	元	6.00	3.73	
广胜上寺弥陀殿	元大德七年(1303)	4.35	4.90	
广胜下寺大殿	元至大二年(1309)	5.00	5.62	
韩城文庙大成殿	元	6.62	3.24	
韩城禹王殿	元元统三年(1335)	5.75	2.90	
定兴慈云阁	元大德七年(1303)	4.92	4.92	
区分颜庙杞国公殿	(似)元	4.27	3.60	
金华天宁寺大殿	元延祐五年(1318)	6.40	5.20	
魏村牛王庙正殿	元	4.73	3.65	
平均		5.12	4.27	

表 7-2　明、清部分官式建筑各间广、架深取值一览表❶

项目 建筑	间架	正面		山面	
		总面阔(m)	明间(m)	总面阔(m)	明间(m)
北京故宫太和殿	十一间五进	60.14	8.44	33.33	11.17
北京太庙大殿	十一间四进	66.90	9.60		
昌平明长陵祾恩殿	九间五进	66.90	10.30	29.30	10.30

---

❶　郭华瑜. 明代官式建筑大木作[M]. 南京：东南大学出版社，2005：48.

续表 7-2

项目 建筑	间架	正面		山面	
		总面阔(m)	明间(m)	总面阔(m)	明间(m)
北京故宫保和殿	九间五进	46.40	7.32	21.72	7.28
北京故宫午门正殿	九间五进	60.05	9.15	25.00	6.64
北京故宫乾清宫	九间五进	45.14	7.16		
北京故宫坤宁宫	九间五进	44.98	7.12	17.78	5.12
山东曲阜孔庙奎文阁	七间七进	30.02	5.94	25.18	3.48
青海乐都瞿昙寺隆国殿	七间五进	33.30	6.60	19.22	7.74
北京故宫神武门城楼	七间三进	41.68	9.78	17.96	12.22
山东聊城光岳楼	七间七进	21.05	4.07	21.05	4.07
北京故宫箭亭	七间三进	26.60	5.30	12.30	5.10

7.1　混沌与探索——绑扎节点的穴居小屋

　　原始社会并未发现有楼阁的建筑实例或相关证据,在这一时期,穴居地区经历了从地下-半地下-地上的建筑发展历程,而且还形成了规模完整的聚落(图 7-3)❶。这一时期的一些受力机制问题是极为有趣的。本节试图寻找两个方面问题的线索。第一就是在从地下发展为地

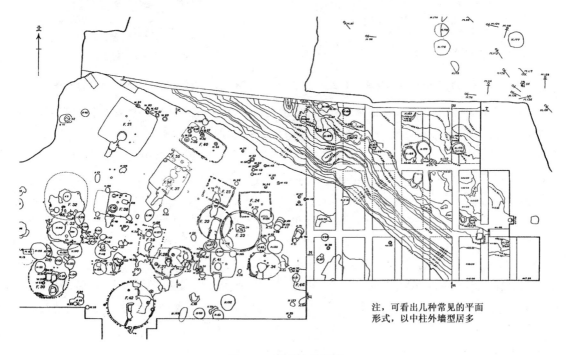

注,可看出几种常见的平面
形式,以中柱外墙型居多

图 7-3　仰韶文化聚落

---

❶　西安半坡博物馆.西安半坡[M].北京:文物出版社,1982.

上的独立木构过程中,到底产生了怎样与前不同的结构问题;第二即是在缺少榫卯节点连接情况下,结构的受力机制特点。

7.1.1 重要案例

其中较为早期的例如河南偃师县汤泉沟遗址竖穴,其平面为圆形而断面为袋形,口径1.5 m,这时的木构,还仅仅是地下洞穴遮风避雨的屋盖,据推测,其中心木柱起着支撑出入口屋面和爬梯的作用[1](图7-4)。这一时期的木构据推测应采用绑扎技术连接。类似的还有陕西西安客省庄遗址二期文化 H108 等[2]。

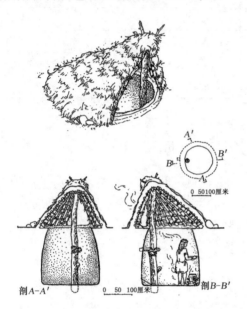
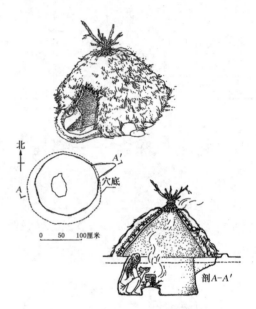

图7-4 棚屋状态中柱锥形复原想象图   图7-5 过渡期,地穴无柱复原想象图

然而这类建筑挖掘工作量很大,聪明的原始人可能注意到三角形屋面下可利用的空间,遂在半坡时期逐渐演化为半穴居。其案例如河南洛阳市涧西孙旗屯[3],坑洞变浅后建筑更加容易出入,并取消了中柱(图7-5)。同时在平面上进行拓展,形成具有组合空间的组合式半穴居。到半坡时期,在其遗址中已经出现了大量差异化的半穴居。和之前的竖穴相比,其平面为方形但有圆角,中心有规则柱支撑。规模较小的如半坡 F41 案例,使用中心柱进行支撑(图7-6)。其平面已经达到3 m×3 m,高度也有0.8~1.1 m[4]。但半穴居建筑最大问题是仍然需要部分地面挖掘工作才能保证室内空间的高度。当高度不足时,由于三角函数关系的制约,只有增加三角屋面的跨度一种方式。可能受到入口交接位置支撑木柱的启发,逐渐发展出了屋面落在矮墙上的半穴居建筑。其中规模较大的则在屋内使用三到四柱支撑,例如半坡F41 案例,平面为面阔7.2 m,进深6.5 m[5](图7-7)。该建筑不仅规模变大,而且依其周圈墙

[1] 杨鸿勋.仰韶文化居住建筑发展问题的探讨[J]//杨鸿勋.建筑考古学论文集[M].北京:文物出版社,1987:20.

[2] 中国科学院考古研究所.沣西发掘报告 1955—1957 年陕西长安县沣西乡考古发掘资料[M].北京:文物出版社,1963

[3] 杨鸿勋.仰韶文化居住建筑发展问题的探讨[J]//杨鸿勋.建筑考古学论文集[M].北京:文物出版社,1987:21.

[4] 杨鸿勋.仰韶文化居住建筑发展问题的探讨[J]//杨鸿勋.建筑考古学论文集[M].北京:文物出版社,1987:3.

[5] 杨鸿勋.仰韶文化居住建筑发展问题的探讨[J]//杨鸿勋.建筑考古学论文集[M].北京:文物出版社,1987:8.

内的柱洞推测,可能已经有了竖直的墙体。这种竖墙从根本上改变了半穴居的室内高度和跨度的矛盾,是进一步发展的起点。在此基础上,逐渐按照接近图7-8❶的序列发展为纯地上建筑。

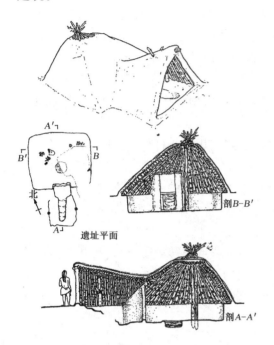

图7-6　锥体方形,中柱式复原想象图

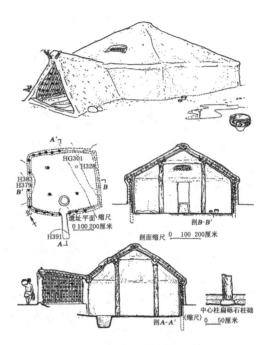

图7-7　锥体方形,矮墙多柱式复原想象图

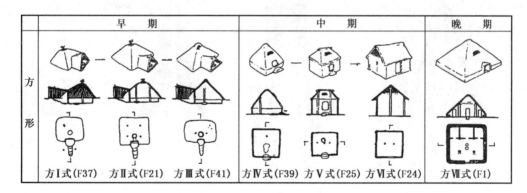

图7-8　穴居建筑发展序列

　　将上述遗址的木结构进行简单归类后可以发现,这一时期木构有四个特点。第一,使用绑扎节点;第二,结构组合形式为锥体,木构直接落地(可能有地坑);第三,大跨度必须使用柱支撑;第四,竖直墙体必须土木结合。显然这一时期的结构技术以成熟木构的角度来看是非常幼稚的,那么为何大量成熟木构的基本特征如垂直墙体和坡屋面等在原始社会的建筑营造中如此困难,发展如此缓慢? 榫卯技术的缺少到底造成了怎样的影响呢?

❶　杨鸿勋.仰韶文化居住建筑发展问题的探讨[J]//杨鸿勋.建筑考古学论文集[M].北京:文物出版社,1987:38.

7.1.2　分析模型

　　根据上述问题,特设计了如下的三个 SAP2000 计算模型进行分析,其中模型 1 为河南偃师县汤泉沟遗址竖穴屋顶的再现,按 1.5 m 直径建模,并将圆形简化为正八边形;模型 2 为规模扩大的模型 1,对角线长度为 3 m,且平面形状改为方形,使用中柱支撑。模型 3 为模型 2 的规模扩大,对角线长度 6 m,方形,有四柱支撑,并配有高度 1 m 的竖直墙体。由于没有关于绑扎节点强度的试验数据,暂按较弱的半榫的四分之一刚度和转角极限假设计算。屋面荷载较难推测。这一时期虽然尚未出现瓦,但是会采用泥浆等混合植物纤维,参考现存的茅草屋面,暂按标准瓦屋面荷载的一半估计。

　　从模型 1(图 7-9)可以看出,圆锥体的结构形式能较好利用木材杆件,各柱的主要受力形态为压弯构件且较为均匀,其中轴力为 0.49 kN,弯矩为 0.045 kN·m,最大弯矩出现在跨中。各个柱的底部有 0.07 kN 的侧推力,该侧推力大致相当于柱压力的 14%,也即是说,当木和土的摩擦系数达到 0.14 时,木柱不会滑移,否则就必须把木柱置于坑内。由于缺少土木之间摩擦系数的实测数据,故暂无法从受力分析判定柱坑存在与否,但估计小跨度锥形木构屋面不使用柱坑是可能的。若按照十分之一半榫刚度假设屋顶绑扎节点的转动刚度,则绑扎节点约会承担 0.007 kN·m 的转角弯矩,该数值远小于绑扎节点的假定极限弯矩。同时地面推力,轴力几乎没有变化。虽然上述假设可能出现误差,但也说明类似规模的圆锥构造木构屋顶对绑扎节点转动刚度几乎没有要求,符合原始社会工艺水准低的事实。

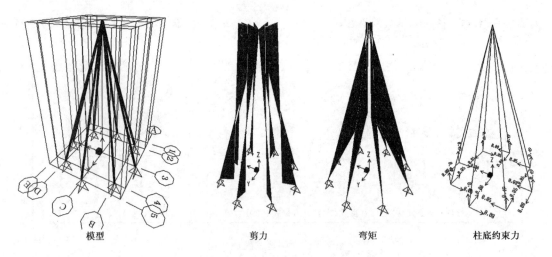

模型　　　　　　　　剪力　　　　　　　弯矩　　　　　　柱底约束力

图 7-9　无柱锥形内力分析图

　　从模型 2(图 7-10)可以看出,方锥体的结构形式同样能较好利用木材杆件,各柱的主要受力形态为压弯且较为均匀,其中四个斜柱的轴力为 2.677 kN,中心柱为 2.123 kN,中心柱大约分担了 45% 的总屋面荷载。使得屋面荷载不必完全由四根角柱承担,并且中柱的出现使得屋顶的绑扎节点工艺难度大幅下降。最大弯矩出现在跨中,为 0.82 kN·m,各个柱的底部有 0.71 kN 的侧推力。该侧推力大致相当于柱压力的 27%,即对摩擦系数的要求相较模型一提高一倍,木柱滑移可能性大增,木柱置于坑内的可能也增加了。这一分析说明,中柱的出现使得木构屋顶对绑扎技术和节点强度的需求大大降低了。但是坡屋面侧推力只与斜向构件承力角度相关,中柱不能解决这一问题。随着跨度增加,侧推力的影响逐渐增加,最终必须加设柱坑抵抗坡屋面导致的侧推力。

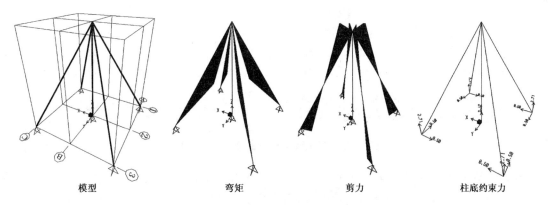

模型　　　　弯矩　　　　剪力　　　　柱底约束力

图 7-10　中柱锥形内力分析图

　　模型 3(图 7-11)相较之前的结果有较大差异,从屋顶部分模型可以看出,四柱支撑的方锥体的结构内力与模型 2 有较大差异,增加支柱后,结构体变为超静定体系,这也导致了各柱的受荷大小发生变化。四柱(金柱)支撑模式使得跨度很大的大叉手斜向屋面构件的跨中弯矩减少,最大处为 2.52 kN・m,同时金柱成为主要的承荷柱。为了对该模型进行验证,还使用 ANSYS 12.0,结合 Beam188 梁单元和 Combine39 非线性弹簧单元,对有 1 m 高墙体的完整结构进行了验证,结果完全类似。墙柱顶在较小的侧推力只产生了 3 mm 的柱顶位移,墙柱和大叉手绑扎节点的弯矩均小于其极限弯矩。在这种情况下,外围墙体不必起结构作用,只起围护作用,故其宽度约只有 0.25~0.3 m。

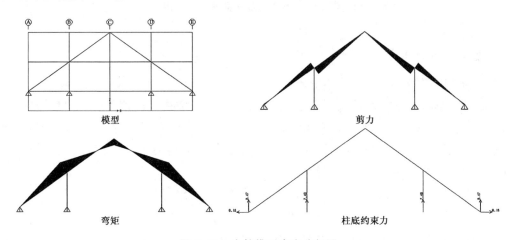

模型　　　　　　　　　　剪力

弯矩　　　　　　　　　　柱底约束力

图 7-11　金柱锥形内力分析图

　　模型 3 分析结果还会受到其他一些要素的影响,例如支撑柱的位置。由结构力学知识可知,支撑柱越靠近檐柱,受力状态越接近没有支撑柱的状态,檐柱的侧推力越大。越远离檐柱,越接近攒尖中柱支撑的情况。由于倾斜屋面必然产生侧推力,随着时间推移,绑扎节点可能由于绳索松动或是腐烂等发生问题。模型 4(图 7-12)模拟了中柱绑扎节点失效后该房屋的情况,由于侧推力完全由垂直墙体承担,故其墙顶变形增加到了 17 mm,同时需要注意的是,其墙底弯矩 2.89 kN・m,这已经接近按现代规范假设的毛石砌体的抗弯极限,估计当时的技术水平无法达成。

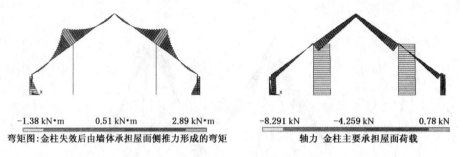

弯矩图:金柱失效后由墙体承担屋面侧推力形成的弯矩	轴力 金柱主要承担屋面荷载
−1.38 kN·m　　0.51 kN·m　　2.89 kN·m	−8.291 kN　　−4.259 kN　　0.78 kN

图 7-12　带 1 m 高墙体的金柱锥形构架

模型 5 则分析了模型 4 承担风荷载的情况,虽然夯土墙的存在使得侧向位移并未显著增加,但是墙底弯矩大幅增加到 6.71 kN·m,剪力增加到 11.374 kN(图 7-13)。这完全不是当时的夯土技术可以实现的建筑结构。

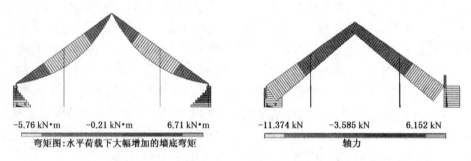

弯矩图:水平荷载下大幅增加的墙底弯矩	轴力
−5.76 kN·m　　−0.21 kN·m　　6.71 kN·m	−11.374 kN　　−3.585 kN　　6.152 kN

图 7-13　带 1 m 高墙体的金柱锥形构架承担风荷载

7.1.3　受力机制解析

模型 1 说明跨度小、坡度大的锥形屋顶无需中柱或柱坑。模型 2 说明虽然中柱可以分担屋面荷载,减少斜向构架的截面尺寸需求,但侧推力问题只取决于坡度,屋面高度不变情况下增加跨度会导致侧推力问题明显而必须加设柱坑。模型 3 是一种特殊解决方案,金柱由于超静定关系会承担全部屋面荷载和侧推力,这会大大减少墙体承担的侧推力,如果金柱之间有类似梁的绑扎构件,则还可在内部抵消侧推力。在这种情况下,部分房屋的外墙可能仅是围护结构。模型 4 说明一旦金柱绑扎节点失效,会回到比模型 2 更恶劣的状态。由于坡屋面产生的侧推力在构架内产生了弯矩,而构架缺少榫卯一类有效的抗弯节点,就必须依靠柱坑或夯土墙在结构底部形成抗弯节点。这种在重力作用下都岌岌可危的构架,就遑论水平作用下的侧向刚度了。在半坡 F22,F39,陕西武功县游凤新石器时代的陶屋模型中外倾的外墙可能就是证据❶。显然以当时的技术水平,最实际的解决方法就是增加夯土墙的厚度和刚度了。例如增加中柱减少屋脊交接处的节点弯矩,减小跨度,用木骨泥墙代替简单的木柱;在外围形成兜圈木结构等也有所尝试。在大跨度建筑中,普遍使用金柱模式并附加支撑。

除了支撑结构的改进,中后期的建筑平面也发生了一定变化,虽然前述研究对象均为正多边形平面,但这种能承担坡屋面荷载的构架并非必须沿对角线布置,也可以类似后世构架一

❶　杨鸿勋.仰韶文化居住建筑发展问题的探讨[J]//杨鸿勋.建筑考古学论文集[M].北京:文物出版社,1987:9,22.

般,仅沿单向发展(通常是进深方向)。对角线方向的承重构架要求建筑的开间和进深方向木构架和墙体全部承荷。而纵横架分开的构架,可以依靠进深方向的横架承荷,开间方向纵架将横架有效联系即可。这种布置方式可以较为便宜的产生矩形平面,适应更多的功能需求。这在半坡 F24,F25 中均有体现❶,并进而产生了庑殿和两坡这两种后世常用的屋顶形式(图 7-14,图 7-15)。这种纵、横架的分化在这一时期由于都严重依赖夯土墙而区别不大,但在之后的演化中,随着木构的独立,其差异也日趋明显。

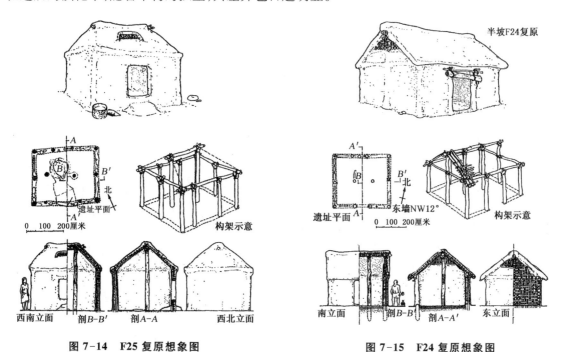

图 7-14　F25 复原想象图　　　　　图 7-15　F24 复原想象图

总体上看,这一时期的屋面以大叉手为基础,是节点技术落后条件下,减少斜向结构弯矩的合理选择,但也带来了侧推力问题,主要通过木骨泥墙和柱底坑的形式加强结构的抗侧刚度和稳定性,但是泥墙和柱底坑能提供的结构刚度是有限的,这也就为榫卯技术的出现和发展提供了基础。

另一方面,这一阶段配合斜屋面大叉手的金柱结构是一种具有先进意义的结构形式。除了减少围护墙体承担的荷载外,由于不一定要设中柱,就可以利用金柱间跨度和高度都较大的空间。从结构角度看,由于多跨连续梁的弯矩小于简支梁,还可以减少对于材料截面的需求。但由于荷载大部分集中于金柱,当跨度增加后必然导致荷载过大而反过来影响构架。

7.2　蒙昧初开——河姆渡的榫卯构架

虽然在原始社会中较为少见,但也有属于这一时期,使用榫卯搭接的木构架,其意义已无需赘述,本节主要研究两个问题,即榫卯对构架的意义和这一时期榫卯的局限性。

---

❶　杨鸿勋.仰韶文化居住建筑发展问题的探讨[J]//杨鸿勋.建筑考古学论文集[M].北京:文物出版社,1987:11,13.

7.2.1 河姆渡榫卯构架基本情况

在浙江余姚河姆渡地区,发现有建造于 6 500 年前的干阑式建筑遗迹,根据考古发掘,发现这是一组通面阔 30 m 以上,进深 7 m,具有 1.3 m 左右前廊,架高地面 0.8~1 m,为共居而建造的大型木构❶。其与众不同之处,在于该建筑普遍使用了榫卯技术。在其中发现的部分榫卯残片说明,该建筑已经使用了各类后世常用的榫卯且技艺高度成熟。其最大的进步,就在于使用较为牢固的梁柱交接榫卯代替了同时期的绑扎技术。甚至还发展出了具有抗拔能力的燕尾榫。

该建筑另外一个令人惊叹的技艺就是其架空地面的干阑技术,通过在地面上排布直径 8~10 cm 的木桩形成基层,并以 3~3.5 m 间距设置地板大梁,1.30~3.9 m 间距设置地板小梁,将厚 5~10 cm 的木地板置于梁上,使得整个屋身架空于地上❷。这不仅显著不同于尚未从半穴居脱身的原始社会木构普遍状况,且从结构分层这一角度出发,已经是楼阁的雏形了。

河姆渡具体的木构架形态目前争议较大,一种认为是以桩上搁置地板形成基面,又在基面上搭建房屋构架的形式❸;另外一种认为是通柱落地,在柱间用榫卯连接并铺设地板的作法❹(图 7-16)。二者的论据均为有争议的 59 号构件,前者认为该构件上下两端类似馒头榫的榫卯必然为柱下管脚榫和柱上馒头榫的雏形,又由此认定该构件为柱,并进而推测出结构;后者认定非通柱作法的建筑结构不牢固,必然为通柱结构,故推出 59 号构件实为地板主梁,并进而推测结构。

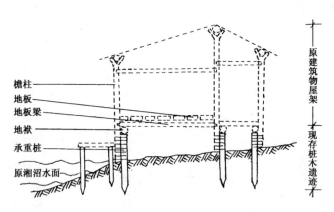

图 7-16　河姆渡构架假想图

笔者认为,59 号构件为柱的可能性较低,疑点有三:第一,馒头榫作法出现于抬梁体系和斗栱铺作中,而与河姆渡普遍使用的穿斗系建筑语汇不符,而若假设此时不但形成了抬梁作法,而且还会如后世明清木构一般在大梁下设置随梁枋(用半榫),则与该时代普遍技术水准不符;第二,以馒头榫连接的木构件上端必为水平通梁,该构件和大叉手构件冲突,除非河姆渡已经演化出抬梁构架和椽檩系统,并发展出类似椽腕的榫卯构造,否则无法解决这一冲突;第三,与残存构件统计数量不符,河姆渡遗迹大量残存构件无榫卯,且有绑扎痕迹,故建筑中普遍使

❶❸ 杨鸿勋.河姆渡遗址早期木构工艺考察[J]//杨鸿勋.建筑考古学论文集[M].北京:文物出版社,1987:45-48.

❷❹ 劳伯敏.河姆渡干栏式建筑遗迹初探[J].南方文物,1995(1):50-57.

用榫卯,形成成熟体系的可能性较低。

7.2.2 受力机制解析

上述两种作法的争议在于底部构造,但均认同柱上部的某一高度用半榫连接这一事实。抛开争议,为研究榫卯连接对木构的影响,特设计了如下的简化计算模型。

墙体高度 3 m,梁跨度 3.5 m,进深 6 m,有中柱,开间 3 m 梁柱节点按照半榫计算,屋顶为大叉手结构。据考,河姆渡可能使用树皮等轻质屋面[1],故按照瓦屋面荷载的四分之一估算其屋面荷载。从分析结果可以看出(图 7-17),由于榫卯节点的出现,节点刚度大大增加了,尤其是在柱顶有效拉接后,形成了稳固的框架。在竖直荷载下,不需泥墙,其柱顶变形也只有 0.7 mm。进一步试算表明,即使按照现代瓦屋面荷载计算,其柱顶侧向变形也只有2.8 mm。这使得对于柱底锚固的要求大大降低了。同时,建筑的侧向刚度增加,已经可以抵御一定的风荷载。在标准水平荷载作用下,虽然整体变形非常大,达到 490 mm,但已经无需泥墙支撑而靠榫卯就可以承担一定的风荷载造成的构架内弯矩了,故担心干阑建筑由于柱底没有锚固而无法维持正常使用功能是没有必要的(图 7-18)。足见使用榫卯节点对构架的积极意义。

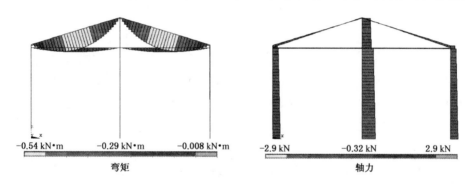

| −0.54 kN·m | −0.29 kN·m | −0.008 kN·m | | −2.9 kN | −0.32 kN | 2.9 kN |

弯矩　　　　　　　　　　　　　　　轴力

图 7-17　竖直荷载下的河姆渡横架模型

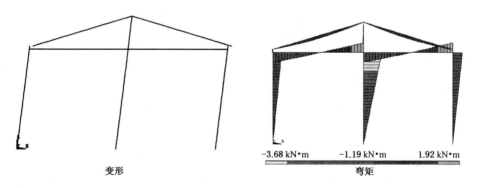

变形　　　　　　　　　　　　　　　弯矩

| | | | | −3.68 kN·m | −1.19 kN·m | 1.92 kN·m |

图 7-18　水平荷载下的河姆渡横架模型

然而,该模型显示的建筑与后世的木构架有较大的差距。首先,从节点技术上说,榫长为柱半径的直榫转动刚度远逊于燕尾或透榫,对节点自身的性能挖掘尚有很大潜力,如果按照透榫假设计算河姆渡木构,其牢固程度已经可以媲美后世的一些简易民居了;其次,大叉手侧推

❶　浙江省文物管理委员会.河姆渡遗址第一期发掘报告[J].考古学报,1978(1):39-110.

力是构架在重力荷载下进一步发展的主要矛盾,并随建筑开间和进深增长变得更加显著。由于整体构架技术上难以发展出类似后世工业厂房的底部嵌固节点(将木柱长期埋植于土坑内,既可能由于雨水导致坑体变形,也可能形成腐朽一类的材料破坏,故短期内虽可能视为刚性节点,但就建筑的使用周期考虑,可能更接近铰接节点),增加上部梁柱节点的转动刚度就成为了建筑结构进一步发展的必然。

7.3　过渡期——土木混合结构的第一次内移

从前述的分析可知,原始社会时期垂直墙体的发展,暴露了坡屋面结构的侧推力问题,直接制约了垂直墙体高度。这一时期土木混合的基本特征已在第1、2章中有所描述,此节重点研究和屋盖墙身受力机制密切相关的几个问题:第一,土木混合结构中,木构的受力机制和特征;第二,榫卯引入对构架形式的影响;第三,土木混合结构中夯土结构的受力机制和特征。

7.3.1　重要案例

虽然原始社会中出现的金柱支撑横架有着一定优势,但也有先天缺陷。金柱承担了极大的荷载后,其构件失稳的可能性显著增加。出于屋面防水需求,在大型建筑中逐渐开始使用瓦屋面,屋面荷载增加,进一步加剧了大叉手结构导致的侧推力问题。要解决这一问题,除了当时盛行的柱坑作法外,只能设法增加金柱位置的构件牢固性,并努力发展金柱间连接以抵消侧推力。对构件的要求逐渐转化为对节点传递力与弯矩的刚度要求,这是该期木构发展路径的必由之路,然而这种发展会受到建筑总进深和节点技术的极大制约,并辅以木骨泥墙进行加固。相对而言,由于檐柱位置几乎可以不承担屋面荷载和侧推力,只要有适当的柱底坑或绑扎连接,就可以相对独立出来。

从目前的遗迹发掘和考古成果看,夏商之间的木构架正是沿着这一脉络,在中国的不同区域以不同的进程演化的。例如夏代晚期的1号宫殿主殿(图7-19),面阔八间宽30.4 m,进深三间共11.4 m的殿堂。柱列整齐,间距3.8 m,柱径0.4 m,外侧1.5 m有擎檐柱柱坑❶(此建筑屋顶据考据尚为茅草顶)。从柱列规则对位可以推测至少外围木构为完全木构,从擎檐柱柱坑可知其墙体至少应有2 m以上高度。又如夏晚期的2号宫殿(图7-20),主殿为中心土木混合,外侧有檐廊的形式,廊深2 m,柱径20 cm,明间8.1 m,次间7.7 m。总进深约11 m,土木混合部分进深约7 m❷。泥墙内木柱的不规则分布则说明可能结构主体为泥墙,木构仅是构造柱,但外檐木构就具有明显的轴线。在商代河南偃师1号宫殿的四、五宫室,主殿东西广

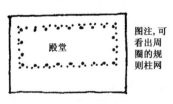

图注,可看出周圈的规则柱网

图 7-19　夏代宫殿 1 号

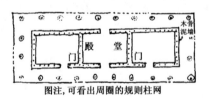

图注,可看出周圈的规则柱网

图 7-20　夏代宫殿 2 号

❶❷　杜金鹏.偃师二里头遗址研究[M].北京:科学出版社,2005:605.

36.5 m,南北进深 11.8 m。台基上无柱洞仅见夯土墩❶。这些案例都是中心夯土作为结构骨架,加强金柱,外侧包围檐柱,比例细长的建筑。由于缺少图像证据,这些建筑也可能是夯土墙结构外围以包围合的形式。

上述情况直到偃师 2 号宫殿中才出现了较为明显的转折。根据遗迹探查,这组建筑中的主体部分出现了相对明显的木骨泥墙中非结构柱和墙内侧结构柱的分化❷(图 7-21)。过往研究往往认为这种结构柱的分化意味着支撑大叉手的是木构而非泥墙,泥墙仅仅起到一种辅助加固的作用。但从节点技术看,由于制作在大叉手和竖直构件间有效传递侧推力的节点较为困难,这种区别更可能意味着节点的变化而非结构构架分化,但无论如何,这是木构相对独立的重要标志。在河南安阳小屯宫殿遗址甲四中,还出现了山墙位置增加中柱的方式❸。

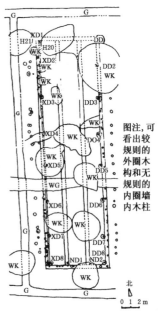

图注,可看出较规则的外圈木构和无规则的内圈墙内侧木柱

北
0 1 2m

图 7-21　偃师 2 号宫殿

7.3.2　分析模型

为了研究上述过程,特假设了共 5 个分析模型。模型 1,模拟木骨泥墙(强度按照最低的 C5 墙体一半强度假设)的夏代宫殿结构,土木混合结构部分进深 7 m,外廊进深 2 m,出檐 1 m。计算一开间,开间距 3.8 m。屋面荷载按筒瓦 50%假设,全部节点按照绑扎节点假设,屋面坡度按四分之一举假设,主要研究其重力荷载下横架的抗侧刚度;模型 2,模拟夏商之间的建筑,尺度同上,假设柱头使用梁,通过绑扎节点拉接。研究标准水平荷载作用下该模型的侧向刚度;模型 3,尺度同模型 2,但将联系梁两端节点假设为半榫,比较其和模型 2 在相同水平荷载下的侧向刚度差异;模型 4,尺度同模型 3,但木构独立,不依赖木骨泥墙,研究有榫卯节点的木构独立承荷时的侧向刚度;模型 5,尺度同模型 4,增设中柱,比较其和模型 4 在标准水平荷载下的侧向刚度差异。

模型 1 显示构架在重力荷载下整体稳定,檐柱的柱顶水平位移最大,达到 6 mm。由于屋面坡度小,荷载轻,在重力荷载下产生的侧推力不大,墙底仅有 0.5 kN·m 的荷载,结构较为稳固。但是屋面结构的弯矩很大,在金柱位达到 11.9 kN·m,已经达到 30%的木材抗弯极限,同时金柱位承担的竖直荷载极大,共有 18 kN,占荷载的 90%(图 7-22)。

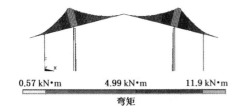

0.57 kN·m　　　4.99 kN·m　　　11.9 kN·m

弯矩

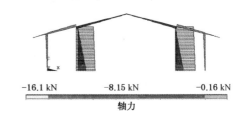

−16.1 kN　　　−8.15 kN　　　−0.16 kN

轴力

图 7-22　模型 1 内力图

❶ 赵芝荃,刘忠伏.河南偃师尸乡沟商城第五号宫殿基址发掘简报[J].考古,1988(2):128-140.
❷ 王学荣.偃师商城第Ⅱ号建筑群遗址发掘简报[J].考古,1995(1):963-982.
❸ 刘叙杰.中国古代建筑史(第一卷):原始社会、夏、商、周、秦、汉建筑[M].北京:中国建筑工业出版社,2003:140.

模型 2 显示,不使用榫卯连接,而只用绑扎节点和泥墙支撑的建筑可以在标准水平荷载下稳定,这时的结构最大水平变形只有 9 mm,然而弯矩图显示,结构内弯矩基本完全由墙承担,最大达到 2.3 kN·m,这已经超过假设中墙身的极限强度,很有可能发生破坏(图 7-23)。

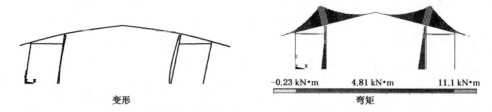

图 7-23 模型 2 内力图

模型 3 在标准水平荷载作用下的水平变形为 7 mm,略小于模型 2。其弯矩和轴力均类似模型 2,木骨泥墙的刚度较大,分担了主要的结构荷载(图 7-24)。

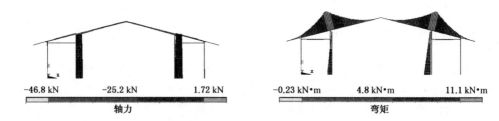

图 7-24 模型 3 内力图

模型 4 在标准水平荷载下的位移高达 2 400 mm,结构实际破坏。即使在仅 10% 的水平荷载作用下,其水平变形都高达 297 mm,半榫节点的弯矩达到极限的 60%(图 7-25)。造成这一结果并非榫卯节点达到抗弯极限造成的,而是由于金柱柱顶重力荷载高达 15 kN,形成了极大的柱顶附加弯矩,而柱上下端嵌固不佳,柱局部侧压失稳导致。

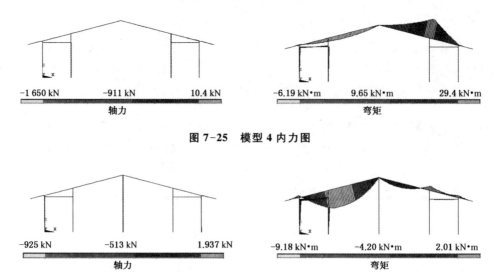

图 7-25 模型 4 内力图

图 7-26 模型 5 内力图

模型 5 内力图(图 7-26)显示,有中柱的结构在 10% 的标准水平荷载作用下结构水平变形减少到 160 mm,由于中柱和金柱之间并没有联系构件,故结构水平变形减少的主要原因就是中柱分担了本来由金柱承担的重力荷载,使得柱头的附加弯矩下降。

模型 1 到 5 的分析结果指出,不论是否引入榫卯节点,也不论木构的实际独立程度,这一时期的土木混合结构主要抗侧刚度来自于夯土墙或木骨泥墙。然而夯土墙的相对刚度优势会随着建筑高度增加而变小(在水平荷载不变的情况下,墙底弯矩大小和墙高成正比),虽然可能建造较高的泥墙,甚至形成类似重檐的"重屋"形象,但发展出土木混合楼阁的可能性很低。这一根本矛盾直接制约了土木混合承重结构的发展。

模型 4 到 5 的内力分析进一步显示,由于金柱承担了接近柱截面抗压极限的荷载,致其失去土墙扶持后极易失稳,这也是为何偃师 2 号宫殿的木结构柱外围必须包裹木骨泥墙的结构原因。并且这还会导致榫卯节点无法正常发挥其节点抗弯能力,可以通过增设柱分担屋面荷载缓解。此外,过大的柱轴力还为柱头节点的出现提供了需求。

7.3.3 总结和讨论

上述一系列力学模型分析结果均指出,由金柱位置支撑屋面,在大跨度木构架中使用连续的斜梁大叉手的结构体系已经失去了进一步发展的潜力。这一问题本质为结构体系中大叉手和墙体高度之间的矛盾。无论大叉手的支撑构架是金柱模式或中—檐柱模式,侧推力和屋面荷载均会以不同形式影响整体结构的抗侧刚度(这种影响不仅限于横架,在纵架亦然,只是由于纵架中山墙的存在而并不显著罢了)。对进深的限制即反映为建筑平面上总开间大、进深小的特征。

虽然偃师宫殿木构柱的规划性不意味着其结构独立,但至少说明出现了有效的柱顶节点,另一方面在开间方向,虽然檐部木构因金柱承担主要重力荷载可以相对独立,但仍会面临水平作用下抗侧刚度的问题,而且会随着总开间的增加愈发显著(总开间越大,发生同样大小侧倾时上部荷载产生的总附加弯矩越大)。如果不想仅靠增加山墙厚度的办法提高抗侧刚度,只能走向发展榫卯节点,通过增加有抗弯性能的节点数的办法提高抗侧刚度,这就为榫卯进一步的发展提供了动力。

7.4 合纵——纵架和榫卯节点的第一次结合

可以推测,受限于夯土墙性能无法短期内大幅提高,会导致榫卯节点的相对快速发展和应用。在平面形态上,必然表现为构架柱列的规整化和单间开间、进深的增长。另一方面,虽然屋面斜梁(即大叉手)构架的瓦解实例晚于南北朝(举折意味着屋面斜梁一定是断开的),但大叉手的瓦解可能远早于此。除了结构上的原因,连续梁对构件长度的要求较高,在低等级建筑或大进深建筑中实现起来有难度。如果维持屋面坡度一致,但在有柱支撑的位置断开大叉手斜梁,则可以解决这一问题。此类实践是可能在某些建筑中被尝试使用的。本节即探讨榫卯节点对纵、横架和大叉手瓦解的影响。

7.4.1 重要案例

周代宫殿的遗址毁坏较多,但从少数残例如楚郢都三十号宫殿推测,可能这一时期木构开间已经达到 4～5.6 m 左右❶。此外辽宁战国 F3,陕西扶风县召陈村西周居住建筑遗址显示,部分大型建筑的柱间距已经有 4.5 m 左右❷(图 7-27,图 7-28),内金、中柱纵架不再使用夯土墙的事实说明纵架方向一定出现了具有一定转动刚度的节点(不论是否使用山墙承担了较大荷载的中柱和金柱,之间如果没有节点抗弯,则水平力在传导至山墙之前就局部破坏了),并呈按需自由配置的"移柱"趋势,木构的相对独立性应该较高。此外,铜器上的部分形象也可作为这种纵架形式的佐证❸(图 7-29)。

秦代的木构发展继续沿袭周代成就,咸阳宫就极有可能是一座建在土台上,看起来像二层建筑的大型土木混合建筑❹。在秦咸阳二号宫殿 F4 中已经出现了可能跨度接近 20 m 左右的巨型木构❺,使用了间距 1 m、组距 4 m 左右的多柱构架形式。这就极有可能是柱列构架不稳定而使用的加固方式(图 7-30)。

大约自西汉开始,木构架进深向对位成为常态。如未央宫四号遗址 F23,开间 46.1 m,进深 16.7 m,其东,北,西三面都有夯土台基,墙基顶部宽度达到 3～3.5 m,推测墙体本身至少 2 m 以上。根据残留柱洞推测,其开间距接近 7 m,并且山墙为砌体结构(草泥灰土坯砖墙)。

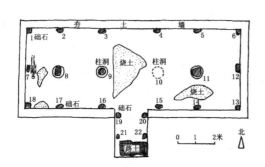

图 7-27 辽宁战国 F3 考古平面

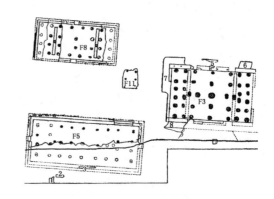

图 7-28 扶风西周中期建筑平面

图 7-29 周代宫殿中可能的纵架形象

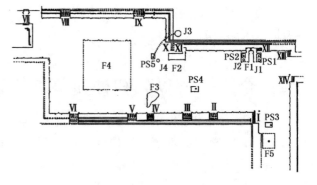

图 7-30 秦咸阳二号宫遗址平面

❶ 湖北省博物馆. 楚都纪南城的勘查与发掘(上)[J]. 考古学报,1982(3):325-354.
❷ 李恭笃. 辽宁凌源安杖子古城址发掘报告[J]. 考古学报,1996(2):199-241.
❸ 马承源. 漫谈战国青铜器上的画像[J]. 文物,1961(10):26-30.
❹ 杨鸿勋. 河姆渡遗址早期木构工艺考察[J]//杨鸿勋. 建筑考古学论文集[M]. 北京:文物出版社,1987:45.
❺ 秦都咸阳考古工作队. 秦咸阳宫第二号建筑遗址发掘简报[J]. 考古与文物,1986(4):9-18.

进深柱距 8 m 左右,有中柱❶(图 7-31)。在闽越王宫室 F1 中,还出现了多重构架沿进深组合的方式,其中跨度最大的为开间 37.4 m、进深 16.8 m 的大型组合建筑❷。

然而这段时期木构中的榫卯节点恐怕还比较薄弱,无论是战国铜器中以斗栱连接的纵架❸(图 7-32),或是可能对应中国南北朝末期的木构实物日本法隆寺金堂阑额入柱榫卯❹(图 7-33),都更接近于简单的搁置关系。

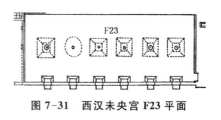

图 7-31　西汉未央宫 F23 平面

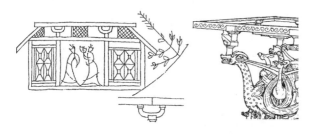

图 7-32　战国时期的斗栱节点

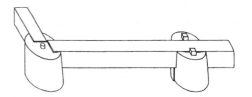

图 7-33　日本飞鸟时期建筑中的梁柱榫卯

7.4.2　分析模型

为了解榫卯技术和大叉手屋面结构可能对这一时期木构发展的影响,特别设计了以下五个模型:

模型 1,按照西周居住建筑遗址设定尺寸,开间 5.5 m,计算由山墙分割的当心两间开间方向共 11 m 木框架,屋面荷载按瓦屋面假设,榫卯节点按照二分之一半榫长和完全梁宽假设。

首先由横架的内力图(图 7-34)可知,檐柱的轴力小于金柱或中柱,但无论是有中柱的明间构架或者是无中柱的边跨构架,其内力均在 8~19 kN。从纵架内力图(图 7-35,图 7-36)可知,当构架承受标准水平荷载时,其檐柱位侧向变形高达 81 mm,金柱位高达 316 mm。这么显著的侧向变形如果实际出现,显然是难以接受的。(针对西周案例,此处的山墙可能为歇山屋顶构造早期作法,但也从一个侧面说明,以当时的技术,建造双向均为纯木构的歇山可能是不现实的。)金柱位置在水平荷载下的变形显著大于檐柱是由于没有取消大叉手,金柱柱顶荷载大,变形产生的附加弯矩和失稳变形大。

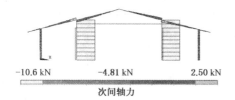

−10.6 kN　　−4.81 kN　　2.50 kN

次间轴力

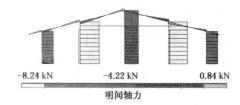

−8.24 kN　　−4.22 kN　　0.84 kN

明间轴力

图 7-34　模型 1 内力分析图

❶ 刘庆柱,李毓芳,张连喜,等.汉长安城未央宫第四号建筑遗址发掘简报[J].考古,1993(1):1002-1014.
❷ 福建省博物馆.崇安城村汉城探掘简报[J].文物,1985(11):40.
❸ 山东省博物馆.临淄郎家庄一号东周殉人墓[J].考古学报,1977(1):73-122.
❹ 日本木构建筑保护研究内部资料:80.

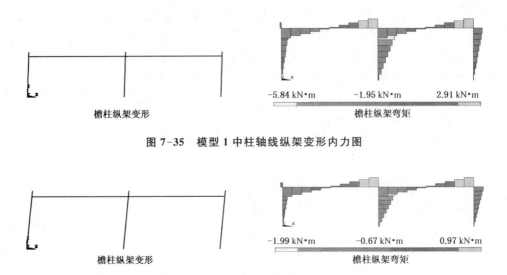

图 7-35　模型 1 中柱轴线纵架变形内力图

图 7-36　模型 1 边柱轴线纵架变形内力图

模型 2,按照秦代咸阳 F4 遗址计算,柱组距 4 m,组内柱距 1 m,共计算 4 开间共 20 m 木框架,这一模型主要分析可能出现过的柱组作法对构架侧向刚度的影响。屋面荷载按瓦屋面假设,榫卯节点按上述假设计算。计算结果显示(图 7-37),在标准水平荷载下的柱顶变形只有 28 mm,大大小于上述模型 1。由于荷载造成的弯矩可以被合理的传递分配到各个开间上去,其最大的节点弯矩仅为极限值的 10%。双柱作法对木构架抗侧刚度最大的贡献就在于通过增加半榫节点数量而较为平均的分担柱头弯矩。在这种情况下,是有可能搭建稳固的纯木构架的(由于该时期节点技术不明,上述结论仅在与周代木构比较情况下才有意义)。

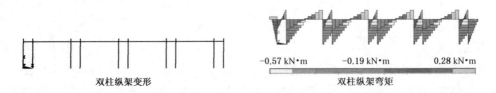

图 7-37　模型 2 纵架变形内力图

从上述模型分析结果看出,由于节点技术的限制,加上金柱(中)位置较大的屋面集中荷载,这一时期木构纵架侧向刚度较低。在实际建筑中可能有两种行之有效的方法,一种是在山墙和一侧开间方向设厚夯土墙,增加抗侧刚度;另外一种是通过增加开间的数量或使用柱组等方式增加榫卯节点数量和有效拉接,提高抗侧刚度的作法。此外,由于木构架自身抗侧刚度低,往往使用直径非常大(0.5 m 左右)的巨柱。

模型 3,按照西汉未央宫的遗址模型计算,进深柱距 8 m,共计算一开间,屋面荷载按瓦屋面假设,榫卯节点按照前述假设,檐高假定 4.5 m,屋面坡度 1:4,出檐 1.5 m,并假定有中柱柱直接承屋脊。分别按照有靠背山墙和无靠背山墙假设计算。

模型 3 在重力荷载下稳定,但中、檐柱位的荷载都极大,中柱达到 40 kN,而檐柱也有近 30 kN,巨大的屋面荷载导致其使用了柱径接近 1 m 的巨柱(图 7-38)。但即便是如此巨大的结构柱,在没有墙体辅助支撑的情况下,20% 标准水平荷载作用即会导致水平变形达到约

90 mm。榫卯节点在 50% 极限抗弯能力时就发生了构架失稳破坏(图 7-39)。此时唯一的解决方案是增设夯土墙。在厚至少 3 m 以上的墙体辅助下,其变形只有 20 mm。虽然墙底弯矩高达 27.4 kN·m.剪力达到 6 kN。但如果按现代毛石砌体的一半强度验算,这大概是其极限荷载的 25% 左右(图 7-40)。

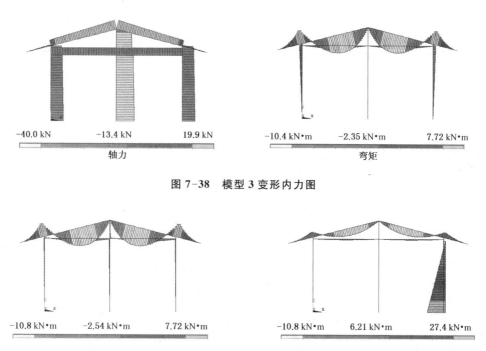

| −40.0 kN | −13.4 kN | 19.9 kN |
| 轴力 | | |

| −10.4 kN·m | −2.35 kN·m | 7.72 kN·m |
| 弯矩 | | |

图 7-38　模型 3 变形内力图

| −10.8 kN·m | −2.54 kN·m | 7.72 kN·m |

| −10.8 kN·m | 6.21 kN·m | 27.4 kN·m |

图 7-39　模型 3 侧力变形内力图　　　　**图 7-40　模型 3 有墙内力图**

　　模型 4,分析西汉未央宫遗址纵架。柱距 7 m,共计算 7 开间,屋面荷载按瓦屋面假设,榫卯节点同上述假设计算,并分别按照有山墙和无山墙假设计算。其计算结果类似于模型 3(图 7-41),在没有墙体辅助支撑的情况下,仅能承担约 8% 的标准水平荷载,在最大水平位移44 mm 时就失稳破坏。榫卯节点承担的弯矩仅为其极限弯矩的 10%。在厚至 3 m 以上的墙体辅助下,其变形只有 0.2 mm,但墙底弯矩高达 13 kN·m.如果按现代毛石砌体的一半强度验算,这大概是其极限荷载的 3% 左右,而榫卯节点尚未达到极限,承担了约 0.5 kN·m 的弯矩。

| −0.36 kN·m | 0.13 kN·m | 0.77 kN·m |
| 无山墙弯矩 | | |

| −3.0 kN·m | 4.3 kN·m | 13.4 kN·m |
| 有山墙弯矩 | | |

图 7-41　模型 4 内力图

　　模型 5,考虑到上述建筑巨大的进深跨度,特假设不采甲大叉手结构,而是使用类似后期椽子作法的分段斜梁的模型 5,其屋面的弯矩除檐柱位置外,其余均大幅减少,大约只有连续大斜梁的 20% 左右,同时柱轴力更加平均(图 7-42)。柱头荷载的减少可以使纵、横架更充分的发挥榫卯节点的抗弯能力,获得更好的抗侧刚度。

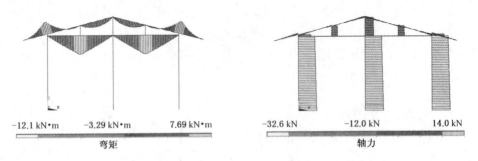

图 7-42　模型 5 内力图（模型 4 取消大叉手变为模型 5）

7.4.3　小结和讨论

从上述案例分析结果看出，整体上，从周后期到西汉的木构架依靠榫卯节点的发展，出现了土木分离的趋势，其结构机制是通过榫卯节点提供转动刚度抵抗侧推力。但受到大叉手结构的影响和榫卯工艺的制约，导致至少在大规模的建筑中，由于构件失稳和榫卯节点刚度差的双重影响，榫卯刚度充分发挥前，构架容易失稳，必须在开间和进深两个方向均辅以厚墙。同时榫卯节点未达极限，构架就失稳破坏的问题说明，这时主要的结构矛盾已经不再是榫卯节点技术的问题，而是构架的不利条件反过来制约了节点性能的发挥。

大叉手和榫卯节点间的矛盾凸显。虽然没有实物证据（中柱和支撑挑檐的擎檐柱等可作为间接证据），但大叉手的连续梁作法可能在这一时期甚至更早就逐步瓦解，形成更接近椽子的多跨简支梁结构。从结构力学角度看，大叉手结构的分解就其自身而言各有利弊，将连续的大叉手分解为椽，即是从连续梁变为多跨简支梁，单跨的跨中弯矩会增加，这就会要求增加构件的截面尺寸或增加支撑点，减小跨度。优点则是减少某些位置的应力集中，减少屋顶附加弯矩的影响。从西方的木屋架发展规律看，分解的斜梁尚有可能发展为桁架，但是三角形屋面的巨大侧推力，会对节点强度和抗侧结构提出很高的要求，对于需要开间方向通透，并已经习惯用榫卯作为连接形式的的中国传统木构，以当时的技术条件，是几乎不可能在三角桁架屋面和木构架之间找到平衡的，放弃大叉手形式是必然的选择。而在解决这一问题前，为了解决屋面荷载大的负面效应，应该出现过多种尝试，例如闽越王宫室中在横架方向就可能出现了类似秦代的柱组作法，即两柱间距小为一组，柱组间距大的作法❶，该作法在模型 2 中已经被证明可以增加木构架的稳定性和抗侧刚度，加之开间较小（约 5 m），其墙体就只有约 40 cm。

一旦大叉手瓦解，则支撑大叉手的屋身构架必然在三个新的方面产生变化。首先，必须增加屋盖斜梁新的支撑点，如果不增设落地柱，就需发展抬梁或穿斗构架和蜀柱（叉手、托脚）；其次，在檐柱位置，退化的斜梁后尾压置长度不足容易倾覆，必然需求在类似撩檐枋位置的支撑，这就会促使上述金柱间水平构件出头或发展插栱一类斜撑构件。本质上是横架的局部发展。第三，檐柱承荷增加后，纵架抗侧刚度和转动刚度，节点局部承压的需求大增，会出现对组合构架的需求。

❶　福建省博物馆.崇安城村汉城探掘简报[J].文物,1985(11):40-42.

7.5　层叠与合纵连横——不仅是纵架的大发展

上节分析已经指出了大型建筑中大叉手结构瓦解的必然。虽然实物证据如举折等可能在南北朝后期才出现，但在此之前必然需经过一段技术积累期。可能早在东汉甚至之前很久，就已经出现了这一改变。部分明器资料，如旅顺南山里东汉墓陶屋，四川合浦西汉墓铜屋均可作为间接证据❶。这种改变同时影响了纵、横架的结构受力机制，本节即探讨这一改变对屋盖和屋身木构框架的结构影响。

7.5.1　重要案例

在木构独立的过程中，始终存在着一个大叉手和墙体连接处的绑扎节点向榫卯节点的转化问题。大叉手作为一种斜向构件，不落地时必须和垂直的墙体连接才能传递侧推力。这样就存在两种可能，一种是和柱的上端绑扎或榫接(穿斗特性)，另外一种是在柱上放置一根沿开间向的水平构件，大叉手和水平构件绑扎，水平构件再和柱通过榫卯或者绑扎连接，前者大叉手必须和柱对位，灵活性较差。后者则大叉手可以出现在相对于柱的任意位置。无论哪种方式，都要求柱顶出现不仅具备垫块功能，还能开卯口，具备限制檩条类构件滚动可能的构件。在周代就出现的斗栱陶土模型斗构件很好地体现了上述特征❷(图7-43)。

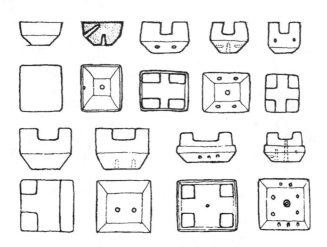

图7-43　东周陶土斗栱

大叉手和柱头连接以斗栱和水平檩条作为衔接的构造方式，还进一步催生了横栱发展的可能。由于水平构件(相当于檩条)在重力作用下受弯，就产生了在大斗上增加替木辅助支撑檩条的形式并进而形成了以横栱为主要发展方向的斗栱(见图7-32，图7-44)和用斗栱支撑的纵架❸❹(图7-45)。

❶　杨鸿勋.中国古典建筑凹曲面发生与发展问题探讨[J]//杨鸿勋.建筑考古学论文集[M].北京:文物出版社,1987:269.

❷　陈应祺,李士莲.战国中山国建筑用陶斗浅析[J].文物,1989(11):79-82.

❸　刘叙杰.中国古代建筑史(第一卷):原始社会、夏、商、周、秦、汉建筑[M].北京:中国建筑工业出版社,2003:484.

❹　四川省博物馆.四川新都县发现一批画像砖[J].文物,1980(2):56-58.

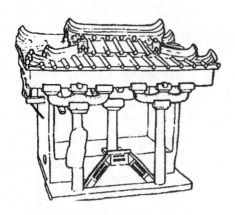

图 7-44　东汉以横栱为主的斗栱

图 7-45　东汉四川新都武库斗栱支撑的纵架

此外,由木构独立作为支撑结构的建筑纵架必然对木构件提出更高的强度、稳定、变形各方面要求。当单一水平构件截面尺寸不足时,必然会导致两层以上方木形成组合梁架的实践❶(图 7-46)。除了简单增加层数外,增加两层之间的支撑点数量也成为一种可能❷,即补间的发展(图 7-47)。

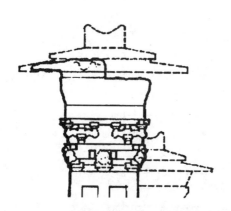

图 7-46　汉石阙中的斗栱叠合纵架

图 7-47　北魏有补间的纵架

然而,这种仅仅建立在叠合基础上的纵架由于节点转动刚度低而导致整体构架的抗侧刚度也很低。前节模型 3 到 5 的分析结果指出,这种纵架无法在不靠夯土墙支撑的情况下承担较大的水平风荷载。并且由于每个开间的节点强度太低,依靠开间数增加累积的刚度也很不明显。汉至三国时期,大型木构一直需要依靠夯土墙辅助。例如《魏都赋》中描写的邺都文昌殿"瓌材巨世,堦墀参差,枌橑複结,欒櫨疊施",景福殿"墉垣硔基,其光昭昭。周制白盛今也惟缘。落带金釭,此焉二等",这些文献都说明汉末三国时期的大型殿宇还是土木结合。然而,来自横架中一个新问题的解决反过来促成了结构构造和受力机制的变化。

这个新问题就是檐部的斜椽失稳问题。当大叉手解体后,不但主要承荷柱从金柱变为檐部,还出现了檐部斜椽可能的失稳和破坏问题,一旦屋面挑檐超过一椽档的长度檐椽就会倾

❶　陈明达. 汉代的石阙[J]. 文物,1961(12):11-17.
❷　傅熹年.中国古代建筑史(第二卷):三国、两晋、南北朝、隋唐、五代建筑[M]. 北京:中国建筑工业出版社,2001:140.

覆;又由于挑檐产生的弯矩为一般简支的 4 倍,还有很高的构件受力破坏的可能。唯有从横架中新衍生出挑檐构件,才能使得支点外移并减少倾覆、破坏危险(图 7-48)。在汉代的画像砖和石阙中,就可以发现这种从外墙挑出的挑檐构造❶(图 7-49,图 7-50)。这种最终发展为双向斗栱的构件同时解决了纵横架的问题。

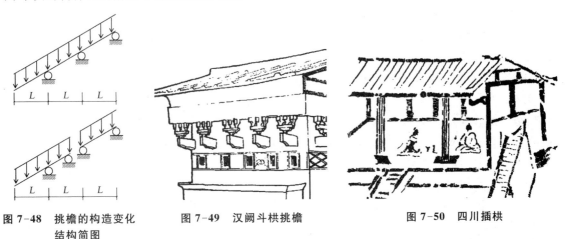

图 7-48　挑檐的构造变化　　　图 7-49　汉阙斗栱挑檐　　　　图 7-50　四川插栱
　　　　　结构简图

当屋面挑檐较大时,从撩檐枋传来的荷载也较大,需要使用层叠组合华栱的方式增加组合截面抗弯抗剪。这就出现了两种选择,第一种是增加横栱的层叠数❷(图 7-51),一种是增加华栱层叠数❸(图 7-52)。相对而言,后者的组合截面大,是从西汉至南北朝的主力发展方向。那么如果梁柱节点的转动刚度如此重要,为何不使用节点刚度和极限弯矩更大的直榫来连接斗栱和柱呢? 这就引出了斗栱和插栱的选择问题。

图 7-51　增加横栱方式的斗栱

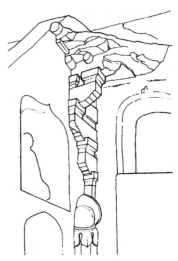

图 7-52　北凉石窟中多跳华栱的斗栱

❶　刘叙杰.中国古代建筑史(第一卷):原始社会、夏、商、周、秦、汉建筑[M].北京:中国建筑工业出版社,2003:532.

❷❸　傅熹年.中国古代建筑史(第二卷):三国、两晋、南北朝、隋唐、五代建筑[M].北京:中国建筑工业出版社,2001:235,221.

如果插栱不穿透柱,则由于榫头长度不足,其极限弯矩和刚度均会减弱至穿透柱的直榫作法的约25%。而如果插栱穿透柱,则会出现两难的结构选择。选择不由插栱底部和柱承担屋面弯矩,则必须保证最下层的华栱穿过檐柱并至少和金柱连接才能使得内外弯矩基本平衡(无论插、斗栱,弯矩和剪力均会传递至最下层)。这就把室内空间的高度限定在最下层华栱以下会带来严重的结构问题。由前述榫卯节点实验数据可知,双向交叉的十字箍头榫虽然刚度很大,但是由于卯口截面的严重削弱,其抗弯极限最多只有单向榫的50%~60%。对于插栱(即华栱入柱),一旦出现纵横架在同一水平向相交的情况,就会发生从强度极大的直榫向十字箍头榫的衰变。而卯口破坏会直接导致构架中最基础的柱劈裂破坏。在高等级建筑中,这一问题还会随着出檐尺寸的增长而越发显著。相对而言,斗栱和金柱的连接构件则可以出现在从底层到顶层华栱的各个对应位置(从保证室内空间高度的角度看,自然是将联系横架中联系各柱顶的梁外挑最为合理,见图7-53)[1]。斗栱不但可以将纵横架交接位置设在柱顶,而且可以通过增加大斗尺寸,用刚度较弱的馒头榫连接斗栱和柱的方式缓解这一问题。这种构造和结构上的差异使得大型建筑中,可能导致遵循斗栱路径发展的节点增加。

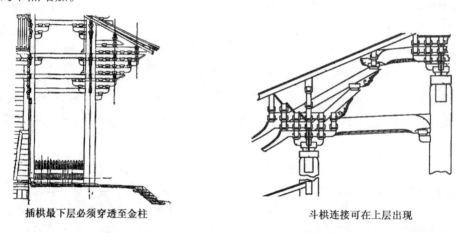

插栱最下层必须穿透至金柱　　　　　　　斗栱连接可在上层出现

图7-53　插、斗栱对室内空间高度的影响差异

这种以"把头绞项作"为基础,逐渐形成以十字卡口榫的斗栱的附加成果,就是双向咬合的斗栱节点转动刚度大幅度提高,其差异在第4章的试验结果中已经非常明显。虽然横栱向刚度仍然远不如华栱向,但却比简单层叠构造的横栱向斗栱节点抗弯性能显著提高。而这又反过来促进了纵架的发展。南北朝时期五类构架向着用栿连接柱顶的方向演化[2](图7-54)其实不过是汉代就已经出现的各种纵架连接方式(图7-55)的延伸[3]。这些节点转动刚度的提高必然可以提高木构架的抗侧刚度,并提高木构的独立性。到南北朝时期,据记载已经出现了可能为纯木构的大型建筑,如荷坚伐东晋时,桓冲为荆州牧,进翼法师建守,"大殿一十三间,惟两行柱通梁长五十五尺,栾栌重叠,国中京冠"。而南朝末期,甚至可以建造达到九层甚至之上的木塔。诸多文献中的记载均说明,在南北朝时期,以纵横交错的柱头斗栱为契机,木构的独立性

[1]　建筑学参考图刊行委员会.日本建筑史参考图集[M].建筑学会,昭和七年:33,34.

[2]　傅熹年.中国古代建筑史(第二卷):三国、两晋、南北朝、隋唐、五代建筑[M].北京:中国建筑工业出版社,2001:288.

[3]　王克林.北齐库狄迴洛墓[J].考古学报,1979(3):377-414.

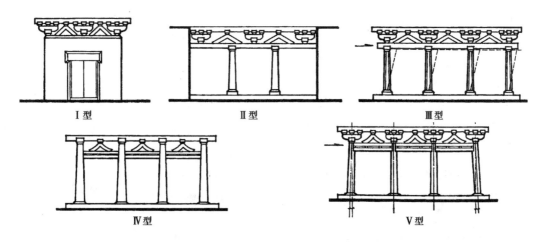

图 7-54 南北朝时期的五类构架

大大增强了。可惜的是南北朝时期由于战乱频发,除石窟和壁画外几乎没有木构形象残留,而石窟和壁画中的形象主要局限于建筑檐部,很难对内部构架有所认知,所幸日本的法隆寺金堂和中国山西寿阳北齐库狄回洛墓的木椁(图7-56)能够表现木构较多,可以作为研究的佐证。

据研究,北齐木椁的平面为 3.82 m×3.08 m,已经不再是汉代常见的细长比例。由柱的构件和卯口可知其模仿的是一三开间,进深三间的木构,并可一定程度上推测外檐柱网。如假设檐柱高度 3 m,则可知其对应实物建筑尺寸约为 11 m×9 m。从斗栱的卯口和北齐石窟斗栱推测,这时已经出现了纵横交错的柱头斗栱,并具备了双向斗栱的基本特征(可参考日本飞鸟时期法隆寺)。

图 7-55 山东汉画像砖中,出现了纵架水平连接在柱顶

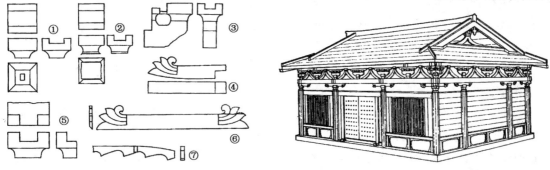

图 7-56 北齐木椁残存构件和复原想象,其中半栱可能是出挑的华栱

7.5.2 分析模型

为了解斗栱纵架发展对木构独立的影响,设定如下的模型分析。

模型1,研究组合梁架与非组合梁架的区别。该模型以两个方木组成的组合梁和单一方木进行比较,跨度均为 7 m。组合梁总高 0.5 m,单一方木高 0.2 m,斗栱间距 2 m,了解其在最大剪力、弯矩、变形各方面差异。

计算结果显示(图7-57),组合梁最大跨中变形为7 mm,最大弯矩约为4.15 kN·m,位置不居中。在斗栱和方木的连接处,最大剪力约12.2 kN。单一梁的跨中变形105 mm,最大剪力9.84 kN,最大弯矩15.8 kN·m。显然组合梁架的应用大大减少了构件的内力和变形。其中弯矩约缩减至25%,变形仅有7%左右。然而这种组合梁架仅仅是提高了构件自身的刚度,经试算,前节模型4采用组合梁后,纵架水平承载力仅从标准荷载的5%提高到8%。构架整体抗侧刚度的提高仍有赖于节点强度的提高。

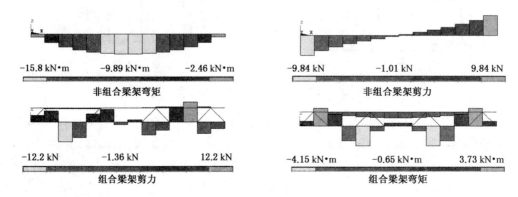

-15.8 kN·m　　-9.89 kN·m　　-2.46 kN·m
非组合梁架弯矩

-9.84 kN　　-1.01 kN　　9.84 kN
非组合梁架剪力

-12.2 kN　　-1.36 kN　　12.2 kN
组合梁架剪力

-4.15 kN·m　　-0.65 kN·m　　3.73 kN·m
组合梁架弯矩

图7-57　模型1组合梁内力图

模型2,研究进深方向构架。按北齐木椁,假设为四柱模式,参考日本法隆寺金堂,四柱柱顶通高3 m,以高0.5 m的斗栱连接(根据唐之后斗栱演化规律,斗栱呈渐小的变化趋势,汉代缺少实物资料,从日本早期木构实物如相当于南北朝时期的法隆寺金堂看,其斗栱和柱高比例约为1∶4。汉代绘画中既有接近此比例的,也有大约达到1∶2的,暂按较为保守的0.5 m分析计算),柱径假设为500 mm,材份为200 mm,斗栱按四铺作的80%假设。并假设横架方向柱头没有连接(从法隆寺金堂看,其外围木构柱头是有阑额连接的,但是沿进深横架,直至我国唐代实物如南禅寺和佛光寺大殿,都没有柱头联系构件)。开间距为3.5 m,4 m,3.5 m,进深为2 m,5 m,2 m,出檐1 m蜀柱架在斗栱上,并形成榫卯连接的框架。屋架为无举折、无大叉手的作法,并且不使用任何夯土墙体。

模型3,研究开间方向框架。按北齐木椁,开间为3.5 m,4 m,3.5 m,四柱,檐柱柱头又由阑额连接。无任何墙体。

模型2计算结果显示(图7-58),和南北朝之前,例如未央宫的计算模型比较,由于连接节点数目增加,节点转动刚度增长,梁跨度减少等多种原因,虽然进深总跨度从8 m增加到9 m,但这时的木构在进深方向已经可以独立承担标准水平荷载了,并且产生的最大水平位移只有84 mm左右,弯矩和剪力图显示构架整体内力分布较为均匀,其中大斗底部承担了最主要的结构内部弯矩约为3.26 kN·m。虽然此时的结构可能仍需要墙体辅助支撑。但已经不是结构稳定或是承力的必需品了,只具备增加构架抗侧刚度,减少变形的作用。

模型3的计算结果与模型1类似,结构最大变形45 mm,木构可独立承担最大标准水平荷载。内部弯矩和剪力较为均匀,且均小于横架,已经可能脱离辅助的夯土墙存在(图7-59)。

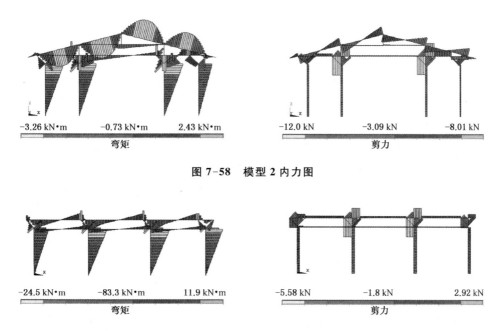

图 7-58 模型 2 内力图

图 7-59 模型 3 内力图

7.5.3 总结和讨论

从上述计算分析结果可以看出,由于屋面荷载位置由金柱变为金、檐柱,导致檐部出现了组合构架和斗栱节点。为解决大叉手分解后造成的出檐倾覆问题而出现的纵横交错的斗栱,不但具备了更好地承担重力荷载的效果,也带来了节点转动刚度的显著提高。另一方面,这也导致了抬梁或穿斗式构架的兴起。这一时期的木构已经可能脱离厚重的夯土墙独立存在。斗栱在提高节点刚度的同时,还带来了降低柱高度的增益。在计算分析外,还有不少尚未考虑的有利因素,例如根据北齐木椁和日本法隆寺金堂榫卯分解图可知,其阑额为通长构件,即部分柱的连接榫卯可以按照透榫甚至更强考虑;又如从大斗梁出头可知,这时已经在柱头和转角铺作出现了简单的十字交叉榫卯,根据前述的斗栱试验可知,这能大大加强斗栱的转角刚度。至此,坡屋面侧推力和构架抗侧刚度问题基本解决。纵架更是可简单通过增加开间数就显著提高抗弯节点的数量并提高抗侧刚度,故之后的研究将主要围绕横架屋面以下构架和相关节点展开。

然而这种围绕斗栱发展的构架,并不能抑制通过梁柱榫卯来解决抗侧刚度的探索。本质上来说,任何能够提高横架方向节点转动刚度的方法都是可行的。只是由于斗栱能同时满足利用小截面材料组合,承担撩檐枋荷载,提高节点转动刚度三方面的要求,并附带的极强装饰性,才使得高等级建筑倾向于使用这一作法。通过尾端入金柱的办法保持节点弯矩平衡,这即是殿阁和厅堂造的区分;在没有明显出檐问题的低等级建筑中,完全不依赖斗栱,在纵架方向使用组合梁架,在横架方向继续探索提高榫卯节点转动刚度的可能性仍然存在。铺作造和梁柱造的歧路也许就此展开。

7.6　柱头花开——横架中斗栱的发展

　　斗栱的发展带来的牢固木结构框架优势随后必然引发一系列围绕斗栱的演化,但其出发点可能并非出于增加构架抗侧刚度的考虑,而是各种因素的合力。

　　例如屋面出檐增加导致撩檐枋承荷增多后,可使用多层木枋抵抗重力荷载。纵架刚度增加后,单跨增加,为了增加必要的支撑点,要发展原本仅类似桁架斜腹杆的补间铺作。最终表现为外檐越来越发达的斗栱和斗栱成层的现象,这种结构不但可以满足承担重力荷载的作用,也同时加强了构架的抗侧刚度。补间铺作部分承担屋面荷载使得原本集中在柱头斗栱顶部的荷载减少,缓解了高位荷载带来的结构失稳问题。这一系列的发展,导致了唐宋期间柱头斗栱在出跳数、形式、形制上的大发展。

　　另一方面,在内檐部位,虽无外檐部分迫切的受力需求,但如果也使用等级类似檐部的斗栱和补间(即发展内檐斗栱和攀间),则不但能提高内檐构架的纵、横向刚度,还能获得整齐划一的内部空间高度和形态,自然较容易被高等级建筑接纳。而斗栱后尾入柱的厅堂作法,不但需要在技术上发展和双向斗栱有接近刚度的榫卯节点,还要克服金柱较高、重力荷载附加弯矩大、内部空间形态不统一等各类问题。

　　然而斗栱自身的发展是有极限的。第4章的研究指出,斗栱的材份对于其节点转动刚度有着举足轻重的影响,而斗栱的一个重要出发点则是使用小料拼接成大截面。那么斗栱的结构极限又在哪呢?

7.6.1　重要案例

　　这一时期建筑进深的加大,总体比例与汉代狭长的形态有明显区别。地面的规则柱网,说明其木构架在纵横两类构架方向均有发展,并形成了交叉柱网和空间结构。在唐代的绘画中,也可以大量发现纯木构建筑的形象,并可以较为明显地看出从隋代不发达的柱头斗栱加人字补间[1](图7-60,图7-61),唐初发达的层叠纵架[2](图7-62),到中唐发达的柱头斗栱[3](图7-63),再到盛唐发达的柱头和稍逊一等的补间[4](图7-64)演化过程。实例中的南禅寺(图7-65)和佛光寺(图7-66)也可作为重要的佐证。从这些建筑实例可以发现,不仅在外檐,而是所有柱头斗栱都在形制上趋同,已经形成了宋《营造法式》中的殿阁造。唐代建筑规模虽然有所增加并出现了一些规模较大的建筑如长安大明宫等,面阔十一间,进深四间。

图7-60　唐壁画中简易斗栱

　　[1][2][3]　敦煌研究院.敦煌石窟全集(21):建筑画卷[M].香港:商务印书馆有限公司,2001:48,85,88.
　　[4]　傅熹年.中国古代建筑史(第二卷):三国、两晋、南北朝、隋唐、五代建筑[M].北京:中国建筑工业出版社,2001:358.

四周一圈进深一间回廊,东西 67.33 m,南北 29,2 m❶;含元殿面阔 63 m,进 22 m,但进深很大的建筑如含元殿仍然沿用类似汉代未央宫的后檐墙和山墙作法❷。

图 7-61　隋壁画中人字补间斗栱

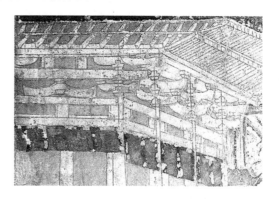

图 7-62　唐壁画中的柱头和补间斗栱

图 7-63　唐壁画阁中的檐下和层间斗栱

图 7-64　唐盛期的发达斗栱

图 7-65　唐南禅寺低等级斗栱

图 7-66　唐佛光寺发达的柱头和补间斗栱

然而,唐代的补间铺作尚不够发达,实物中最为健硕的补间铺作——佛光寺大殿的补间铺

❶❷　傅熹年.中国古代建筑史(第二卷):三国、两晋、南北朝、隋唐、五代建筑[M].北京:中国建筑工业出版社,2001:380,381.

作在出跳数上逊于柱头铺作,其支撑点为承荷不大的牛脊槫,且底部缺少大斗嵌固,本质上只是两攒柱头斗栱联系木枋之间出跳支撑出檐的部分。对构架抗侧刚度的贡献相当有限,但即便如此,比起北齐木椁或日本法隆寺中单独的出跳数很少的柱头铺作,唐代的斗栱已极为发达。此外,对于柱头联系构件中出现的榫卯,也比早期进步不少,例如最重要的拉接水平构件阑额端头榫卯的长度已经达到半柱径(虽然文字记载是在宋《营造法式》中才出现,但考察日本相当于唐时期的大和式建筑,已经普遍具有柱半径长的梁端榫卯,不少还使用了比较精致的螳螂榫组合方法❶,图7-67)。

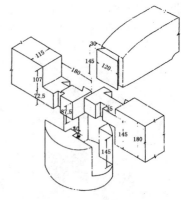

图7-67　日本大和式中的柱头榫卯

7.6.2　分析模型

为了研究斗栱的发展,尤其是殿阁造铺作层对这一时期构架的影响,参照南禅寺和佛光寺的斗栱构造,并参考含元殿的尺度,研究如下的结构模型。

模型1:是北齐木椁模型和南禅寺大殿综合版,尺度按照北齐木椁,但斗栱按照南禅寺大殿的双跳柱头和蜀柱形态假设(实为驼峰),斗栱高度和柱高比例调整为1:3,檐高不变,材高15 cm,研究进深方向的构架抗侧刚度(为了简化计算模型,将弯矩较小,同时对梁柱刚度贡献较小的屋面略去,直接转化为作用在斗栱上的竖直荷载,后续模型同此,不再赘述)。

模型2:模型同上。研究开间方向。

模型3:北齐木椁模型和佛光寺大殿综合版,尺度按照北齐木椁,但斗栱按照佛光寺大殿的双抄七铺作斗栱柱头假设,对于无大斗约束的补间铺作,没有任何试验数据支撑,故暂不计入计算假设内,斗栱高度和柱高比例调整为1:2,檐高不变,材高15 cm。研究进深方向。

模型4:模型同上。研究开间方向,但考虑补间铺作的支撑作用。

模型5:按照含元殿平面假设计算,铺作为七铺作,补间为蜀柱形态,斗栱高度和柱高比例1:2,将重檐简化为单檐(屋面荷载1.2倍),檐高5 m,材高30 cm分析。研究进深方向。

模型1计算结果显示,按照唐初常见的斗栱作法假设,在标准水平荷载作用下,木构架横架的最大水平位移仅约34 mm,这大约是南北朝时期的40%。虽然不能断言这时的木构架不再需要夯土墙(实际到唐中叶,仍然可以在建筑遗存中较为普遍的发现夯土围合墙的痕迹),但是其抗侧刚度大幅增加是不争的事实。内力弯矩图(图7-68)显示,斗栱的节点弯矩大约是其

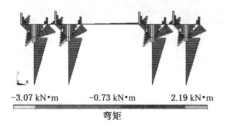

−3.07 kN·m　　　−0.73 kN·m　　　2.19 kN·m

弯矩

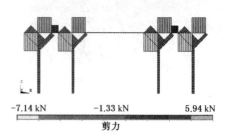

−7.14 kN　　　−1.33 kN　　　5.94 kN

剪力

图7-68　模型1内力图

---

❶　日本木构建筑保护研究内部资料:88.

极限弯矩的三分之二左右,而由斗栱的半刚性曲线可知,这一阶段也是其转动刚度最大的范围。

模型2计算结果显示,在标准水平荷载作用下,木构架横架的最大水平位移约22 mm。纵架位移远小于横架,只有其65%左右。虽然斗栱横栱向刚度要弱于华栱向,但得益于柱头阑额两端榫卯连接使其变形更小。内力弯矩图(图7-69)显示,斗栱节点仅发挥了其转动刚度的10%不到,其余的构架内弯矩由阑额承担。

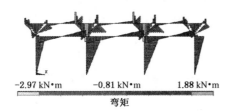 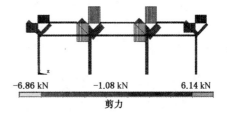

| −2.97 kN·m | −0.81 kN·m | 1.88 kN·m | | −6.86 kN | −1.08 kN | 6.14 kN |

弯矩　　　　　　　　　　　　　剪力

图7-69　模型2内力图

模型3的计算结果显示,按照唐中叶佛光寺的斗栱作法假设,在标准水平荷载作用下,木构架横架最大水平位移约20 mm,这大约是唐初期的60%。侧向刚度的提高有两个主要来源,第一就是斗栱跳数增加带来的转动刚度增益,第二就是由于柱头斗栱尺度增长导致的柱高降低。内力图(图7-70)显示,斗栱节点承担的弯矩仅略微减少,但结构侧向变形却有较大的降低。

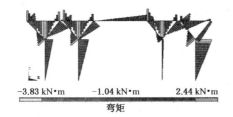 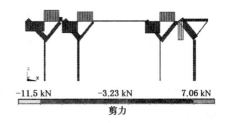

| −3.83 kN·m | −1.04 kN·m | 2.44 kN·m | | −11.5 kN | −3.23 kN | 7.06 kN |

弯矩　　　　　　　　　　　　　剪力

图7-70　模型3内力图

模型4的最大变形仅15 mm,侧向变形进一步缩小。内力弯矩图(图7-71)表明,纵架中的阑额分担了少量的斗栱节点弯矩是构架刚度进一步提升的主因。

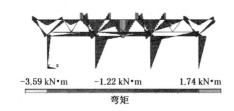 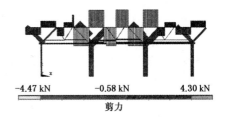

| −3.59 kN·m | −1.22 kN·m | 1.74 kN·m | | −4.47 kN | −0.58 kN | 4.30 kN |

弯矩　　　　　　　　　　　　　剪力

图7-71　模型4内力图

模型5的研究分为三步,分别假设没有夯土墙,完全木构;有夯土墙,但仅支撑到斗栱大斗以下和按含元殿遗迹所显示的通高墙体,以大致推测这一时期木构的技术极限,帮助理解含元殿结构问题。首先完全木构的含元殿虽能通过计算验证,在标准水平荷载下其水平变形达到110 mm。以唐代的木构技术可能尚难以解决如此大跨度的纯木建筑建造问题。第二步木构结合夯土墙计算结果显示,该结构可以承担标准水平荷载,最大柱头变形仅 7 mm,构架变形后的内弯矩主要由夯土墙承担,斗栱底部仅有约 1 kN·m 的弯矩.虽然夯土墙底的弯矩高达 26 kN·m,但仅为按现代规范中最差的毛石砌体极限强度的 14%,这一比率甚至低于汉代类似建筑夯土墙底的极限比例,以当时的技术是有可能实现的,但这一作法仍然会由于斗栱自身旋转而产生一定的变形.第三步最大水平变形仅有 0.5 mm,构架内弯矩完全由夯土墙承担,墙底高达 36 kN·m,但也仅为按现代规范中最差的毛石砌体极限强度的 25%.这一解析结果较好的回答了一直以来关于含元殿使用夯土墙的疑问❶(图 7-72).说明,不能简单孤立的将一种作法和某一时代特征联系,例如不能简单地将夯土墙作法认为是早期特征,而是需要将其和具体的建筑结构、空间、节点构造综合考虑.

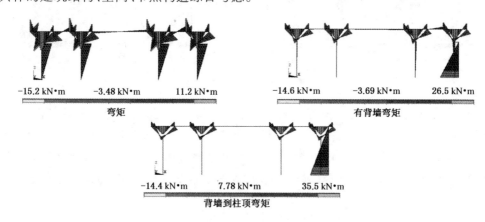

图 7-72   模型 5 内力图

7.6.3   小结和讨论

上述的模型分析指出,唐代木构由于较大的斗栱用材和双向层叠数的增加,使其节点抗弯性能显著提高,并使得构架稳定性和抗侧刚度增加.此外,硕大的斗栱明显降低了柱的高度并缩短了梁栿的跨度,从而带来了屋面荷载附加弯矩显著减少的巨大优势.伴随补间铺作的加强,即使在材份相等的情况下,也可以进一步提高纵、横架的抗侧刚度.

含元殿分析模型说明,这种斗栱的加强效应有其极限,尤其是在对跨度要求较高的横架方向.究其原因,正如之前试验数据指出的,出跳层叠数的增加对斗栱的转动刚度贡献有限.通过增加材份等级虽然也能有效提高斗栱节点转动刚度,但对木材的消耗极大,有时甚至是力不能及的.

要解决这一问题,必须根本上改变增加材份提高斗栱抗侧刚度的方式.在不引入新的榫卯技术前提下,只有大概两种可能.一种是如纵架阑额一般,在横架柱头增加类似随梁枋的柱头联系构件.但这种方式正如之前的分析指出,容易破坏整齐划一的内部空间.另一方式即增加非柱头位置的"柱头斗栱",补间斗栱这一时期虽已能分担重力荷载,但尚未有效提供节点转动刚度.继续发展补间斗栱是可能对结构变形有帮助的.而宋代殿阁造木构的改进,主要也是沿这一方向进展.

---

❶   傅熹年.中国古代建筑史(第二卷):三国、两晋、南北朝、隋唐、五代建筑[M].北京:中国建筑工业出版社,2001:654 提出了为何 22 m 进深含元殿只需 1.2 m 墙体的问题.

7.7 盛极而衰——铺作层的兴盛和衰败

上节分析指出,在唐代构架的基础上继续提高构架抗侧刚度的一条重要手段就是继续提高补间斗栱的节点转动刚度并加强和柱头斗栱的联系。补间斗栱的加强的原因可能不仅来自于增加抗侧刚度的考虑。通过对出檐部位的研究分析可以发现,唐代补间斗栱所支撑的牛脊槫一类构件承担的重力荷载较小。而作为原本从重楣之间蜀柱发展来的补间斗栱,没有发展补间斗栱底部的大斗和馒头榫的必要,也就不会出现类似宋以后所有斗栱均置于普拍枋上的作法。但是随着纵架刚度的提高,开间距也有所增加,如宋宁波保国寺大殿明间达到5.8 m,就超越了唐代遗物所见的尺度[1]。为了解决可能出现的撩檐枋荷载过大变形的情况,补间斗栱的支撑点会有外延的趋势,当其直接承托撩檐枋时,补间斗栱实际上就成为了单攒的柱头斗栱。

另一方面,7.6节也指出,斗栱并非解决木构抗侧刚度的唯一节点形式,纵架方向延用斗栱组合梁架,横架方向局部使用梁柱榫卯节点的构架形式,即厅堂造也是一种可能的构架形态。本节即探讨宋代的几种可能对横架抗侧刚度提高有利的构架方式的受力机制差异问题。

7.7.1 重要案例

上述分析指出的补间斗栱逐步向柱头斗栱接近的趋势,在辽、宋时期必然出现过多次的尝试,例如独乐寺山门在斗子蜀柱上设置大斗[2](图7-73),或奉国寺大殿中驼峰上的补间斗栱[3]等(7-74),最终形成了在宋《营造法式》中出现的较完善的补间斗栱形制。补间斗栱承担了屋面荷载后,就会传递给下层的阑额。从日本法隆寺金堂(图7-75)、醍醐寺五重塔[4]等可能参考中国早期的木构可以看出,其纵架间的联系构件尺寸较小,大约只有柱径的三分之一左右,远小于斗栱的尺寸。但大致从唐代开始,斗栱之间的梁或是纵架阑额尺寸都显著增大,这就是补间传荷的影响。当单一阑额的尺寸不足时,普拍枋和阑额的组合就有了逐渐演变为大小阑额等更大截面的组合构件的趋势。

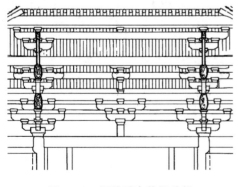

图 7-73 辽独乐寺补间斗栱

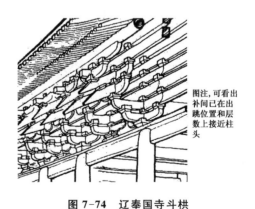

图注,可看出补间已在出跳位置和层数上接近柱头

图 7-74 辽奉国寺斗栱

---

❶ 傅熹年.中国古代建筑史(第二卷):三国、两晋、南北朝、隋唐、五代建筑[M].北京:中国建筑工业出版社,2001:650 唐代最大达19唐尺约5.6 m,但实物中最大的是佛光寺,达到5 m.
❷ 中国科学院自然科学史研究所.中国古代建筑技术史[M].北京:科学出版社,2000:75.
❸ 中国科学院自然科学史研究所.中国古代建筑技术史[M].北京:科学出版社,2000:79.
❹ 建筑学参考图刊行委员会.日本建筑史参考图集[M].建筑学会,昭和七年:33,7.

　　不论补间斗栱得到发展的原因为何,从结果上看,其发展使得铺作层高度完善并达到了一个顶峰。铺作层一词本身具有多重的含义,既可以指代建筑上斗栱所在的层(由于柱头斗栱对纵横向交错的需求,自日本飞鸟时期建筑起,直至宋、元,甚至清代斗栱都具有独立成层的概念或趋势),也可以指结构上完全由斗栱组成的,在刚度、节点属性上和梁柱框架完全不同的结构层。宋代的铺作层的意义就在于其将建筑上斗栱所在的层真正变成了结构中衔接屋面和梁柱框架所有构件的一个独立完整结构层。

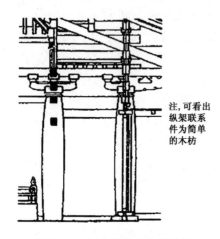

注,可看出纵架联系件为简单的木枋

图 7-75　日本法隆寺金堂纵架

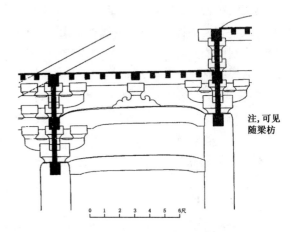

注,可见随梁枋

图 7-76　日本唐招提寺横架

　　另一方面,虽然我国唐代的木构遗存如佛光寺或者南禅寺都没有明显的厅堂作法,但实际厅堂的影响可能很早。例如中国古代木构常见的副阶作法,由于廊柱和檐柱不等高,就有可能形成局部类似厅堂的不等高柱作法,这时无论梁柱使用哪种节点,最终梁栿后尾都必须直接入柱。在深受唐影响的辽代木构中,也能发现不少有厅堂作法影响的案例如奉国寺大殿、辽上华严寺等[1](图 7-77)。宁波保国寺大殿则是为数不多的宋代木构遗存中有相对明显厅堂作法的案例[2](图 7-78)。正如很多研究指出的,可能受到更为简洁的低等级建筑的影响,厅堂作法开

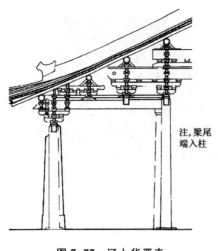

注,梁尾端入柱

图 7-77　辽上华严寺

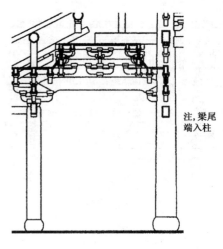

注,梁尾端入柱

图 7-78　宋保国寺

❶ 中国科学院自然科学史研究所.中国古代建筑技术史[M].北京:科学出版社,2000:78.
❷ 中国科学院自然科学史研究所.中国古代建筑技术史[M].北京:科学出版社,2000:95.

始在《营造法式》这类官式作法文献中出现。除了混用斗栱并结合不等高柱的厅堂作法,从日本唐招提寺(图7-76)等案例可以看出,可能早在唐代,就已经有了横架增加随梁枋的尝试❶。此外,在7.5节关于汉代的研究就指出,在穿斗构架盛行的地区如四川、广东等,早就有以榫卯直连的横架❷(图7-79)。在宋代的民居中,仍然基本维持了这种榫卯直连的作法❸,如图7-80。可见梁柱榫卯直连是一种长期存在,在低等级建筑中通行的作法。表7-3罗列了宋《营造法式》中三种主要构架作法的差异。在构架层级区分这些作法,不仅具有结构上的意义,同样有建筑空间和形制的需求。那么,这些不同的构架作法,尤其是混合了梁柱榫卯和梁柱斗栱的厅堂造与纯粹使用斗栱的殿阁造有何结构机制上的差异呢?

图7-79 汉室斗明器

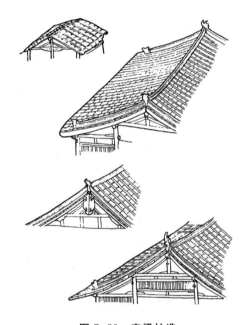

图7-80 宋梁柱造

表7-3 宋《营造法式》中记载的三种构架作法差异表

内容	殿堂	厅堂	余屋
内外柱列	等高	不等高,内柱高	可等高,或不等高
构架整体性	在纵向,柱间的梁枋都与柱子直接连接。在横向,主要承重构件大梁,多在柱头上用斗栱叠架,梁与柱不直接结合,构造较复杂	前后檐柱与金柱之间可用梁枋与柱直接,挑出梁头承托檐口,简化了构造,加强了刚度与稳定性。随内柱升高,在空间方面也取得一定的自由,斗栱机能减退。横向大梁与柱子形成的框架刚度	柱梁作,不出跳(斗口跳、把头绞项作),应为柱梁结合成的抬梁结构。构造简单
斗栱	柱头上多用斗栱叠架	无多层叠置斗栱	采用单斗只替,无栱、昂、耍头等
檩与柱	檩与柱不直接相交	檩与柱直接相交	檩与柱多直接相交,仅于某些结合点用斗或替木

❶ 建筑学参考图刊行委员会. 日本建筑史参考图集[M]. 建筑学会,昭和七年:33,14.

❷ 刘叙杰. 中国古代建筑史(第一卷):原始社会、夏、商、周、秦、汉建筑[M]. 北京:中国建筑工业出版社,2003:532.

❸ 中国科学院自然科学史研究所. 中国古代建筑技术史[M]. 北京:科学出版社,2000:97.

7.7.2　分析模型

为了解铺作层在抗侧刚度上的差异,补间斗栱发展的意义,区分厅堂,殿阁造结构受力机制,设立如下模型进行探讨。

模型 1:不考虑补间斗栱的横架模型,比较在相同的标准荷载下,两柱模型和四柱模型的差异。

模型 2:考虑补间铺作的纵架模型,分别比较无补间、两补间、四补间、八补间的作法差异。

模型 3:考虑两补间铺作的两柱模型,比较和无补间作法的差异。

模型 1 的分析结果指出,在横架方向,斗栱通过乳栿传递水平荷载,称相对均匀的状态,因此,从二柱到四柱,每攒斗栱承担了接近的弯矩,其抗侧刚度也相应增加,水平变形从 55 mm 下降到 27 mm(图 7-81)。

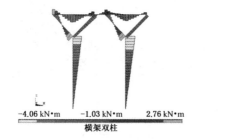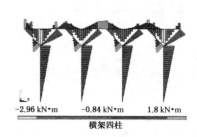

| −4.06 kN·m | −1.03 kN·m | 2.76 kN·m |
横架双柱

| −2.96 kN·m | −0.84 kN·m | 1.8 kN·m |
横架四柱

图 7-81　模型 1 内力图

模型 2 的分析结果指出,补间斗栱确实可以增加纵架侧向刚度,当补间斗栱数目逐次增加时,单开间构架最大水平变形分别为 50 mm,31 mm,21 mm,20 mm(图 7-82)。同时,还导致阑额跨中弯矩显著增加,抗侧刚度增加并非随补间铺作数目增加线性增长,而是呈递减规律。由于补间斗栱传递转角弯矩必须经由普拍枋和阑额,导致其承担的节点弯矩较小。对抗侧刚度的贡献主要来自于减少了柱头斗栱承担的重力荷载进而减少了变形时的附加弯矩。这一结论对非檐柱的攀间也是有效的。

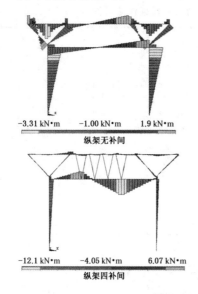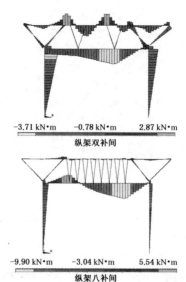

−3.31 kN·m　−1.00 kN·m　1.9 kN·m
纵架无补间

−3.71 kN·m　−0.78 kN·m　2.87 kN·m
纵架双补间

−12.1 kN·m　−4.05 kN·m　6.07 kN·m
纵架四补间

−9.90 kN·m　−3.04 kN·m　5.54 kN·m
纵架八补间

图 7-82　模型 2 内力图

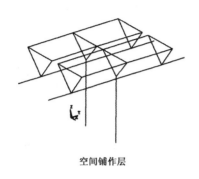

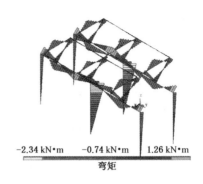

空间铺作层　　　　　　　　　　　　-2.34 kN·m　　-0.74 kN·m　　1.26 kN·m
　　　　　　　　　　　　　　　　　　　　　　　　　弯矩

图 7-83　模型 3 内力图

　　模型 3 的分析结果指出,增加两攒补间斗栱对抗侧刚度的影响甚至强于增加柱头斗栱,其水平变形只有 22 mm,但内力弯矩图显示,主要的节点弯矩仍然集中在柱头铺作(图 7-83)。因为补间斗栱之间缺少横架方向的联系,而只能通过正心枋传递有限的节点弯矩和荷载至柱头斗栱。和纵架补间类似,其贡献主要来自减少柱头斗栱上重力荷载引起的附加弯矩。也同样具有类似纵架的递减规律。

　　上述分析的综合结论指出,宋代两攒补间斗栱相较不考虑补间或补间不成熟的构架,其抗侧刚度可提高 2 倍以上,这与南北朝时期并未形成正式铺作层的简单斗栱或是唐代不完善的补间相比,显然是巨大的进步。然而正是在这一背景下,正酝酿其衰败的酵素。

　　上述分析在指出补间积极意义的同时,也指明了这种作法的极限。随着木构架技术的进步,追求更大的平面跨度将是总体的趋势,也就会带来更为明显的抗侧刚度问题,由于补间铺作数量对抗侧刚度的贡献呈现递减规律,即不考虑补间铺作能否容纳于开间这一建造问题。从结果上看,八攒补间铺作的斗栱用料量达到不用补间的 5 倍,抗侧刚度只能提高到 2.5～3 倍。这显然是巨大的材料浪费。在铺作层继续增加连接数的意义是有限的。

　　不仅如此,更多的挑战还来自于之前一直存在的榫卯直连作法和斗栱本身。以节点极限弯矩和 K_4 为考核标准,图 7-84 比较了增加跳数与节点抗弯能力的对应关系。而图 7-85 则列出了同为乳栿卷杀为足材后,用斗栱连接和用较为普通的柱半径长度直榫连接梁栿与柱的节点抗弯曲线差异。从这些图表中可以明显看出,即使对柱头斗栱而言,其抗弯性能的增加也远比不上体积的增加,从四铺作到六铺作,用材体积增加约 3 倍,但极限增加仅 1.3 倍,而 K_4 刚度还有所下降。而和斗栱相比,最简单的直榫虽然在初始 K_1 刚度上落后,但在极限弯矩上已经超越斗栱作法。

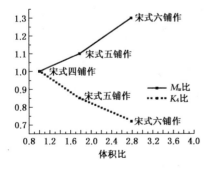

图 7-84　宋斗栱 M_u 与 K_4 比较图

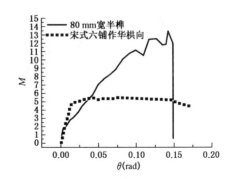

图 7-85　宋斗栱与梁柱节点转动刚度比较图

虽然古代匠师很可能不具备今天的结构分析能力,不会从增加抗侧刚度的角度来改良建筑营造方式,但上述的基本规律是难以违背的。自宋代之后,建筑中斗栱的及很多其他构件的用材都急剧缩减,上述的结论如果换成"用材下降后,哪种作法更能维持构架的抗侧刚度",则结果不言而喻。这也是元、明、清的木构实例中,梁柱榫卯直接交接成为主流的主因。但在宋代时期,厅堂作法是在等级上次于殿阁的。除了建筑造型的需求外,这种区分有没有结构优劣上的差异呢?为了研究这一问题,设定如下分析模型。

模型4:前述北齐木樟模型和佛光寺综合版,尺度材份同前,但补间斗栱按照宋《营造法式》的三跳成熟形态假设,研究唐宋同一总尺度木构抗侧刚度差异。

模型5:模型1的厅堂作法。梁尾参照法式,假定为入柱深度三分之一的直榫。研究进深方向。

模型4的计算结果显示,在标准水平荷载下,横架水平变形仅有15 mm左右。说明了宋代木构的技术进步。内力图显示(图7-86),斗栱上的最大弯矩没有超过2.23 kN·m,远远小于唐代的水平(4~5 kN·m)。

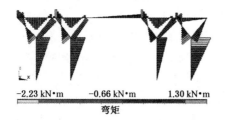
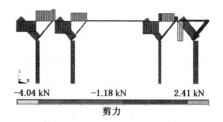

−2.23 kN·m　　−0.66 kN·m　　1.30 kN·m　　　　−4.04 kN　　−1.18 kN　　2.41 kN

弯矩　　　　　　　　　　　　　　　　剪力

图7-86　模型4内力图

模型5的计算结果较为复杂,在材份相同、斗栱等级相同、柱径相同的条件下(这一假设不完全符合宋《营造法式》,因为厅堂作法的构件尺寸要小于殿堂,但为了比较时的单一性和结果的明确性,设定了这一假设),其标准水平荷载下的横架变形大于殿阁作法,为约17 mm,尚略大于殿阁作法。即厅堂作法在宋代尚未显现明显的结构优势,造成这一结果的原因是多方面的,从内力分布图看(图7-87),厅堂作法使得截面较大的柱也成为传力构件并分担结构弯矩,增加了斗栱以外横架抗侧刚度的来源;但另一方面,由于金柱升高,造成金柱顶端重力荷载附加弯矩增加,成为了结构不稳定的诱因。从弯矩图可以看出,因为斗栱的弹性阶段刚度 K_1 远大于直榫,梁柱交接榫卯承担的弯矩略小于斗栱,而直榫较大的极限弯矩尚未发挥作用。上述因素综合作用的结果就是厅堂造抗侧刚度略弱于殿阁造作法。

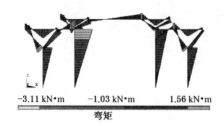
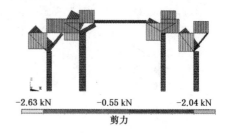

−3.11 kN·m　　−1.03 kN·m　　1.56 kN·m　　　　−2.63 kN　　−0.55 kN　　−2.04 kN

弯矩　　　　　　　　　　　　　　　　剪力

图7-87　模型5内力图

模型6:按唐代含元殿尺寸,材份不变,以宋代成熟的木构技术假定,研究其进深方向。了解宋式木构技术在大跨度下的抗侧刚度情况。

模型 6 的计算结果显示,在假设存在两攒完善的补间铺作情况下,含元殿木构在标准水平荷载下,纯木构框架水平变形只有 54 mm。比唐代木构变形减少了 50%。但这也基本属于铺作单层屋面的跨度极限。在这种情况下,很可能还是需要继续使用夯土墙加固。

7.7.3　小结与探讨

上述分析指出,一方面,宋代通过发展补间斗栱和完整的铺作层,将之前出现的斗栱节点连接的传统木构达到了很高的水准;另一方面,这一结构体系已经出现了发展的瓶颈。由于结构抗侧刚度直接来源于斗栱节点。而斗栱的转动刚度又主要受限于材份(其根源在于以榫卯技术为基础的半刚性节点在转动刚度上和真正的刚性节点相差甚远)。这既与宋代及后世用材的实际情况不符,还会导致在开间不明显拓展的情况下,无法容纳更多的补间。这一结构逻辑已陷入两难的境地,要么缩小材份,增加补间,要么维持材份,缩减补间。虽然不能说宋代木构比例权衡就是最佳选择,也已经是较为优化的结果。由于斗栱组合方式在抗剪和抗压方面只和组合截面大小有关,而和单个栱的材份无关❶,故其仍然具有很好的组合垫块,局部承压节点的作用。这也是其在高等级建筑中得以保留的结构原因。

另一方面,厅堂造、梁柱造尚未显现明显优势,但具有更多的结构发展潜力。宋代《营造法式》的梁柱交接节点并无后世较为成熟的燕尾或榫肩作法,入柱榫的宽度和深度都较小。这就造成其节点强度较小。类似的情况应该还有缺少实例的梁柱造等(在诸如清明上河图,四景三山图中均有反映)。从第 3、6 章分析可知,要提高直榫的刚度和极限弯矩的方法很多。榫卯直连的梁柱体系结构还可能通过榫卯节点的加强获得提升。正是在这一基础上,元、明、清三代沿着强化榫卯直连、削减斗栱的方向发展。

然而,上述演替存在一个关键的转折点,就是斗栱带来的构架抗侧刚度双重增益(即节点转动刚度和降低屋面荷载附加弯矩)与仅仅能带来节点转动刚度提高的梁柱榫卯直连作法相比时,必须材份下降到斗栱节点的转动刚度远小于榫卯节点时才能体现出来。

7.8　返璞归真——榫卯直连框架体系的兴盛

用材紧张必然导致构架向着更高效的方向演化,其中纵架可以通过组合阑额(额枋),以燕尾榫代替直榫提高抗侧刚度。由于斗栱的抗压能力不随材份变化,故得以垫块的形态被保留下来。在逐渐增加的补间斗栱数量帮助下,承担屋面荷载的问题也可以得到较好的解决。此外纵架还具备可以轻易地增加开间数提高抗侧刚度的先天优势,其形态逐渐固定下来。而横架方面,发展到顶的斗栱铺作层体系被逐渐舍弃,在厅堂造的基础上进行改良是一种必然。本节重点研究材份降低背景下梁柱榫卯直连构架演化和抗侧刚度的互动关系。

7.8.1　重要案例

早在宋代,殿阁体系的斗栱和铺作层就酝酿着新的变化。为打破殿阁造内外檐柱等高这一过于僵死的设定,摩尼殿中出现了内外柱顶不等高,斗栱顶等高,柱头之间用联系件的

---

❶　李海娜,翁薇.古建筑木结构单铺作静力分析[J].陕西建筑,2008(2):12.

作法❶(图 7-88)。金崇福寺中斗栱上出现了多道水平拉接(图 7-89)并直接入柱。但这一时期,雄壮的斗栱仍然是木构中结构节点和造型的主角。而斗栱体系遭到极大破坏出现在元朝。

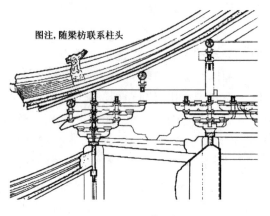

图 7-88　宋摩尼殿

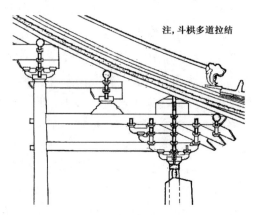

图注,斗栱多道拉结

图 7-89　金崇福寺

元代由于战乱频发,不但没有继承宋代的作法,反而破弃良多,实际出现了很多粗糙的结构作法和"返祖"现象。如使用连续的大木作为阑额,使用斜向的大内额❷等(当然,这当中也有积极的探索,例如始自金代的减柱、移柱形成的更加自由配置的室内空间)。对于横架抗侧刚度而言,最大的影响在于元代的材份下降很多。据调研,其材份平均下降了三个材份,截面积更是小到只有宋代的 40%~50%(对应边长约为宋的 75%),即便等级很高的山西芮城永乐宫也下降了两个材份,甚至如真如寺,用材下降了四等❸。由斗栱产生的节点转动刚度大大衰减了。另一方面,则是必须承担恒定屋面荷载的梁栿和柱竭力维持了自身的比例,例如韩城文庙中材份厚 10 cm,但檐柱柱径达到 45 分′,金华天宁寺梁达到 74 分′❹,都远大于《营造法式》中的规定。

不仅如此,在斗栱和梁栿交接时,卷杀及截面高宽减半的作法也在一定程度上被破弃,如山西洪洞广胜下寺❺(图 7-90),或芮城永乐宫无极门❻(图 7-91)均表现出不对梁头高度方向上缩减,直接搁置在华栱上的作法。在殿阁体系中,这种梁栿的加大并不意味着连接的加强,相反由于梁栿截面过大,原有的可靠十字卡口榫连接被打破,其节点更加接近简单搁置状态。由梁头直接支撑的挑檐檩等构件将斗栱解放出来,使其退化回近似本源的垫块形态。此外在南方,可能受到一直存在的穿斗作法的影响,已经出现了

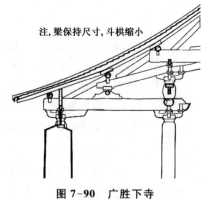

图注,梁保持尺寸,斗栱缩小

图 7-90　广胜下寺

❶ 中国科学院自然科学史研究所.中国古代建筑技术史[M].北京:科学出版社,2000:94.
❷ 中国科学院自然科学史研究所.中国古代建筑技术史[M].北京:科学出版社,2000:121.
❸ 潘谷西.中国古代建筑史(第四卷):元、明建筑[M].北京:中国建筑工业出版社,2001:436.
❹ 潘谷西.中国古代建筑史(第四卷):元、明建筑[M].北京:中国建筑工业出版社,2001:437.
❺ 中国科学院自然科学史研究所.中国古代建筑技术史[M].北京:科学出版社,2000:112.
❻ 中国科学院自然科学史研究所.中国古代建筑技术史[M].北京:科学出版社,2000:113.

如上海真如寺正殿❶(图7-92),浙江武义延福寺(图7-93)❷等,不但斗栱乳栿后尾和柱直接以榫卯相交,且柱头以粗壮的随梁枋拉接的实例。

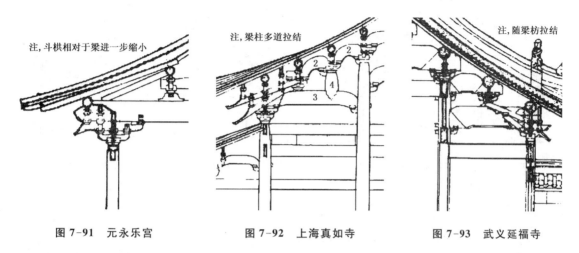

注,斗栱相对于梁进一步缩小　　　　　注,梁柱多道拉结　　　　　　注,随梁枋拉结

图7-91　元永乐宫　　　　　　图7-92　上海真如寺　　　　　　图7-93　武义延福寺

虽然明代以后沿袭古制❸,但只是在梁架组织上强调规律化,而不可能逆转材份缩减的趋势。最主要的表现就是材份制的消解❹,根据相关研究,原本用于控制月梁、梭柱、卷杀的分逐渐消亡;梁的高宽比例从3∶2到5∶4(明初的北京故宫钟粹官、角楼等建筑中,梁栿断面高宽比例尚多为100∶75左右;明中期的北京先农坛太岁殿等则为10∶8.5,北京智化寺万佛阁七架梁断面高宽比达10∶9.5),斗口制的建立都是明代发生的。宋式斗栱相关尺度的丧失,实际上是从营造制度上打破了原本围绕斗栱的基本模数展开的建筑设计营造过程。所反映的是普遍性的斗栱结构意义进一步丧失。至清代,虽然高等级建筑的檐口仍然保留斗栱,但是斗栱下柱头已经由断面很大的穿枋联系起来了。而斗栱也已经缩小到最多可出现十一攒补间铺作的程度,以斗栱作为主要节点的木构结构体系已经名存实亡。梁柱造成为这一时期的主流,甚至在皇家建筑中也有采用。

在横架方向,明代之后与衰败的斗栱伴随的是榫卯直连的兴起和柱头联系构件在横架中的普遍使用。在殿阁体系中普遍增加了随梁枋,如北京历代帝王庙等❺(图7-94)。由于斗栱用材进一步缩小,和元代部分建筑相比,实际上已经形成了以梁柱直连为主体,以斗栱为补充的榫卯直连体系。而厅堂也被应用于一些等级较高的建筑如青海乐都瞿昙寺隆国殿、明中期的北京法海寺大殿及北京先农坛前后二殿等(图7-95)。与这种作法对节点刚度的较高需求相对应,斗栱梁栿入柱的榫卯就出现了从半榫向大进小出榫的转化。元、明时尚配合丁头栱等节点辅助加强的梁柱节点,至清代就简化为更加简洁的大进小出榫形态。部分不使用斗栱的小式建筑,在北方形成了以馒头榫代替斗栱、南方以穿透柱的直榫代替斗栱的作法。而纵架中,燕尾榫则成为连接节点中较简捷有效的方法。阑额也普遍加大截面,并在角部使用了刚度较大的十字箍头榫。

❶ 中国科学院自然科学史研究所.中国古代建筑技术史[M].北京:科学出版社,2000:118.
❷ 中国科学院自然科学史研究所.中国古代建筑技术史[M].北京:科学出版社,2000:117.
❸ 潘谷西.中国古代建筑史(第四卷):元、明建筑[M].北京:中国建筑工业出版社,2001:438.
❹ 郭华瑜.明代官式建筑大木作[M].南京:东南大学出版社,2005:8.
❺ 汤崇平.北京历代帝王庙大殿的构造[J].古建园林技术,1992(1):38.

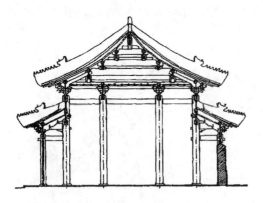

图 7-94 北京历代帝王庙剖面

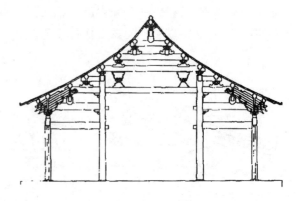

图 7-95 北京先农坛二殿剖面图

7.8.2 分析模型

为分析上述的种种变化带来的受力机制变化,假设了如下分析模型。

模型 1:宋代分析模型 1 的变体,建筑规模不变,斗栱材份缩减为宋代的一半,同时斗栱也缩小一半,但维持补间数和柱头斗栱出跳数不变。了解材份下降对构架抗侧刚度的影响。模型 2 则用于分析模型 1 的纵架方向,为简化分析,只研究明间一个开间,且假设阑额榫卯变为燕尾榫。

模型 1 的计算结果显示,在仅约 25% 标准水平荷载作用下,该横架的水平变形达到 30 mm,是宋代结构承担 100% 水平荷载的 1 倍,其折算刚度仅约宋代的八分之一。这种抗侧刚度的陡降并非简单由于斗栱材份下降导致的斗栱节点转动刚度降低。弯矩和剪力分析图显示(图 7-96),在构架破坏前,斗栱仅发挥了节点性能的 60%~70%。因为斗栱变小,导致相同檐高下建筑柱高、乳栿跨度增加,屋顶荷载附加弯矩和失稳问题加剧是结构抗侧刚度下降的另一主因。

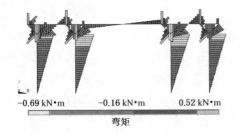

−0.69 kN·m   −0.16 kN·m   0.52 kN·m

弯矩

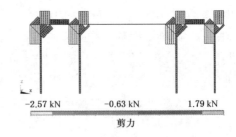

−2.57 kN   −0.63 kN   1.79 kN

剪力

图 7-96 模型 1 内力图

模型 2 的计算结果显示,和宋代木构相比,纵架的抗侧刚度下降不多,大概仍然有其 60% 左右,观察内力图可以发现(图 7-97),补间铺作和阑额均承担了一定的弯矩和剪力,而半榫变为燕尾榫进一步强化了阑额的榫卯节点。

从上述分析结果可知,由于构架抗侧刚度的大幅削弱,且已不可能从斗栱节点发掘进一步提高的潜力,其结果必然是只有加强梁柱的榫卯节点,才可能在材份缩小后获得相应的刚度。自殿阁向厅堂转变的契机已经出现。作为比较,设定了模型 1 的对应厅堂模型 3 进行比较,其中随梁枋断面假设为和乳栿一致,且后尾均使用大进小出榫。

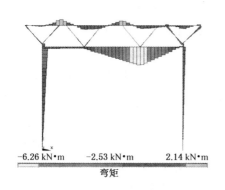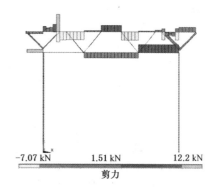

-6.26 kN·m　　-2.53 kN·m　　2.14 kN·m
弯矩

-7.07 kN　　1.51 kN　　12.2 kN
剪力

图 7-97　模型 2 内力图

　　模型 3 在标准水平荷载下的最大变形为 27 mm,大于宋式作法,但远强于同期殿阁作法,达到其 4 倍。弯矩内力图(图 7-98)显示,无论是随梁枋榫卯或是斗栱,均只发挥了其极限的30%～50%,构架尚能承担更大的水平荷载。说明厅堂构架对殿阁构架在抗侧刚度上已经具有优势。

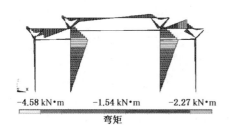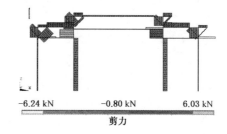

-4.58 kN·m　　-1.54 kN·m　　-2.27 kN·m
弯矩

-6.24 kN　　-0.80 kN　　6.03 kN
剪力

图 7-98　模型 3 内力图

　　模型 4:该模型按清代《工部营造则例》,开间尺寸同宋代横架分析模型 1,比较在相同的建筑尺度下清式和宋式构架的差异(清式斗口 5 cm,明间八补间,次间六补间)。计算分析结果表明,清式在标准水平荷载下的最大水平变形达到 18 mm,略大于宋式。从弯矩内力图(图 7-99)可以看出,弯矩主要由框架的梁承担,在标准水平荷载下,金柱间五架梁承担的节点弯矩最大,达到约 3.3 kN·m,仅为其极限的 30%左右。

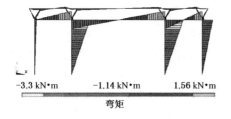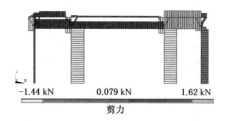

-3.3 kN·m　　-1.14 kN·m　　1.56 kN·m
弯矩

-1.44 kN　　0.079 kN　　1.62 kN
剪力

图 7-99　模型 4 内力图

7.8.3　小结与讨论

　　结构分析指出,虽然自宋之后,铺作层和斗栱伴随着逐渐下降的材份衰败,但是元代的材份急剧下降导致了抗侧刚度问题更加显著并影响了构架的演化历程。原梁柱造等简易作法发展而来的榫卯在节点转动刚度显著提高的同时,取斗栱而代之,并在构架抗侧刚度上保持了基本一致的水准,并没有因为斗栱的式微而造成进一步的构架衰亡。

然而即便如此,仍然不可否认唐宋时期缔造的铺作层体系的层叠木构架曾经达到的高度,仅从最后的计算结果看,清式构架的抗侧刚度仍然略逊于宋式,而从节约用材或加工便宜角度来看,清式有着巨大的进步。

7.9　本章小结

本章回顾了单层木构中节点转动刚度、构架抗侧刚度和构架形式三者之间的互动演化过程。通过一系列的分析指出,自原始社会开始,构架的侧向刚度就通过坡屋面侧推力,构架稳定性、抗侧力能力凸显其重要性。节点转动刚度的提高显著增强了构架的抗侧刚度,而构架形式的演化又反过来选择合适的节点形态。这种过程贯穿了整个传统木构的发展历史。

各类分析指出,不存在具有绝对优势的构架形态。大叉手在原始社会的棚屋结构中曾经是一种先进的结构形式,却在土木混合的金柱支撑体系中成为了最主要的结构矛盾来源。斗栱作为一种可以解决多种结构问题的重要节点出现,其底部刚度较弱的馒头榫曾经一度是其相较插栱的优势,却反而在材份下降的背景中成为其衰败的根源。

然而总体上看,木构架的发展过程又有一定的规律可循,增加节点转动刚度,选择减少屋面荷载过于集中、梁柱间有效连接多的构架形式,提高材料的利用率是总的发展规律。古代的匠人在没有相关理论指导,纯粹依靠实践经验积累的条件下所创造的各种成就,是值得令人钦佩的。但具体古代匠人观察分析构架抗侧刚度时的判定标准,由于缺少资料和相关研究,目前尚不明了。

本章的分析还指出,节点性能,抗侧刚度只是影响构架形式一个方面,简单地说某一种构架形式更为优秀是错误的。从节点抗弯性能出发,河姆渡时期发展出的燕尾榫或直榫都是高效简洁的节点形式,然而其构造方式限制了应用范围。简单的构架难以满足高等级建筑在造型、体量、空间的多方面需求,而长期只能在局部或低等级建筑中使用。斗栱本身不是节点抗弯的最佳选择,却能在早期木构发展中,综合解决构造,承担屋面荷载,节点抗弯,造型、空间的多方面需求而得以重用和延续。相类似的,殿阁在合理材份的斗栱连接条件下是优秀的构架形式,却也会随着斗栱的衰败而逐渐式微。梁柱造、厅堂造虽然使用榫卯连接,但没有合适的节点技术和材份限制,就体现不出相对殿阁的优势。这些需求反过来推动了节点工艺的进步。燕尾榫就经历了从比例不确定到相对确定的演化。直榫的各种作法中,销钉最早出现,使用时间最长。大进小出较晚,经过了长期的比例推敲。榫肩出现很早,对其普遍使用却在明、清之后。

本章研究了单层木构中节点性能变化对于构架形式的影响并同样适用于多层木构。无疑的是,多层楼阁中,节点转动刚度的变化也会和构架形式之间存在互动关系。因此,研究的重点并不仅在于简单说明各种节点转动刚度如何影响构架演化,还需要注意当节点技术一定时,构架形态变化带来的影响。此外,本章所研究的节点理论上属于同一层出现的节点形态。当既有同层节点的演化,又有层间节点的变化时,二者对楼阁构架形态的影响孰轻孰重呢?

8　多层楼阁受力机制

就楼阁发展最主要的标志——高度而言,早期如周、秦时期的楼阁往往徒具其表,是在高台上建造的单层木构,再在土台的四周围绕回廊形成看似二层的建筑。受到了"仙人好楼居"和崇佛造塔的思想影响,加上结构技术的进步,从汉代起,就出现了表现多层木构的陶屋明器,然而就时代远晚于中国汉代,而东亚日本飞鸟时期的木构实例法隆寺金堂和五重塔看❶,要么就只有高度,实际不可进入使用;要么就是结构构架密布粗大,二层无法使用。根据文献中记载,中国本土出现了包括北魏永宁寺一类土木混合或南朝的九、十重塔的大型高耸木构。这种对高度的单纯追求在南北朝后逐渐式微,楼阁开始在保证一定高度的同时转向对结构内可用大跨空间的提高上。从我国现存的木构楼阁遗例来看,至迟在宋、辽时期。木构楼阁就已经不但具有很高的高度(如应县木塔),也具有较大的空间跨度可以放置佛像,甚至还可以相对自由的配置柱网如蓟县独乐寺观音阁等。无论是观音阁放置佛像的六边形跨度啊接近 10 m×7 m×12 m❷,或是应县木塔 51.35 m 的高度❸,都是木构建筑中极高的成就。虽然清代的楼阁没有能在高度或跨度上大幅超越之前的木构杰作,但如普宁寺大乘阁、颐和园佛香阁、雍和宫万福阁等,普遍可以做到 24 m 高❹,中部跨度达 5～10 m,显示了技术的进步。总体上看,楼阁的空间跨度也是逐渐增大的。

如果说屋身和屋顶的部分是同时代单层和多层木构楼阁共通的技术部分,那么怎样形成垂直分层结构就是楼阁独有的问题。在楼阁层间关系上,一共只出现了三种基本的类型。即台上式、层叠式和通柱式。台上式相对来说早期比较盛行,即在较高的由土构或木构的台基上构建单层或多层木构,看起来比较高大的建筑形态,就结构原理而言,比较接近层叠式。但和层叠式显著不同的是,其底层往往刚度很大,比较牢固,也因此底层可利用空间不大甚至完全不可用。层叠式即将一个个单层累叠起来,各层约等于一个没有屋顶的单层建筑。通柱式即建造一特别高的木构,其中木柱可能通过拼柱的方法形成通高柱或本身就是极长的大料,然后再在内部通过楼板划分空间。这三种类型,从时代上看,在大型楼阁中,呈现为台上式、层叠式和通柱式,逐渐加强层间节点的演化规律,然而其演化的实质却并非简单受到层间节点转动刚度这一种要素的影响。

楼阁的受力机制关键在两个问题的研究,第一即层与层之间衔接问题,第二即怎样提高或保证一定的抗侧刚度,以解决由于建筑高度引起的水平变形增加问题。通柱式并非所有情况下的最佳选择。这不但要受制于时代木构技术的局限,也与通柱式和层叠式自身的构架特征有关。为说明这一问题,首先用一个简单的概念模型探讨本章会涉的问题(图 8-1～图 8-4)。

---

❶　建筑学参考图刊行委员会.日本建筑史参考图集[M].建筑学会,昭和七年:33,7.

❷❸　中国科学院自然科学史研究所.中国古代建筑技术史[M].北京:科学出版社,2000:82,88.

❹　孙大章.中国古代建筑史(第五卷):清代建筑[M].北京:中国建筑工业出版社,2009:429.

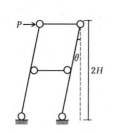
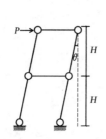
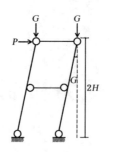
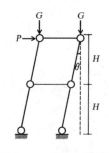

图 8-1　无 P-Δ 效应
通柱楼阁变形图

图 8-2　无 P-Δ 效应
层叠楼阁变形

图 8-3　有 P-Δ 效应
通柱楼阁变形

图 8-4　有 P-Δ 效应
层叠楼阁变形

　　假设一简单的四(两)柱两梁框架,单层高度 H,总高 $2H$,并假设层叠式层间不能有效传递弯矩。则在不考虑重力荷载条件下,通柱造在 P 水平力作用下构架的整体变形应符合下式:

$$P \cdot 2H = 4K\theta \qquad [式 8-1]$$

　　上式中,P 为柱顶水平力,K 为节点在 PH 弯矩下对应的割线刚度,θ 为节点的相对转动。层叠式每一层的变形应符合下式:

$$P \cdot H = 2K\theta \qquad [式 8-2]$$

　　当考虑柱顶屋面荷载带来的构架附加弯矩时,对于通柱造:

$$P \cdot 2H + 2G \cdot 2H\theta = 4[K - f(2GH)]\theta \qquad [式 8-3]$$

　　对于层叠式,每一层符合:

$$P \cdot H + 2G \cdot H\theta = 2[K - f(GH)]\theta \qquad [式 8-4]$$

　　由于 K 为非线性衰减,故:

$$f(2GH) > 2 \cdot f(GH) \qquad [式 8-5]$$

　　因此,层叠式的实际构架总变形小于通柱式。然而,上述结果仍然要受到另外两个重要因素的影响,分别是层高分布和荷载分布,对于通柱式,抗侧刚度为:

$$K = \frac{P}{\Delta} = \frac{P}{\theta \cdot 2H} = \frac{P}{\frac{PH}{2[K - f(2GH) - GH]} \cdot 2H} = \frac{[K - f(2GH) - GH]}{H^2}$$

$$[式 8-6]$$

　　但对层叠式,当层高变化时,例如上层 $0.5H$,下层 $1.5H$ 时,则二层变形符合下式:

$$P \cdot 0.5H + 2G \cdot 0.5H\theta_2 = 2[K - f(0.5GH) + f(0.5PH)]\theta_2 \qquad [式 8-7]$$

　　一层符合:

$$P \cdot 1.5H + 2G \cdot 1.5H\theta_1 = 2[K - f(1.5GH) - f(1.5PH)]\theta_1 \qquad [式 8-8]$$

　　其抗侧刚度为:

$$K = \frac{P}{\Delta} = \frac{P}{\theta_1 \cdot 1.5H + \theta_2 \cdot 0.5H} \qquad [式 8-9]$$

其中 $[K - f(0.5GH) + f(0.5PH)] > K - f(2GH)$ [式 8-10]

而 $[K - f(1.5GH) - f(1.5PH)] < K - f(2GH)$（考虑到 $1.5PH$ 一般远大于 $0.5GH\theta$）

[式 8-11]

则层叠式的抗侧刚度有可能小于通柱式。再考虑到水平作用不是集中荷载而是均布荷载 $q = P/2H$

则通柱式：

$$P \cdot H + 2G \cdot 2H\theta = 4[K - f(2GH)]\theta \qquad [式 8\text{-}12]$$

对于层叠式二层：

$$\frac{P}{2} \cdot \frac{H}{2} + 2G \cdot H\theta_2 = 2[K - f(GH) + f(0.5PH)]\theta_2 \qquad [式 8\text{-}13]$$

对于层叠式一层：

$$\frac{P}{2} \cdot \frac{H}{2} + \frac{P}{2} \cdot H + 2G \cdot H\theta_1 = 2[K - f(GH) - f(1.5PH)]\theta_1 \qquad [式 8\text{-}14]$$

由于多层木构楼阁的抗侧刚度同时受到同层刚度和层间节点刚度两者的共同作用，较差的层间节点可以通过较强的同层节点弥补，这导致无法简单判定两者抗侧刚度强弱也使得对于层叠式和通柱式的演化、比较不能简单建立在比较层间节点的层次，而是必须结合具体构架分析。由于梁柱节点转动刚度，构架形式的变化均会导致通柱式和层叠式的差别，进而演化出了多种多样的构架类型和节点形式，其中所映衬的古代匠人的实践和智慧让人深深敬佩。

另一个值得研究的问题就是和单层木构比较，楼阁的侧向刚度问题更显著，也就容易受节点转动刚度变化的影响。然而从残存案例看，楼阁并未明显表现出对于节点技术的特别敏感，而是基本维持了和单层类似的演化节奏，这种趋同性到底如何？

8.1 百花齐放——汉代楼阁结构的多样性探索

虽然目前东亚地区最早的木构楼阁法隆寺的诸建筑的实际建造年代约在中国隋朝，但是楼阁早在此之前就已经出现。即使不算那些实际是建在高台之上的单层建筑的"伪楼台"，至迟到东汉，也已经出现了数量众多、类型丰富的楼阁。前述单层木构分析也指出，在这一时期，由于屋面大叉手结构的逐步瓦解和榫卯的普遍应用，已经具备了木构楼阁的结构基础。本节即重点探讨这一时期可能出现的楼阁构架形式及其抗侧刚度优劣关系。

8.1.1 重要案例

虽然汉代没有楼阁实物留存，但在汉代，尤其是东汉的画像、石阙和陶屋明器中楼阁形象表现非常明显。例如四川出土汉画像砖的市肆中心就有一座一层三开间，二层一开间，看似木框架外露的楼阁[1]（图 8-5），在内蒙和林格尔汉墓壁画中，描绘的官署建筑左上角中也有一座楼阁，只是看似木框架不外露[2]（图 8-6）。又比如江苏睢宁县双沟画像石中的楼和廊庑就是一

[1] 刘叙杰. 中国古代建筑史（第一卷）：原始社会、夏、商、周、秦、汉建筑[M]. 北京：中国建筑工业出版社，2003：396.

[2] 内蒙古文物工作队. 和林格尔发现一座重要的东汉壁画墓[J]. 文物，1974(1)：16.

开间的二层建筑❶(图8-7);江苏徐州利国镇东汉墓画像石中,则表现了一栋二层均为三开间,层间以平坐斗栱衔接❷(图8-8)。

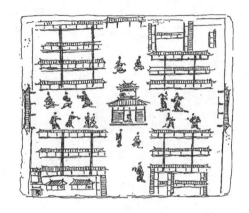

图8-5　四川汉画像砖中二层楼

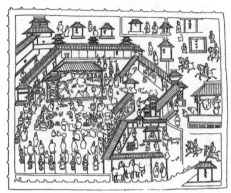

注,左上角有楼的雕象

图8-6　汉画像砖楼

注,底层架空

图8-7　汉画像砖中重层

注,可见层间,增多三间

图8-8　汉画像砖中其他楼

　　除了这些二层建筑外,还出现了一批由于功能需求而架空的空中楼阁,例如图8-9的水榭❸,图8-10的仓屋❹,图8-11的阁道建筑❺,图8-12❻的郑州南关159号汉墓中的重檐门屋。这些建筑实际就是底层空间较低的二层楼阁建筑。

图8-9　汉画像砖中阁下层间节点

图8-10　汉明器中底层架空建筑形象

❶　刘叙杰.中国古代建筑史(第一卷):原始社会、夏、商、周、秦、汉建筑[M].北京:中国建筑工业出版社,2003:488.
❷　石祚华,郑金星.江苏徐州、铜山五座汉墓清理简报[J].考古,1964(10):504.
❸　刘叙杰.中国古代建筑史(第一卷):原始社会、夏、商、周、秦、汉建筑[M].北京:中国建筑工业出版社,2003:532.
❹　李珍,熊昭明.广西合浦县母猪岭东汉墓[J].考古,1998(5):43.
❺　刘叙杰.中国古代建筑史(第一卷):原始社会、夏、商、周、秦、汉建筑[M].北京:中国建筑工业出版社,2003:513.
❻　王与刚.郑州南关159号汉墓的发掘[J].文物,1960(Z1):20.

图 8-11　汉画像砖中阁道形象

图 8-12　汉画像砖中重檐门屋形象

在汉代时,建筑的高度就已经不限于二层,其中既有明器中出现的多层楼阁和组合形态[1](图 8-13),也有建于高台上的阙类建筑(图 8-14),如山东平邑县黄圣卿阙、四川渠县冯焕阙、忠县无名阙、雅安县高颐阙等[2]。这些丰富的形象说明了楼阁在汉代的繁盛和多样性的尝试,从这些成熟的形象处理,可以推测木构楼阁的出现和建造远早于东汉。

虽然上述形象能够清晰表达出结构关系的较少,但尚有少数形象如四川成都东汉住宅画像中的阙楼(图 8-15)较为清晰地表达出了木框架[3]。总体看来,有如下的几种类型:

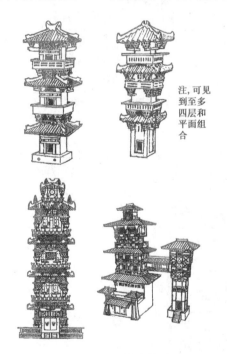

图 8-13　汉明器建筑形象

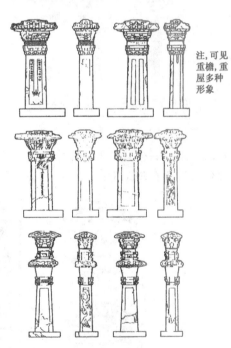

图 8-14　汉阙组合

❶　刘叙杰.中国古代建筑史(第一卷):原始社会、夏、商、周、秦、汉建筑[M].北京:中国建筑工业出版社,2003:494.
❷　刘叙杰.中国古代建筑史(第一卷):原始社会、夏、商、周、秦、汉建筑[M].北京:中国建筑工业出版社,2003:480.
❸　郑振铎.中国历史参考图谱[M].北京:书目文献出版社,1994:140.

第一类,层叠式。这类形象很多。大致均在两层,层间非常明显的在柱头位置以大斗衔接。斗栱之间有楣一类的水平构件,柱头之间似乎没有水平拉接构件。

第二类,退层类。一二层明显退层,往往从三开间退至只剩明间。很可能是在一较高但仅一开间的木构周围施以类似副阶的形态,也不排除层间重叠的可能。

第三类:高台阙类。底层以跨度较小的木构或土木混合结构形成高台,在其上通过斗栱等层叠一到两层一或二开间的结构形式。

第四类,高屋式。在广东出土的一批穿斗风格陶屋中,可以明显看出,其二层楼实为一较高的一层木构。在一二层位置之间有梁,估计是在楼层梁上搁置楼板的方式形成分层。

层叠的结构形式催生了多样的层间节点。就大的形态上分,有明确为层叠式但层间节点未知的(图8-15)或明确为通柱造的❶(图8-16);虽然在一些二层建筑中出现了类似平坐斗栱的层间节点,但仔细观察可以发现,除了底层局部架空外,在建筑内使用时,斗栱节点左右不等高,更可能是从通柱的柱身伸出的丁头栱。

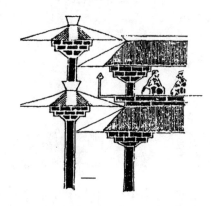

图8-15　汉画像砖中檐下斗栱

图8-16　汉明器中通柱的多层建筑

参考单层木构受力机制的相关研究,这一时期的楼层间衔接可能尚未发展出以成熟斗栱为媒介的形态。层叠式构架将平坐斗栱用于层间节点的状况不多,更大的可能是使用四川成都曾家包以及山东汉画像砖住宅中显示的井干式地梁(图8-17,图8-18)作为层间节点的方

注,可见多种形态,但普遍有层间多道梁

图8-17　汉画像砖中楼阁层间节点

❶　广州市文物管理委员会.三年来广州市古墓葬的清理和发现[J].文物参考资料,1956(5):25.

法❶。甚至如在四川雅安画像砖木构阙中,通柱、井干、铺作斗栱三种节点并用的情况❷(图 8-19)。陶屋模型显示,不少平坐或铺作层的斗栱都是由从屋身直接挑出的梁头支撑的单向斗栱,不但自身较为薄弱,而且也不属于真正的层间结构。陈明达先生认为有逐层都用平坐和屋檐,相间使用,以及没有平坐三种类型,但其所列举的形象中的平坐均为从楼身挑出、支撑栏杆的构件,和后世常见的平坐有很大的差别❸。

注,似为梁上立柱的层间作法

图 8-18 汉画像砖中楼层间节点

注,似有梁上立柱、斗栱、井干三种层间构造

图 8-19 汉画像砖中楼层间节点

虽然从建筑造型方面看东汉时期楼阁已经有较高的成就,但是其结构技术似乎尚不完善。首先高度和层数有限,除了少数民居外,最频繁出现的是二层左右的楼屋;其次,进深和开间有限。从汉代画像石中人、门、阙的比例(由画像中中人和建筑高度的关系可以推测,檐高在2.5 m 附近;从阙底部的门推测,底层高度也只有 2.5 m 左右;从开间比例接近 1∶1 推测,其开间在 3 m 附近;如按更普遍的 1∶2 立面宽高比来推测,则开间只有 1.5～2 m)看,阙类的木构开间在 3 m 附近,由陶屋、石屋等各类资料的单层立面高度、门的宽度等数据推测可以得出类似的结论。表现在建筑造型上,就是楼屋的形象普遍瘦高。而这和当时单层木构的开间、进深比例有明显差距。一个可能的解释就是由于构架高度增加而导致水平荷载和重力附加荷载效应增加,那么,这一时期的构架基本结构特征如何呢?

8.1.2 分析模型

这一时期众多的类型探索显然为之后楼阁的发展打下了良好的基础,为研究其结构特征及影响,结合陶屋模型进行结构分析。

模型 1:参考汉代广州出土的陶屋楼阁的作法,穿斗构架,开间两间,进深两间,柱距 2 m,两层高,层高 3 m,通柱造,屋面为大叉手结构。榫卯节点为檐柱半榫和中柱直榫(考虑到这一时期榫肩作法并不普及和可能的技术缺陷,半榫无肩按有肩的 70% 假设),柱径 200 mm,梁 200 mm×200 mm。出檐 1 m,研究横架刚度。不考虑墙体支撑作用。

计算结果显示,在汉代利用穿斗节点技术就已经可以实现在标准水平荷载下保持构架横架方向的侧向稳定,这时的变形为 134 mm,出现在二层柱头位置。观察内力图(图 8-20)可以

❶ 陈显双.四川成都曾家包东汉画像砖石墓[J].文物,1981(10):30.
❷ 刘叙杰.中国古代建筑史(第一卷):原始社会、夏、商、周、秦、汉建筑[M].北京:中国建筑工业出版社,2003:489.
❸ 一般认为的平坐接近平坐斗栱,即用斗栱作为支撑上层屋面挑出结构兼层间节点的作用.

发现,屋顶的重力荷载更多的集中在檐柱位置,达到 1.2 kN,而中柱较小,只有 0.7 kN 中柱的直榫节点承担了主要的构架内部弯矩,达到 5 kN·m。这主要是因为直榫的弹性阶段转动刚度 K_1 远大于 K_2 的原因。此外在楼层的分层处的柱节点也有较高的弯矩,达到 2 kN·m。剪力图显示在二层中柱上,约 5 kN。但这一结构的问题也很明显,由于二层中柱使用直榫且承担了主要荷载,不但直榫已经达到极限弯矩(经柱传递的弯矩达到 10 kN·m),而且这一位置恰是榫卯交接最为频密、柱截面削弱最大的位置,在强力的作用下可能发生致命的节点破坏,而层叠式结构则可以避免这一情况。云南丽江地震民居调查报告中,发现了大量由于一二层梁柱交接处折断而造成的倒塌毁坏案例,即是这一推论的有力证据❶。此外通柱直榫均要求细长构件,对于非木材盛产区较为不利。

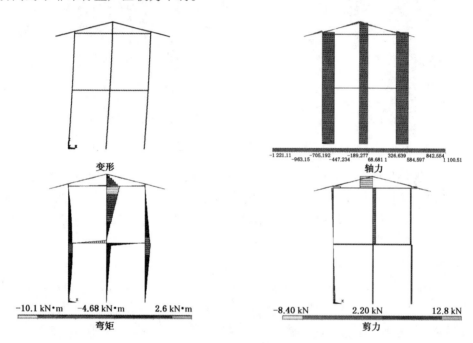

图 8-20　模型 1 变形内力图

模型 2:同上,研究纵架刚度(根据单层木构研究,纵架半榫长度假定为四分之一柱径,宽度等于梁宽,并且考虑到构架营造问题,不使用直榫)。计算模型显示,纵架方向的侧向刚度远远小于横架方向,在标准水平荷载的作用下,二层檐柱顶出现了高达 130 mm 的水平位移(檐柱的实际受荷面积仅有明间的四分之一)。弯矩内力图显示(图 8-21),构架中最大的弯矩出现在一层柱顶,为 1.1 kN·m,该数值远小于横架。纵架总体变形大于横架的原因既是由于半榫的节点抗弯性能弱于直榫,也因为檐柱柱顶荷载较大。

模型 3:为研究横架柱间距加大后对构架抗侧刚度的影响,模型基本同模型 1,但将开间和进深的柱间距增加到 4 m,研究横架的刚度。计算模型显示,除构架的侧向变形增加到 171 mm,弯矩内力图显示(图 8-22),由于直榫达到极限,故转而由受荷面的檐柱承担结构内弯矩,这一节点弯矩高达 2.42 kN·m,也已接近半榫极限。该结构很可能在标准水平荷载下节点破坏。

❶ 谷军明,缪升,杨海名.云南地区穿斗木结构抗震研究[J].工程抗震与加固改造,2005(S1):206.

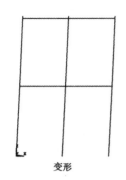

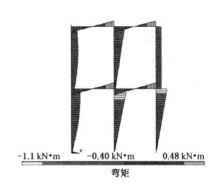

−1.1 kN·m   −0.40 kN·m   0.48 kN·m

变形 / 弯矩

图 8-21 模型 2 纵架变形内力图

模型 4:模型同上,研究纵架的刚度。计算模型显示,在标准水平荷载作用下,构架最大水平变形为二层檐柱的 148 mm,弯矩内力图(图 8-23)和模型 2 类似,只是略微增大而已。

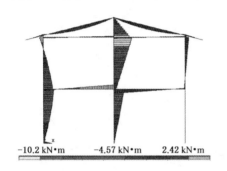

−10.2 kN·m   −4.57 kN·m   2.42 kN·m

图 8-22 模型 3 大跨横架内力图

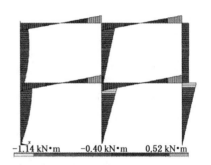

−1.14 kN·m   −0.40 kN·m   0.52 kN·m

图 8-23 模型 4 大跨纵架内力图

上述的模型分析表明,即使使用节点强度较大的穿斗作法,汉代的楼阁受限于屋面荷载集中,较为薄弱的榫卯节点,构架的侧向刚度很小。两米柱距的二层木构在标准水平荷载作用下就会产生 130 mm 以上的变形,而 4 m 开间距的楼阁构架变形达到 150 mm 左右。这种远大于同时期单层木构的侧向变形显然限制了楼阁在尺寸方向进一步发展的可能。与明器中显现的瘦高的开间比例形象是一致的。

模型 5:上述分析中,不但在横架梁柱交接节点使用了直榫、半榫等强度较高的节点形态,而且在层间使用了通柱的做法。模型 5 则分析了汉代可能出现过的层间层叠,不使用中柱和直榫的木构架形式。该模型即以总进深 4 m,开间 2 m,共两开间,层高 3 m,总高二层的木构横架为分析对象。计算结果显示,该模型在 2%的最大水平荷载下,仅变形 8 mm 时就失稳破坏,即使所有将构件截面加倍,在 40% 标准水平荷载下二层柱顶最大水平位移已经达到 380 mm。变形和弯矩图均显示(图 8-24),一层为构架中的主要受力变形部分,其节点荷载达到 7.76 kN·m,变形达 352 mm。上述分析结果说明该类型构架抗侧刚度较低,这与明器和汉阙中显现的楼阁木构架较少外露、被土墙包围的形象是一致的。虽然这一类型的构架存在较为明显的缺陷,但是仍有多种可能对其改良。

模型 6:一种最常见的构架加强方式就是使用中柱支撑梁和屋面,该模型即在模型 5 的基础上分别在一层和二层增设中柱,其中一层柱直接支撑楼面,二层中柱直接支撑屋面,柱和一、二层梁交接处使用直榫节点。该构架最大的水平位移为二层柱顶的 134 mm,同样一层柱顶变形大于二层,最大弯矩为一二层交接处中柱和楼面梁的8.28 kN·m,内力图和变形值(图8-25)都说明,中柱有效分担了结构内弯矩和从屋脊处传递的屋面荷载,而直榫节点的使用提高了构架抗侧刚度。

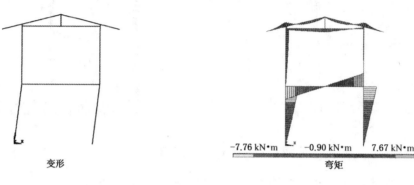

变形   弯矩

−7.76 kN·m   −0.90 kN·m   7.67 kN·m

图 8-24   模型 5 变形内力图

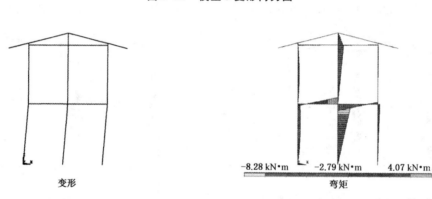

变形   弯矩

−8.28 kN·m   −2.79 kN·m   4.07 kN·m

图 8-25   模型 6 变形内力图

模型 7:上一模型中使用了直榫这种一般在穿斗构架中常见的节点,但更普遍的情况可能是仅用中柱支撑梁而不用直榫,该模型即研究了这一情况。该构架无法在标准水平荷载下稳定,和模型 6 结论比较后可知,仅仅通过增加中柱减少檐柱或金柱的屋面荷载尚无法有效提高这类构架的抗侧刚度。

模型 8 和模型 9:另外两种在汉代画像砖中常见的楼阁形象分别是显著的退层收分和降低层高,有不少形象显示往往会并用这两种方法,模型 8 在模型 5 的基础上将二层的层高降低为 1.5 m,模型 9 则为二层相对一层退层 2 m。这两类构架均只能在大约 10% 的标准水平荷载下稳定,其中模型 8 的最大水平位移为二层柱顶的 325 mm,最大弯矩为一二层交接处柱和楼面梁的 1.6 kN·m(图 8-26)。模型 9 的最大水平位移为二层柱顶的 211 mm,最大弯矩为二层檐柱和一层楼面梁的交接处的 2.95 kN·m,而榫卯节点最大弯矩仅 0.97 kN·m(图 8-27)。这两种方法虽然都能有效地提高构架的抗侧刚度,降低变形,但内力图显示其原理不同。降低层高的作法减少了建筑的受风荷载面积和高度,间接提高了二层抗侧刚度,使得一二层相对柱顶水平位移接近;退层的作法则是减少了屋面荷载,但也直接导致一层柱顶梁受荷增加,一层刚度降低,还附带了梁弯剪破坏的新问题。这可能与后世退层时较小。上层柱脚尽可能靠近梁端有关。

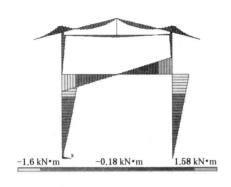

图 8-26　模型 8 内力图

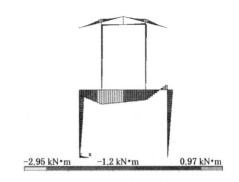

图 8-27　模型 9 内力图

　　模型 10:另一种,没有形象对照,但可能使用的支撑作法为在二层柱脚之间加设地栿提高二层刚度(不少早期日本木构中,在二层也使用地栿),计算结果显示,该模型的最大水平位移、弯矩、剪力均和没有加地梁的模型计算结果几乎一致。这一结果指出,层叠式楼阁的主要变形来自于一层,加强二层抗侧刚度对整体构架贡献较小。对于底层构架而言,由于柱搁置于柱础上,抗侧刚度的主要来源是柱顶而非柱底。这就要求在同时期技术条件一定的情况下,优先加固底层框架的梁柱节点。

　　除了上述这些方法外,在汉阙等其他形象中,还有使用简单的人字补间或井干梁架的情况。模型 11 到 13 即研究了四川汉画像砖阙中两种加固方式。模型 11 使用平坐为过渡,模型 12 模拟了二层设梁下中柱的情况,模型 13 模拟了一层设梁下中柱的情况。

　　模型 11 在 2% 的标准水平荷载下的变形达到 6 mm 后失稳破坏,弯矩图(图 8-28)显示,其内力分布和不使用平坐类似,只是由于平坐变相降低了一层柱高,减少了屋面荷载的附加弯矩才能略微提高构架抗侧刚度。

　　模型 12 在 7% 的标准水平荷载下,最大构架水平位移达到 400 mm,仅略好于不加固的模型 5。

　　模型 13 的在 10% 的标准水平荷载下最大水平位移为二层柱顶的 370mm,最大弯矩为一层梁柱节点的 1.93 kN·m,该结果强于模型 12 和未加固的模型 5。从弯矩内力图(图 8-29)可知一层中柱几乎没有承担节点弯矩,推测其提高构架抗侧刚度的原理是因为减小了柱间联系梁的跨度,从而减少了构架失稳可能。

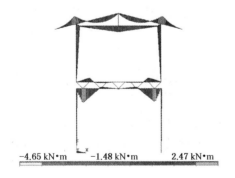

图 8-28　模型 11 内力图

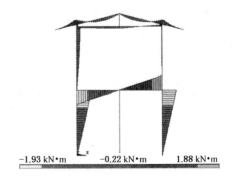

图 8-29　模型 13 内力图

8.1.3　小结与讨论

由上述一系列分析可知,汉代由于榫卯节点工艺和强度问题、大叉手引起的屋面荷载集中问题和一系列构架技术的不成熟,导致其在较低的水平荷载下动辄数百毫米的变形,这一时期可能存在的木构楼阁很可能尚不是完全的独立木结构,而是需要夯土、石砌墙体的辅助,并限制了其开间和进深跨度以及立面造型。但即使在这种不利的情况下,仍然能从明器、绘画中发现丰富的楼阁形象和实践尝试,从模型 5 到模型 13 的一系列分析计算指出,这些尝试中有些有效,有些作用甚微,其中效果比较显著的包括:降低二层层高,一二层均使用中柱减小跨度等,在实践中往往多法并用。

早在汉代,通柱造的楼阁侧向刚度就已高于简单层叠式构架,在同样荷载下其侧向变形仅有层叠式的 40%~50%。这不仅是由于通柱造具有比层叠式构架更多更强的抗弯节点,而且也因为内力弯矩在通柱构架内相对均匀分布。该构架的问题也很明显。由于承担弯矩最大位置榫卯交接最为频密,柱截面削弱最大,在强力的作用下可能发生致命的节点破坏。此外,满足大型建筑的通柱大材是很难获得的。

相对而言,所有层叠式构架的分析图均显示,其上下层弯矩不连续,同时层叠作法中榫卯节点对柱的破坏较少,只要层间剪力不破坏构架,就不会出现类似通柱作法的弯矩出现于榫卯交接位置的危险。而层叠式没有通柱的要求则成为一种营造上的优势。由于底层承荷、变形均非常大,往往占到总变形的 70%甚至 90%。因此层叠式构架的底层构架刚度对楼阁整体侧向刚度影响最大。然而这一问题,在早期土木尚未完全分离的背景下,可以通过较厚的墙体、用壁带等形式增加底层木构的抗弯节点等多种混合方式改良。

正是由于梁柱造通柱式或层叠式之间没有任何一方体现出绝对优势地位,导致了各类的构架盛行,并会出现局部通柱,又局部层叠的混合构架作法。同时在这一时期,受限于对榫卯节点性能实践认知的缺陷,可行的技术措施只能是增加构件截面并相应的增加榫卯截面。

此外还有一种可能的结构并未纳入本节分析内容,就是秦代出现的围绕土台建造的二层木构。虽然这种结构确实在早期解决了建筑高度、跨度的问题。但其有两个致命的缺陷:首先,中心夯土台导致底层空间不可用;其次土并非是耐压的最佳候选材料,一旦高度需求增加,中心土台极可能在自重下破坏。这两点决定了这种形态只能在很小的适用范围内局部使用。但是从这一模型却可能衍生出新的形态,即以强壮的中心核心筒为基础,周匝以木构的方法。这一结构概念经后期木塔砖石化的演化发扬光大。

8.2　高度的冲刺——南北朝时期的高"塔"

在第 1、2 章中简述已经指出,南北朝时期楼阁在高度和相对独立性上具有了很大的突破。而单层木构分析指出,斗栱节点在单层木构抗侧刚度上贡献良多。本节即主要讨论南北朝时期楼阁层数、高度增长的受力机制问题。

8.2.1　重要案例

魏晋南北朝早期,从西魏等处的壁画中可以发现楼阁的形象(图 8-30),但似乎并没有出现相对汉代的大发展。虽然出现了很多大型楼阁的建造记载,例如后赵时期"虎既自立,又于邺","起台观四十余所,营长安洛阳二宫","凤阳门高二十五丈,上六层,反宇向阳,……未到邺城七八里可遥望此门"。"甚于魏初,于铜爵台上起五层楼阁,去地三百七十尺";太武帝"截平城西为宫城,四角起楼",又如陈后主。建了有名的三大楼阁,"临春阁、结绮阁、望仙阁,阁高数十丈,广延数十间"。但从部分南北朝时期的壁画中,如莫高窟 257 号西壁的北魏壁画,莫高窟285 号南壁西魏壁画,莫高窟 296 号北周壁画来看,其立面比例形象均汉代接近,较为瘦高,进深远小于开间。不少楼阁底层还刻画出用墙体包砌的特征。在莫高窟 275 号南壁上的北凉壁画,十分清晰地刻画出了用斗栱形成二层门阙的作法,表达出用复合梁架形成层间衔接的楼阁构造。

总体看来,除了相对普遍的在屋面下使用斗栱这一和单层建筑类似的节点(图 8-31 上)外,并没有高度或技术的突破,有些楼阁的上层甚至可能是上不了人的重檐而已(图 8-31 下)❶。

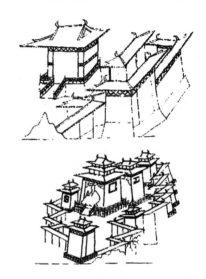

图 8-30　西魏壁画中的多层城楼　　　　图 8-31　西魏壁画中的楼阁组合

另一方面,由于佛教的引入和流传,掀起了一轮兴建佛塔的高潮。虽然塔和楼阁属于不同类型的建筑,但同为类似的多层建筑,了解塔的结构技术和构造节点,同样有助于了解这一时期楼阁的形态。尤其在这一时期,楼阁与塔之间的关系密不可分,文献中甚至出现了以楼为塔的记载。例如"大起浮屠。上累金盘,下为重楼,又堂阁周回,可容三千许人。作黄金涂像,衣以锦彩",又如云冈石窟中有不少塔和楼阁造型类似,均为重楼形象(图 8-32)❷。

由于需要解决类似的结构问题,塔和楼阁的建造技术也几乎是同步的。东晋时释道安南下在襄阳造"五层塔",前秦,北魏也都建造过五层塔❸。南北朝时北魏的永宁寺塔和南朝的宋庄严寺塔均为七层❹。而北魏洛阳永宁寺九层塔,基方十四丈,塔高四十九丈❺。梁武帝建康

❶ 敦煌研究院.敦煌石窟全集(21):建筑画卷[M].香港:商务印书馆有限公司,2001:47.
❷ 傅熹年.中国古代建筑史(第二卷):三国、两晋、南北朝、隋唐、五代建筑[M].北京:中国建筑工业出版社,2001:179.
❸ 慧皎撰;汤用彤,校注;汤一玄整理.高僧传[M].北京:中华书局,1992:179.
❹ 傅熹年.中国古代建筑史(第二卷):三国、两晋、南北朝、隋唐、五代建筑[M].北京:中国建筑工业出版社,2001:179.
❺ 杨鸿勋.北魏洛阳永宁寺塔复原研究[J]//杨鸿勋.建筑考古学论文集(增订版)[M].北京:清华大学出版社,2008:358.

图 8-32　云冈石窟塔形象

同泰寺建造九层浮屠❶。虽然比较缺少实物可供研究,但文献中塔层数的增加,至少说明了多层建筑建造能力的提高。尤其是云冈石窟塔心柱石刻,清晰刻画了至少五层可用的五开间大塔(图 8-33)。

　　关于塔的构造方式也有相对明确的记载,其中较为特殊的是和塔心木相关的记载。例如《高僧传》中就记载,"释慧受于建康,乞王坦之元为寺,由于江中觅得一长木,竖立为刹,架以一层❷",说明可能采用了在日本佛寺塔中曾经使用过的塔心柱的形式。南朝的塔也有类似关于塔刹木的记载,如《扶南国传》中就记载,梁武帝建塔,先将宝物放入刹木下的龙窟,再立刹木,最后建塔。由于塔刹木承担着佛教上的符号和象征功能,又非常难得,甚至为帝王钦赐的巨木,因此需要保护。这种连续的巨木类似早期楼阁的中心土台,这是否是一种可能的解决楼阁问题的构架形式呢?

　　另一种有明确证据的结构是圈层套筒的柱网体系。如北魏的永宁寺塔,据中国社会科学院的调研简报,"塔基有上下两层夯土台,底层台基东西广 101 m,南北宽 98 m,高逾2.5 m,是佛塔的地下基础部分;上层台基位于底层台基正中,

图 8-33　云冈石窟五层塔

四周包砌青石,长宽均为 38.2 m,高 2.2 m,是地面以上的基座部分","上层台基上有 124 个方形柱础遗迹,内有残留的木柱碳化痕迹及部分石础。柱础分内外五圈方格网式布列:最内一圈16 个,4 个一组,分布四角;第二圈 12 个,每面 4 柱;第三圈 20 个,每面 6 柱;第四圈 28 个,面各七间八柱;第五圈为檐柱,共 48 个柱位,面各九间十柱。第四圈木柱以内,有一座土坯垒砌的方形实体,长宽均约 20 m,残高 3.6 m。"❸由于最上层台基高残 3.6 m,实际底层只能在第四

❶　傅熹年.中国古代建筑史(第二卷):三国、两晋、南北朝、隋唐、五代建筑[M].北京:中国建筑工业出版社,2001:296.
❷　慧皎撰;汤用彤,校注;汤一玄整理.高僧传[M].北京:中华书局,1992:352.
❸　杜玉生.北魏永宁寺塔基发掘简报[J].考古,1981(3):224.

圈柱以外的空间活动。根据最上层土台的尺寸和柱网的描述,可以推测第三、四圈柱网接近3.3 m(图8-34,图8-35),则最内一圈可能只有3.3 m的净跨度,而且还是四角有四柱的平面配置。同时该高跨比说明开间形象逐渐从偏高瘦向方形转化。相比明确区分纵横架的构架形式,多开间的木构有可能有如下几个优势:第一是阑额增加了每一圈层木构的柱头拉接,其连接节点数量多于仅在纵架方向出现柱头拉接的构架体系;第二是每增加一个开间,不利条件中仅有柱顶重力荷载弯矩一项增加,侧向水平荷载产生的弯矩不变,而有利条件如抗弯节点数量成倍数增长。其结果就是往往同层抗侧刚度增长快于外荷载增幅。

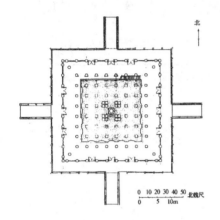

图8-34 北魏永宁寺塔遗址考古平面

图8-35 永宁寺塔遗址

塔刹木的结构和多圈的结构体系往往会同时使用,如参考日本法隆寺的五重塔和法起寺的三重塔的平面图和剖面图(图8-36,图8-37)可知,这些塔大多呈两圈柱网围绕塔刹木的形式,最内圈的跨度只有2 m左右,内外圈之间是通过柱头和斗栱上部的梁枋连接的,但除了屋顶部位,围绕塔心柱的木构仅和塔心木间有少量的连接❶。这种双圈层结构和唐代部分的楼阁的柱网配置类似。

除了圈层结构这种构架类型,同层梁柱的斗栱而非层间节点的技术进步可能也是帮助南北朝时期楼阁、塔构架抗侧刚度提高的一个主要原因。但其发展为平坐的契机不明。龙门石窟中的楼阁、塔的形象,包括敦煌壁画中某些阙都只有收分,没有明显的平坐,说明这一时期的节点可能延续了汉以来在梁上重叠设柱的作法。从日本法隆寺金堂、五重塔等参考案例来看,上一层柱也仅是搁置在下一层柱顶上多层叠加的木方上。

这一时期的多层木构最大的结构问题恐怕是稳定性,有时甚至可能严重到影响使用,结构破坏的程度。南宋刘义庆《世说新语》载:"凌云台楼观精巧,先称平众木轻重,然后造构,乃无锱铢相负。揭台虽高峻,常随风摇动,而终无倾倒之理。魏明帝登台,惧其势危,别以大木扶持之,楼即颓坏。论者谓轻重力偏故也"。又如晋书言"玄出游水门,飘风飞其仪盖。夜,涛水入石头,大桁流坏,杀人甚多。大风吹碌雀门楼,上层坠地"。被大风损坏的日本备中地区国分寺五重塔也是上层吹落❷。

❶ 建筑学参考图刊行委员会.日本建筑史参考图集[M].建筑学会,昭和七年:33,10.
❷ 马晓.中国古代木楼阁架构研究[D].[博士学位论文].南京:东南大学,2004:153.

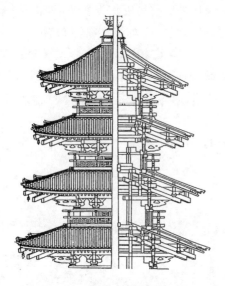

图 8-36   日本五重塔剖立面

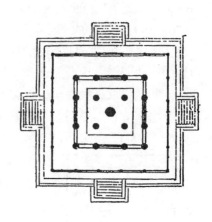

图 8-37   五重塔平面

8.2.2   分析模型

南北朝时期楼阁层数增长,必须以其抗侧刚度大幅增长为前提。那么,这种增长到底与这一时期出现的多层套筒结构、斗栱节点形式等有何关系呢?为研究这一时期的多层木构结构体系和技术,特假设如下的模型。

模型 1:在前述汉代分析模型 11(使用单向纵架单向斗栱平坐,和南北朝前三类构架对应)的基础上,增加了塔刹木的结构分析。根据对法隆寺五重塔剖面结构图的研究和部分韩国早期塔的发掘资料,塔刹木可能一定程度上埋置于地下,除塔顶位置均无和外侧楼阁的联系构件。本分析中暂假设直径 1.6 m。该模型最大水平位移仅为 0.8 mm,最大弯矩为塔刹木底端的 13.8 kN·m,并未超过木材本身的抗弯极限(图 8-38)。可见如果这一结构成立,不但对于两层的木构,对更多层的木构和塔都有重要的结构意义。即使仅应用于底层,也可大大改善层叠式多层楼阁、塔的抗侧刚度。从这点出发,不难理解永宁寺等佛塔等建筑中较高的底层土台的意义。

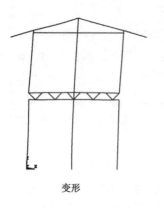

变形

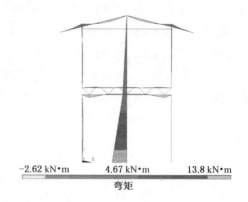

-2.62 kN·m   4.67 kN·m   13.8 kN·m

弯矩

图 8-38   模型 1 变形内力图

　　比较可惜的是,这一概念模型与实际情况可能相去甚远,北魏永宁寺塔的遗址发掘报告和法门寺三重塔的结构均显示,塔刹木更有可能仅是简单搁置在地面或略高于地面的土台上,即塔刹木底端并非嵌固于土中,针对这一情况假设了模型2,即塔刹木底端铰接于地面的结构模型,分析结果指出,该模型在约5%水平荷载下可保证结构变形不破坏,这要好于没有塔刹木的汉代模型11,但其水平变形达到75 mm。分析内力图(图8-39)可知,中柱主要是通过分担屋面荷载,减少柱头附加弯矩的形式来提高整体构架的抗侧刚度的,本身并未承担任何弯矩,故其提升极为有限。且实际结构中塔刹木能否承担如此重要的结构功能尚存疑问。由于塔刹木是整体构架中最为细长的构件,两端的约束条件差,当高度增加,跨度加大时,很容易失稳。在这种情况下,就是外部构架扶持塔刹木而非依赖塔刹木了。如果塔刹木并不牢固,那么高而长的塔刹木和楼阁塔到底应该如何搭建才能更加合理呢?

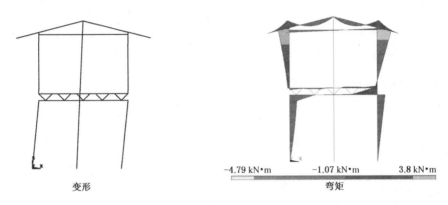

变形　　　　　　　　　　　　　-4.79 kN·m　　　　-1.07 kN·m　　　　3.8 kN·m

弯矩

图8-39　模型2变形内力图

　　针对上述问题,结合对楼阁如永宁寺塔等遗迹,法隆寺五重塔的解读,在模型2的基础上研究了套筒结构的模型3和4,其结构为双套筒。在每一圈层的柱头均可能使用了类似阑额的构件拉接柱头,只是这些构件的截面尺寸较小,其宽高均接近斗栱材宽。

　　模型3,为模型2取消平坐纵架后,使用套筒结构的情况。该模型在10%标准水平荷载作用下结构最大水平位移很小,仅为8 mm。但继续增加水平荷载构架会局部失稳破坏,四柱上的弯矩较为接近,底层金柱略大,达到0.63 kN·m(图8-40)。在并未增加构件截面或改变节点技术条件下,获得了比模型2更好的抗侧刚度。

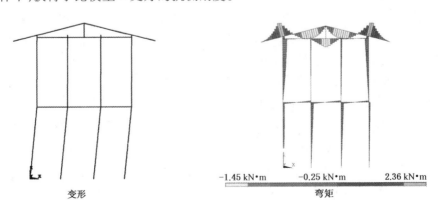

变形　　　　　　　　　　　　　-1.45 kN·m　　　　-0.25 kN·m　　　　2.36 kN·m

弯矩

图8-40　模型3变形内力图

　　模型 4 在模型 3 的基础上,研究了有刚度的简单斗栱用于层间衔接时的情况。其中斗栱材高根据柱径和日本飞鸟时期建筑的比例定为 12 cm。参考相关研究,暂不将可能存在的层间节点抗弯能力计入,即假设上层柱是搁置在下层华栱或梁上。该结构能在 20% 的标准水平荷载下保持构架稳定,水平变形仅 18 mm(10% 标准荷载下变形 6 mm),最大弯矩为一二层间斗栱底部的 0.9 kN·m(图 8-41)。整个构架的抗侧刚度由于增加了柱头斗栱的抗弯能力得到了较大的提升。

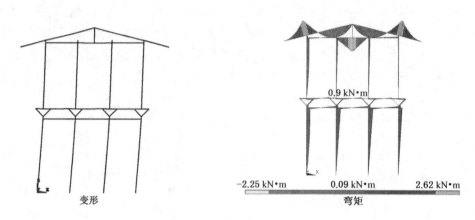

图 8-41　模型 4 变形内力图

8.2.3　小结与讨论

　　上述分析表明,南北朝楼阁抗侧刚度的提高,主要受惠于单层屋面结构中柱头斗栱节点技术进步和圈层套筒结构。这两种方式看似差异明显,其结构机理却并无二致。前者增加单节点的转动刚度,后者增加有效节点数量。这两种方式都与层间节点强度无关。这是由层叠式结构抗侧刚度主要受底层木构刚度影响的特征决定的。塔刹木的两个相关模型分析已经指出,除非能长期固定通柱的底部于柱坑内,否则围绕塔刹木的构架并没有结构优势。

　　另一个重要现象是在汉代分析中其他构架形式的集体失语。例如具有很大优势的通柱造构架和明显退层的构架方法,但也能较为合理的得到解释。例如通柱造所依赖的节点构造属于穿斗,不属于北方常见的营造体系。同时没有足够长的构件,很难出现九层塔塔柱均为通柱。明显的退层对构架抗侧刚度影响不大,但多层木构重叠后,底层梁弯剪破坏可能性大增。毫无疑问的是,这场结合佛塔的楼阁高度上的突飞猛进,使得楼阁构架对结构侧向刚度的要求大大提高。"自然选择"之后留下的,是一些可以明显提高楼阁侧向刚度的节点技术和构架形式,并大大推进了楼阁结构技术实践能力。

　　从结构分析角度看,层叠构架中连接节点的数量和抗弯能力对底层构架的抗侧刚度最为重要。但这一时期无论是内外圈拉接用阑额的尺寸或是其他节点如斗栱的位置数量都并不够合理。永宁寺塔一类的高层木构,其底部圈层数达到 4～5 圈,还局部结合了土台。虽然通过增加用料等方法可以进一步提高构架的抗侧刚度,但考虑到模型 4 分析结果中在标准荷载下较大的水平变形,这一时期的多层木构塔的空间利用率和结构独立性恐怕都尚不成熟。

这种基本的受力机制,决定了在此基础上的层叠式楼阁构架发展的基本脉络之一,即和单层木构类似,通过加强每一层,尤其是底层的梁柱节点,提高抗侧刚度进而提高楼阁整体的抗侧刚度。层叠式也因此走上了和单层木构相同的发展路径。

8.3 从塔走向阁——重叠的单层殿阁

前节分析指出,主要受惠于柱头铺作刚度的提高,南北朝多层木构楼阁的抗侧刚度有了进一步的提高,进而在高度上有了一定的突破,但由于梁柱节点不发达,很可能南北朝时期还面临着土木混合或空间跨度、高度二选一,变形大等诸多结构难题。南北朝之后,单层木构中柱头斗栱和补间斗栱更加发达。楼阁会在构架体系和受力机制上发生哪些变化呢?本节即主要研究发达的柱头斗栱背景下楼阁的构架受力机制和演化问题。

8.3.1 重要案例

隋唐时期同样曾出现过不少木构楼阁,但由于历经战火,较少实物留存,留存的绘画等形象中比较突出的是敦煌壁画中的楼阁形象。在隋唐之前的北朝壁画中,虽然也有些楼阁[1](图 8-42),但其构造并未有很大的进步,楼阁的墙壁往往用多重木构的壁带加固,层层之间的转化仍然是类似井干或矮柱叠合梁架的形式[2](图 8-43)。反映的是通过增加节点数量增加构架侧向刚度的结构解决方式。隋代莫高窟 417 号西坡,隋代壁画中的三层双楼由于绘画的原因,很难判读上两层是重檐还是透视现象的艺术夸张[3](图 8-44)。但在唐代,楼阁获得了极大的发展,不但出现了立面开间比例接近单层的层叠式楼阁,而且其层间节点也得以发展[4](图 8-45),还出现了结合楼阁的建筑组合形态[5](图 8-46)。

图 8-42 北朝壁画城楼形象

图注,可见纵架壁带为人字撑

图 8-43 北朝壁画中的壁带

[1] 敦煌研究院.敦煌石窟全集(21):建筑画卷[M].香港:商务印书馆有限公司,2001:16.
[2] 敦煌研究院.敦煌石窟全集(21):建筑画卷[M].香港:商务印书馆有限公司,2001:37.
[3] 敦煌研究院.敦煌石窟全集(21):建筑画卷[M].香港:商务印书馆有限公司,2001:48.
[4] 傅熹年.中国古代建筑史(第二卷):三国、两晋、南北朝、隋唐、五代建筑[M].北京:中国建筑工业出版社,2001:430.
[5] 敦煌研究院.敦煌石窟全集(21):建筑画卷[M].香港:商务印书馆有限公司,2001:125.

图 8-44　隋壁画中的楼

图 8-45　唐壁画中的楼形象

图 8-46　唐壁画中的楼阁组合

　　这个时期,楼阁在形象上的两个重要变化分别是立面比例的改变和平坐的出现。从现有的图像上看,唐代楼阁的开间比例,尤其是明间开间明显比汉代加宽。区分出了明、次间❶(图 8-47)。楼阁也出现了多样的形体组合❷(图 8-48)。虽然早期方形阁的单开间比例比较瘦高(图 8-49,图 8-50)❸,但在实例和楼的形象中似乎有所改观。一改汉到南北朝之间的形象,比较接近单层木构。除方形平面外,也出现了一些类似单层殿阁的楼阁。壁画中的多层木构虽然还区分楼阁(据研究,在唐之前,一般较为明确的区分"楼"与"阁",即前言所述的唐之前重屋为楼,用平坐架空的才是阁),如初唐莫高窟北壁中的水上庭院中的二(三?)层楼阁(见图 8-48),或是初唐莫高窟 329 号南壁的三阁组合,215 号中的双阁组合❹,均表现为底层柱架空,使用平坐斗栱支撑上层屋面结构的形式。和同时期单层木构技术比较,发达的檐下斗栱导致立面比例加宽,跨度加大这一结果并不令人惊讶。但普遍出现的平坐斗栱是否意味着这一层间节点也在这一时期的楼阁构架演化中起到了重要作用呢?

　　❶　敦煌研究院.敦煌石窟全集(21):建筑画卷[M].香港:商务印书馆有限公司,2001:97.
　　❷　傅熹年.中国古代建筑史(第二卷):三国、两晋、南北朝、隋唐、五代建筑[M].北京:中国建筑工业出版社,2001:179.
　　❸❹　敦煌研究院.敦煌石窟全集(21):建筑画卷[M].香港:商务印书馆有限公司,2001:87,78.

图 8-47 唐壁画中的七层楼

图 8-48 石窟中的楼阁组合

图 8-49 唐壁画中楼立面 1

图 8-50 唐壁画中楼立面 2

　　梁思成先生认为敦煌反映的唐代建筑中多有平坐,而平坐一词也多次出现在史籍中,如"玄宗毁武后明堂,平坐上置八角楼"❶。但实际情况远为复杂。从结构角度出发,平坐是一种多余的节点。几乎所有绘画中的平坐都可以取消而采用柱直接落地或落于下层的方式。然而和前章单层结构中对斗栱和插栱比较研究结果类似,由于上层楼面出挑的需要和纵横架相绞的问题,所有取消平坐斗栱的结果必然导致榫卯节点由馒头榫变为十字箍头榫和较短的直榫,进而容易导致节点破坏。在这一基础上,才发展出早期阁道中永定柱❷(图 8-51)基础上的平坐斗栱。除了可以营造底层架空的木构高台外❸(图 8-52),还可支撑楼面❹(图 8-53)或为上下层柱网形状或建筑材料不同提供调整便利❺(图 8-54,图 8-55),也可以在上下层均有屋檐形象的楼中架在底层梁架上方便柱网退层❻(图 8-56,图 8-57)。因此,平坐斗栱可能并非一种在结构上特殊设计的层间节点,而是和檐下斗栱类似多种矛盾调和的结果。

❶ 梁思成. 中国建筑史[M]. 天津:百花文艺出版社,2005:124.

❷ 中国科学院自然科学史研究所. 中国古代建筑技术史[M]. 北京:科学出版社 2000:62.

❸❹❺❻ 敦煌研究院. 敦煌石窟全集(21):建筑画卷[M]. 香港:商务印书馆有限公司,2001:122,85,126,187,232.

图 8-51　画像砖中的阁道

图 8-52　唐壁画中的阁

图 8-53　唐壁画中阁的平坐

图 8-54　唐壁画中的阁与平坐

图 8-55　唐壁画中的二层阁

图 8-56　唐壁画中阁的退层形象

图 8-57　唐壁画中的平坐 　　　　　　　图 8-58　唐壁画中的永定柱

　　唐代平坐本身的演化确实存在一个由简到繁的过程。例如初唐时城楼的平坐较为简单，最简洁的是用蜀柱连接的组合梁❶(图 8-58)，也有部分有斗栱形态的平坐出现。由于下部为城墙，故不存在类似汉代那种从木构屋身挑出的作法，此时的平坐必然是和辽、宋楼阁中所见一致的斗栱式平坐。而晚唐则出现了区分柱头和补间位置的平坐❷(图 8-59)。由于并非特意设计具有结构作用，平坐复杂与否并非简单的沿时间演化。初唐的宫阙中(397 窟)就有平坐。同样在初唐的 205 窟的西方净土变壁画中，有的楼阁形象没有收分且没有明显的层间平坐。图 8-60 显示了从初唐到盛唐的一些城楼形象，其中平坐出现与否与时期没有必然联系。这可能说明，在隋唐时期，尚不清楚平坐的结构影响才会有诸多变化。

图 8-59　唐壁画石刻中的复杂平坐 　　　　图 8-60　唐各期城楼形象

　　此外尚有部分肯定存在，但比较缺少明确图像实例的节点问题。例如前述楼阁退层时，上层柱必须落在下层构架上，在外檐可以清晰地看到平坐斗栱，但内檐上下层梁柱如何相交，除少数日本实例和我国的开元寺钟楼外，只能从更晚的辽、宋木构作法逆向推想。

❶　敦煌研究院. 敦煌石窟全集(21)：建筑画卷[M]. 香港：商务印书馆有限公司,2001:157.
❷　傅熹年. 中国古代建筑史(第二卷)：三国、两晋、南北朝、隋唐、五代建筑[M]. 北京：中国建筑工业出版社,2001：382,654.

隋唐时期造塔的热情有所下降,但是仍然有众多造塔的案例,如见于记载的隋代长安东、西禅定寺七层木浮屠、长安静法寺木浮屠、扬州白塔寺七层木浮屠等,唐代的慧日寺等也有九层❶。木塔的平面规模也很大,据文献记载,禅定寺木塔"高三百二十尺,周匝百二十步"。平面尺寸甚至超过了北魏永宁寺塔❷。同时塔的层数有所增加,记载中的隋代木塔最多达到十一层据记载,隋代建塔要先"掘地开基,基槽内置石函,中心立刹柱"❸。可见塔心木在隋代还比较普遍。但从 1987 年,陕西省考古队对法门寺唐代塔基发掘报告来看,并未发现刹木柱础(明代曾在唐塔基础上重建砖塔,故塔基中心部分遭到破坏)。可能此时已不用塔心柱了。从法门寺唐塔的基础布置图来看,很可能仍然是双圈层结构,但外圈柱网已经增加了跨度,明间有 5.6 m,次间也有 3.8 m❹。

虽然直至五代十国,楼阁仍然存在一定的稳定性问题,如"钱氏据两浙时,于杭州梵天寺建一本塔,方两三级,钱帅登之,患其塔动。匠师云:'末布瓦,上轻,故如此。'乃以瓦布之,而动如初。无可奈何,密使其妻见喻浩之妻,赂以金钗,问培动之因。浩笑曰:'此易耳,但逐层布板,便实钉之,则不动矣。'匠师如其言,塔选定。盖钉板上下弥束,六幕相联如胠箧,人履其板六幕相持,自不能动。人皆伏其精练。"但远没有汉代严重,只是使用不宜罢了,而解决方法也只是简单的提高楼面层刚度。但这并不意味唐时期的楼阁不存在侧向刚度问题。大量的二层楼阁呈方形,三开间,且至少出现一面到顶实墙或有核心墙体(见图 8-49,图 8-50)。即使晚唐楼阁中出现的五开间案例,也有非常明显的二层收分。常退掉半开间(见图 8-56)或一开间(见图 8-57)。而参考同期的单层木构,在雄壮的柱头斗栱帮助下,开间数、进深跨度都显著增加,其间差距明显。

中国目前仅有一处木构楼阁可能为唐代遗构,即正定开元寺钟楼(可能为晚唐)。开元寺钟楼平面方形,面阔、进深各三间,为双圈柱配置,外圈柱包砌在墙内,高 14 m,二层楼阁重檐歇山顶,层间衔接方式为叉柱造并收分,没有暗层,内外柱同高。这一建筑使用铺作衔接一二层,没有特意区分平坐和铺作,而是将一层铺作兼做平坐。上下层柱使用了宋《营造法式》中记载的插柱作法(图 8-61)。

开元寺钟楼外观

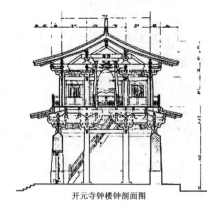
开元寺钟楼钟剖面图

图 8-61   开元寺钟楼

❶ (唐)杜宝撰;辛德勇辑校.大业杂记辑校[M].西安:三秦出版社,2006:64.
❷❸ 傅熹年.中国古代建筑史(第二卷):三国、两晋、南北朝、隋唐、五代建筑[M].北京:中国建筑工业出版社,2001:506.
❹ 韩伟,王占奎,金宪镛,等.扶风法门寺塔唐代地宫发掘简报[J].文物,1988(10):1.

8.3.2 分析模型

为研究檐下斗栱和层间节点对唐代楼阁演化过程的影响,设定了如下分析模型:

模型 1:该模型参考开元寺钟楼,模拟了三开间(次间、明间分别为 2.5 m 和 3.5 m),檐金柱距离 2.5 m,金柱间距 3.5 m,一层柱高 4 m,一层高(记到一层铺作顶)6 m,二层柱高 3 m,层高 4.5 m,材高 25.5 cm 的二层木构楼阁。为简化,上下檐均按照六铺作假设。对于层间节点,虽然使用了叉柱的方式,但檐柱位置的叉柱不同于金柱位置。不能叉在正心枋上而必须单向叉立在梁栿上,否则二层不能收分。目前没有残留可见的加固措施。第五章节点试验指出,这种作法几乎不能承担节点弯矩,宜按接近铰接计算。

该模型在标准水平荷载下,最大水平变形仅 52 mm。内力和变形图(图 8-62)显示,这一构架的主要变形仍然是底层变形,节点弯矩主要集中在底层柱端,达到 6.64 kN·m。该模型水平抗侧刚度相较南北朝时期显著提高,其主要原因是柱之间水平联系构件阑额和斗栱的用材都比南北朝大。弯矩图还显示,柱头斗栱承担的弯矩远大于阑额(1.51 kN·m)这主要是因为斗栱的初始阶段转动刚度较直榫连接大。

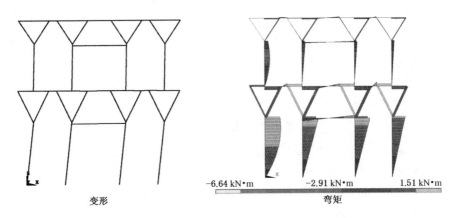

-6.64 kN·m　　　-2.91 kN·m　　　1.51 kN·m

变形　　　　　　　　　弯矩

图 8-62　模型 1 变形内力图

模型 2:在模型 1 的基础上,结合开元寺钟楼的构架特征,增加了角部柱头拉接的顺栿串。在标准水平荷载下,最大水平变形缩小到 40 mm,说明套筒之间的拉接对构架侧向刚度有明显的积极作用。

模型 3:在模型 2 的基础上,研究了如果所有叉柱位置均不在柱头造成的影响。在标准水平荷载下,最大水平变形维持在 40 mm。说明独立二层木构楼阁中,叉柱位置不重要。这一分析结果看似否定了拼接节点的重要性,实际却顺理成章。正如第 5 章试验所揭示的,各种拼接柱虽然有抗弯性能上的差异,但是仅有对应非拼柱截面的极限强度的 10% 不到。半刚性节点假设在这种情况下,只能导致结果的细微量变而很难改变计算结果倾向。

模型 4:研究了模型 1 的纵架方向。在标准水平荷载下,构架水平位移为二层柱顶的 55 mm,最大弯矩为一二层交接处柱和楼面梁的 3.67 kN·m(图 8-63)。纵架的柱头水平拉接构件一般接近或强于横架,但其变形大于横架的主要原因是斗栱横向刚度略差。在最大水平荷载作用下结构得以稳定这一事实说明,自汉代建筑开始的瘦长开间比例向正方形转化具有了结构基础。

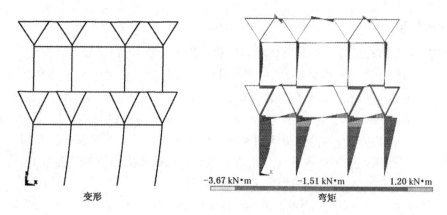

图 8-63　模型 4 变形内力图

模型 5：虽然日本早在飞鸟时期的二层殿阁就已经完全脱离了夯土墙，但其二层空间的使用非常有限。中国本土遗存的唐、宋之间的楼阁，普遍底层被厚墙包砌，如唐代开元寺钟楼中底层木构被厚一米多的土墙包围。这些土墙有的确实是实心土坯砖墙，有的是木框架内填土墙，甚至有的为了解决防潮问题，还在木柱之间以松散的碎砖隔开。但无疑这些墙体在木构变形显著时，可以起到一定的扶持作用。模型 4 即研究了模型 2 在一层背面有一米的夯土墙支撑的混合构架的情况（夯土墙强度假设同单层）。该模型在标准水平荷载下的水平位移较小，仅 5 mm 左右（图 8-64）。极为重要的是，这种土木混合的方式改变了之前分析指出的层叠式的变形受力特征，其变形主要集中在二层，承荷则是一层夯土墙为主。例如本分析的最大弯矩为墙底的 23.8 kN·m（约是按毛石砌体强度假设极限的 35%）。这一结果一方面说明在一层楼阁中增设夯土墙可能不仅具有围护防寒作用，也有显著的结构稳定作用；另一方面，可以推测唐代之前应该也有相当数量的楼阁采用了类似的营造方式和类似构架。由于增设的土墙极大地提高了一层木构架的整体抗侧刚度，整体构架的变形模式接近秦汉时期使用过的在一层土台上搭建一层木构形成楼阁的做法。

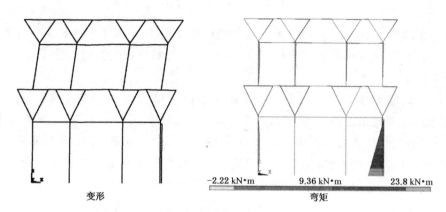

图 8-64　模型 5 变形内力图

模型 6：考虑到有夯土墙支撑的情况可能是唐代木构中最常见的做法，有必要再次检验叉柱作法对整体稳定性的影响，该模型在标准水平荷载下的水平位移保持在 6 mm 左右。和叉柱在柱心位置相差约 7%。这一结果与未使用夯土墙时类似。

模型 7：研究了有墙体支撑的楼阁纵架，在标准水平荷载下构架水平位移为二层柱顶的 2 mm，最大弯矩为墙底的 12.1 kN·m（图 8-65）。和模型 5 的分析结果类似，夯土墙的加入同样使得构架的水平变形急剧减少，大大提高了抗侧刚度。

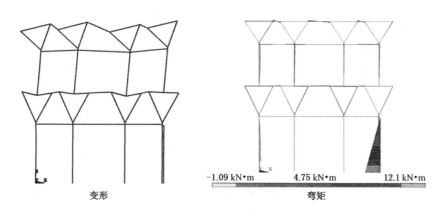

图 8-65　模型 7 变形内力图

根据前文分析，楼阁中平坐斗栱的出现，很可能和层间处理有关。对于殿阁造构架，由于必须维持同层柱高一致。在建筑造型为楼而非阁时，檐下和平坐只有在一层屋面和二层楼面高度接近或楼面挑出极小时才可通用。若不符合条件就必须在檐下铺作层上叠加平坐层。这导致实际的二层建筑变为三层。当处理上下层收分关系时，既可以在平坐层柱脚退层，也可以在实际二层退层。从实例来看，辽代木构楼阁独乐寺观音阁等均在平坐层退层。这种作法在唐甚至南北朝可能均有尝试。那么平坐层的出现和退层位置的选择在二层纯木构楼阁中有何种结构影响呢？

模型 8：该模型即研究了模型 5 在一、二层间使用一米高的暗层，并在一层铺作上插平坐柱作法的构架。该构架在标准水平荷载下构架水平变形约 42 mm，比不使用平坐的作法增加了约 5%，实际整体构架抗侧刚度降低。从变形和弯矩图看出（图 8-66），其内力模式和不使用平坐的构架类似，主要均由底层柱头斗栱造成，平坐层虽然承担一定的弯矩，但和一层柱头相比，仅约其 10%。

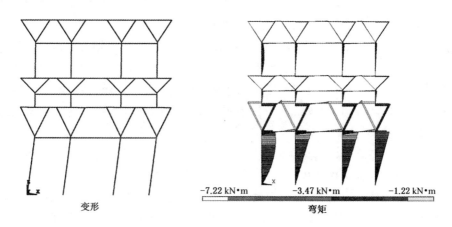

图 8-66　模型 8 变形内力图

　　模型9：另一种可能的平坐作法是在一层和平坐层之间插柱并退层，在二层插柱不退层，该模型即研究了在平坐斗栱上插二层柱的情况，这一构架在标准水平荷载下水平变形仍然大于没有平坐的木构楼阁，为43 mm。上述分析结果说明平坐层对纯木构楼阁没有抗侧刚度上的帮助。

　　模型10：模型5指出在由夯土墙支撑一层构架的情况下，增加二层木构架的刚度才能有效增加整体构架抗侧刚度。该模型即研究了一层由夯土墙支撑时使用平坐的木构楼阁构架。在标准水平荷载作用下的水平位移为4 mm，比模型5缩小了20%。弯矩最大值为夯土墙底部位置的26 kN·m(图8-67)。和模型5类似，其变形以一层以上为主。

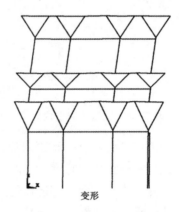

变形

图8-67　模型10变形图

8.3.3　隋唐楼阁小结探讨

　　结构模型分析说明，至迟在唐代已有能力建造底层土木混合，二层全木构的楼阁，并能保证构架侧向稳定。这一结果应是广泛大量实践尝试的结果。

　　由于斗栱相对刚性节点的刚度差异较大，曾经在梁柱节点中适用，加强斗栱的方式对层叠式楼阁构架抗侧刚度助益有限。反而是底层夯土墙这一在单层木构中具有过重要意义的作法对楼阁受力机制转变带来了深远的影响。无夯土墙支撑的楼阁虽然不会在标准侧向力下破坏，但变形较大。不论夯土墙实际结构作用如何，在其支撑下，层叠式构架的主要矛盾转为怎样提高二层的抗侧刚度和增加层间节点强度，进而减少构架总体变形。而在此基础上，由平坐演化而来的平坐层在底层木构架有夯土墙支撑的情况能一定程度上提高结构抗侧刚度。其结构机制是当底层结合夯土墙后，平坐层承担了原本属于底层框架的荷载。较为低矮的平坐层的抗侧刚度较大，进而减少了平坐层和二层的总体变形。这不但说明其来源很可能是高土台甚至地面的"干阑"作法，而且改变了前一节预判的楼阁构架发展脉络。提高层叠式楼阁的抗侧刚度，除了增加底层梁柱节点刚度外，还多出了增加层间节点刚度的方式。

　　这种土木混合的方式不但解决了层叠式构架的侧向刚度问题，也使其在和通柱式构架比较中占据一定优势。层叠式构架由于层间节点弱，内力主要集中于底层的弊病得以缓解。而在节点构造上又比通柱造容易，这显然有助于该类构架的广泛应用。当然，这并非是说剥离了底层墙体，唐代就无法建造楼阁了，但无疑楼阁抗侧刚度的问题会在一定程度上影响层叠式楼阁土木分离和层数。层叠式楼阁的盛行不是说明通柱造和含有通柱造成分的厅堂式楼阁就不存在，只是目前缺少这方面的实物或图像依据罢了。

　　除了唐代典型的方形平面阁外,在绘画和记载中也有部分类似殿阁的形象,其受力机制分析将结合辽代进行。

8.3.4　辽代殿阁式楼阁重要案例

　　辽代由于受唐代影响较多,相比宋代实物,保留了更多古代遗址(例如檐下补间铺作不发达)。目前比较重要的,可供参考的实例包括蓟县独乐寺观音阁、应县佛宫寺释迦塔、华严寺收藏的天宫楼阁、善化寺普贤阁等。

　　蓟县独乐寺据《日下旧闻》记载,是在辽代重修的一座殿阁❶,以观音阁为主体。观音阁五间八架椽,平面约 20 m×16 m。平面为两圈柱布置,内外檐柱等高,属于殿阁作法,内圈为布置佛像有移柱作法(图 8-68,图 8-69)。

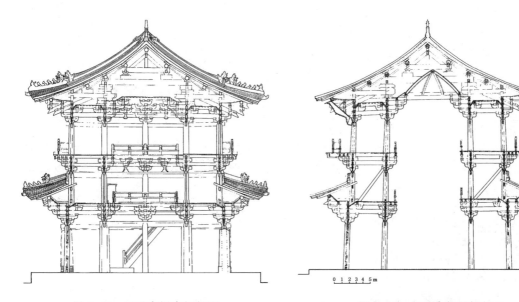

| 图 8-68　辽观音阁次间剖面 | 图 8-69　辽观音阁明间剖面 |

　　底层除南侧外,四面均有厚近一米的墙体扶持,高 22.5 m,高二层,实为两明一暗的造型,同时具有侧脚和升起等唐宋建筑典型作法,其内柱上下层不收分,外檐柱上下层收分,为将柱脚叉在斗栱内的作法。少数将平坐柱叉在梁上。最大的结构特点就是暗层中有很多斜向构件。该斜撑下部通过衬头枋支撑在暗层柱脚上,上部直接支撑平坐一跳华栱。明显具有防止斗栱转动的作用,空间上为了安置佛像,内圈柱之间没有梁栿拉接。和次间剖面比对可知,这种暗层斜撑的作法只出现在侧向刚度削弱较大的明间构架(见图 8-68)。

　　大同华严寺为唐初创,辽、金各有毁建,其中的薄伽教藏据考为辽构❷,该殿内的藏书家具雕刻为仿木构的天宫楼阁式样,极为逼真。其中檐下斗栱七铺作双抄双下昂重栱计心造,补间三朵,和柱头形态基本一致,部分带有斜栱,平坐斗栱也较为一致,没有明显的柱头和补间区别。上述特征,尤其是斜栱的出现,是宋中后期、金代建筑的明显特征。大同善化寺始创于唐,辽代屡次被毁,到金才完成,但其中的楼阁普贤阁有明显辽代特征❸。普贤阁方形平面,尺寸

❶❷❸　郭黛姮.中国古代建筑史(第三卷):宋、辽、金、西夏建筑[M].北京:中国建筑工业出版社,2003:254,311-312,331-332.

约为 10.4 m,单圈柱网配置,有厚近一米的墙包砌底层木柱。高约 17 m,外观两层,实为两明一暗的作法,上下层柱收分。收分和观音阁一致,在一层和暗层之间完成,作法为叉柱(图 8-70)。

应县木塔为重要的辽代木构,也是现存最高的木构建筑,虽然名为塔,但实际平面配置、空间构架均为殿阁造作法,是宋、辽时期高层楼阁的重要参考❶。平面八边形,底层直径 30.27 m。共有三圈柱网,除最外层副阶外,均被包裹在厚 2~2.6 m 的厚墙之中❷。内外檐柱通高,为殿阁作法,两圈类似金厢斗底槽配置。高 67.31 m,外观 5 层,实为五明四暗。上下层柱之间以叉柱造衔接,层间收分转换同样是在下层柱和平坐暗层之间完成。多数叉在斗栱内,但少数有将平坐柱叉在梁上的,暗层之间均配置有斜撑,方式和观音阁不同,类似于桁架

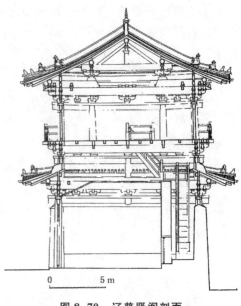

图 8-70　辽普贤阁剖面

的弦杆和腹杆,但配置、位置各层不同,布置的密度也比观音阁大,径向和弦向均有,支点位置为乳栿中点(图 8-71)。木塔的斗栱自下而上从七铺作减至四铺作,逐层减少,檐下补间铺作既有和观音阁类似,均为驼峰、斗子蜀柱支撑补间,并低柱头一跳的作法;也有和普贤阁类似,跳数和柱头相同,并用斜栱的作法。

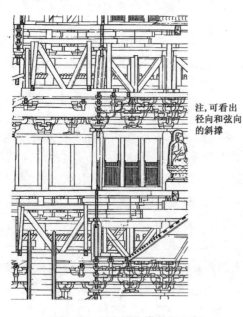

注,可看出径向和弦向的斜撑

图 8-71　辽应县木塔剖面层部

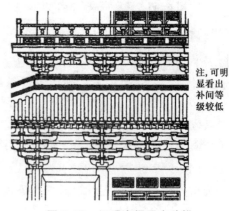

注,可明显看出补间等级较低

图 8-72　辽观音阁平坐斗栱

除了上述构架级别的特征外,平坐节点也有明显的变化。和檐下斗栱类似,出现了补间柱

❶❷　郭黛姮.中国古代建筑史(第三卷):宋、辽、金、西夏建筑[M].北京:中国建筑工业出版社,2003:373-375,376-377.

头化倾向。例如观音阁平坐斗栱既有仅比柱头少一跳次间,也有明显跳数小于柱头的次间(图 8-72)。普贤阁和应县木塔均为补间比次间少一跳(图 8-73,图 8-74),但应县平坐内槽不用栌斗。这种不固定的作法显示了对平坐层的探索,而补间比柱头少一跳实际是平坐补间承荷不大的必然反映。

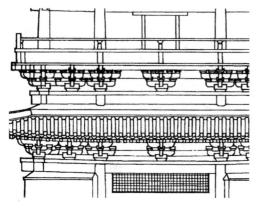

图 8-73 观音阁平坐

图 8-74 应县木塔平坐

8.3.5 殿阁式楼阁模型分析

和开元寺钟楼或是宋代的楼阁相比,现存辽代的木构楼阁体量大,中部贯通,空间高。平面上也有部分不再保持正方形平面。就结构体系看,观音阁摆脱了套筒结构,走向圈层结构(金厢斗底槽,分槽),平面有呈长方形的趋势(敦煌壁画中已经出现平面不为方形的楼阁)。这是一种介于明确区分纵横架和圈层之间的结构,其横架方向的柱头联系少于套筒结构多于无圈层构架。主要区别在于明间会出现只有柱头斗栱连接的情况。正是在这一背景下出现了使用暗层增加斜撑的作法。那么,从套筒结构走向圈层结构,到底在构架的抗侧刚度上产生了怎样的变化呢?又是否与暗层的结构加固相关呢?为研究上述问题,设定了如下分析模型。

模型 1:研究前述唐代模型 10 在殿阁式平面布置时,由于缺少柱头联系构件而导致的构架削弱情况。该模型在标准水平荷载下,水平变形达到 11 mm,是前述模型 10 的近三倍。最大弯矩仍然是墙底的 23.6 kN·m(图 8-75)。虽然变形大增,但在本例中由于材份很大,所以最大也仅 11 mm,对于构架稳定性并不是问题。

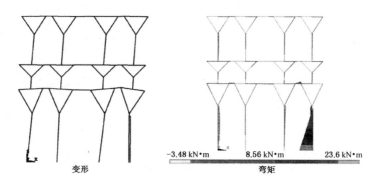

图 8-75 模型 1 变形内力图

模型2:进一步研究了模型1明间存在通高空间的情况。在标准水平荷载下,水平变形达到49 mm。比较特殊的是,由于中跨联系变弱,结果导致之前传递给墙的水平荷载部分由构架承担,并主要集中在三层,而墙底的荷载则缩小到14.1 kN·m。这也导致这类构架出现了之间未有的对称反弧形的变形模式(图8-76)。该模式和实测的观音阁变形非常类似(图8-77)。

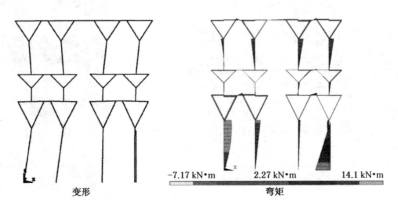

图8-76　模型2变形内力图

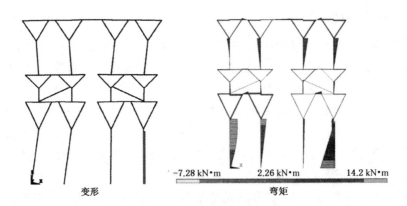

图8-78　模型3变形内力图

模型3:虽然在横架方向,会由于纵架的拉接作用使得弯矩得以在模型1、2及山墙构架(即唐代模型5)之间传递,再分配,变形会略小于上述情况。但无疑殿阁和中空通高空间的作法极大地削弱了构架的整体性和抗侧刚度,那么前述实例中的暗层是否与这一背景相关呢?模型3研究了在暗层增加斜撑提高平坐层刚度作法的构架,其在标准水平荷载下的水平位移为二层柱顶的46 mm,该结果略小于平坐层没有增加斜撑的情况。从变形和弯矩内力图可知(图8-78),斜撑的作法不能改变该构架体系上一二层金柱之间缺少联系的状况,仅能通过略微增加本来刚度就很大的一二层间暗层来略微提高刚度。

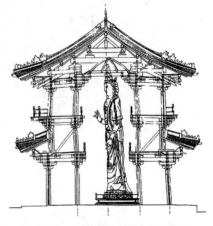

图8-77　辽观音阁变形现状剖面

8.3.6　小结与讨论

上述一系列分析说明,在唐、辽前期,中国即已经在多层木构体系上完成了一系列的转变和融合,其中既有来自于塔的套筒结构,也有河姆渡时期的"干阑",还包括基于重楼概念的殿阁式楼阁。由于斗栱自身刚度的进一步提高,柱头水平拉接构件得到重视,在夯土墙的帮助下,上述结构在抗侧刚度上取得了极大的进步。

由于楼阁整体抗侧刚度的提高,在平面布置上,也具有了向单层木构殿阁造接近的结构基础。然而,在套筒向圈层结构转化的过程中,出现了明间等部位较大的抗侧刚度倒退,在唐、辽时期,虽然可能尝试了平坐暗层、斜撑等各类方法,但主要是依靠巨大的耗材来保证构架整体的抗侧刚度。同时,前述分析指出的层叠式结构弱点虽然通过底层夯土墙的方式得到缓解,但是对于两层以上的木构仍然无能为力(参见宋代相关研究)。怎样在斗栱铺作体系内,提高殿阁式多层木构的侧向刚度,成为楼阁构架的主要问题。

8.4　新的选择——宋代的"通柱造"

如前节分析指出,唐、辽殿阁式结构取得了一定进步,但由于明间缺少横架柱头拉接,这一位置抗侧刚度下降很大。楼阁的侧向稳定性是以巨大的耗材为代价的。虽然理论上只要增加水平拉接构件如顺栿串等的数量就能解决这一问题,但这和殿阁自身使用斗栱,希望增加单层空间高度的初衷相背离。解决这一问题的办法,只有从根源上解决层叠式构架的层间节点缺陷。这就涉及取消平坐这一在结构上作用不明显的结构中间层的问题。此外,和单层建筑类似的发展檐下铺作层的方法对通柱式和层叠式均有利。本节即探讨宋代这两种途径对楼阁构架产生的影响。

8.4.1　重要案例

上述的两种结构改良在宋代到底是怎样发生的,目前尚需进一步的研究。然而宋代的楼阁取得了很高的成就是不争的事实,在宋画如滕王阁图上等都绘制了结构复杂的组合楼阁,足证其楼阁技艺之昌盛。其中出现了不少形体组合复杂,高度三层以上的木构楼阁(图 8-79),壁画中也有带发达平坐的门楼❶(图 8-80)。在与北宋同期的西夏时期的敦煌壁画中同样出现了有平坐,铺作的大型楼阁❷(图 8-81)或有楼阁的院落组合❸(图 8-82),在清明上河图中的小建筑上都则用永定柱支撑的小榭❹(图 8-83)。建筑典籍《营造法式》中也有不少带副阶的重檐建筑木构架的图样。而在民居中一直存在的梁柱造作法也在"清明上河图"中有所体现。但上述图样除了可以看出平坐层的进一步发展,普遍的逐层内退构架外,构架内部关系描述并不清晰。相对而言,宋代的《营造法式》一书的相关记载更为详细。其中楼阁的构造方式据考一共有三种,即叉柱造、缠柱造和永定柱,除此之外,现存案例和典籍中略有记录但可能存在的作法,有通柱造和梁柱造,依典籍记录,详述如下:

---

❶　郭黛姮.中国古代建筑史(第三卷):宋、辽、金、西夏建筑[M].北京:中国建筑工业出版社,2003:103.

❷❸　敦煌研究院.敦煌石窟全集(21):建筑画卷[M].香港:商务印书馆有限公司,2001:252,258.

❹　郭黛姮.中国古代建筑史(第三卷):宋、辽、金、西夏建筑[M].北京:中国建筑工业出版社,2003:605.

图 8-79   宋画中的组合楼阁

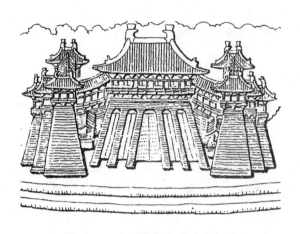

图 8-80   宋画像画石刻中的门楼

图 8-81   西夏壁画中的复杂平坐

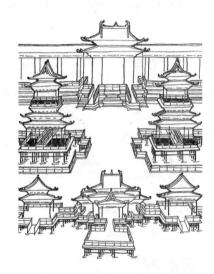

图 8-82   西夏壁画的楼阁组合

第一类：叉柱造——法式曰："凡平坐铺作，若叉柱造，即每角用栌枓一枚，其柱根叉於栌枓之上。"目前现存的宋以前楼阁大多属于此类。

第二类：缠柱造——法式记载："若缠柱造，即每角于柱外普拍枋上安栌枓三枚。"释曰："每面互见两斗，于附角斗上，各别加铺作一缝。"这一作法相对生僻，对具体可代表的案例也尚存争议。

第三类，即一种称之为永定柱的构件，也被记载来用于支撑平坐。法式记载永定柱有两处。常见的是"……凡平坐先自地立柱，谓之永定柱，柱上安搭头木，木上安普拍方；方上坐枓栱。"另外在《营造法式卷第三·壕寨制度·筑城之制》也有记载："城基开地深五尺，其厚随城之厚。每城身长七尺五寸，栽永定柱……"。

图 8-83   宋画中的水榭

除此之外,尚有不属于上面任何一类的,可能存在的通柱造。《营造法式》卷第十九,大木作功限三,望火楼功限:"望火楼一坐,四柱,各高三十尺;上方五尺,下方一丈一尺。"据文字,望火楼的四柱很可能就是通柱。

上述的文字记载虽然较为详细地记载了楼阁层间节点节点构造,但对于节点在构架中的应用提及较少。宋代楼阁实物中,最有代表性的是河北正定隆兴寺的转轮藏和慈氏阁。隆兴寺始建于隋代,宋代重新修建❶,现存不少实物为宋构。其中转轮藏和慈氏阁分别具有前述辽代木构楼阁所不具备的特征。转轮藏殿因其内置转轮藏而得名,平面 13.92 m×17.25 m。两圈柱网,有减柱作法,一层除开窗面外,均有 1.6 m 厚实墙围砌。外观高二层,内部介于两明一暗和两层之间,其最大的构架特征就是外圈柱网层间衔接为叉柱造,收分,内圈柱为通柱,直接贯通。斗栱檐下为五铺作。平坐为六铺作,内圈柱上四铺作,补间在一到两朵之间,和柱头在跳数上没有明显区别。虽然有文章认为,"北宋建筑在五代基础上开始了结构简化之端,斗栱机能开始衰弱,整体建筑也发生变化,如楼阁,已放弃在腰檐和平坐内做暗层之法,而采用上下屋直接相通的作法,这种作法后来成为明清时的唯一结构方式"。但从平面功能看,转轮藏这一特例并非出于结构改进之意图,而在于放置转轮不得已使然(图 8-84)。

另一重要实例为慈氏阁,其上层屋面和构架后世有修改,但平坐以下仍被认为是宋构❷,该阁尺度上和转轮藏殿类似。铺作作法也类似,但是支撑平坐斗栱的不是叉柱造而是永定柱,这被认为是国内孤例。此外该阁为放置佛像而将后金柱通高设置,前金柱落在梁上,以平盘斗衔接。该例与转轮藏显著不同,类似放置佛像的情况在辽普贤阁、观音阁中都有出现,但像该阁一般灵活处理的极为罕见(图 8-85)。

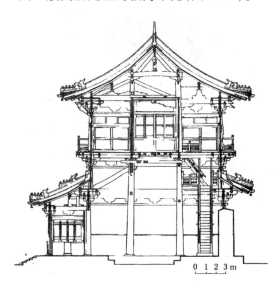

图 8-84 宋转轮藏剖面

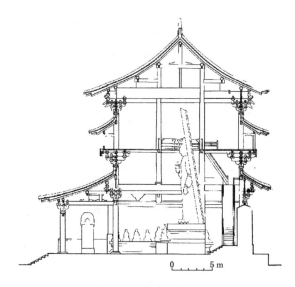

图 8-85 宋慈氏阁剖面

除此之外,南宋的径山寺法堂的剖面(图 8-86,上为原图,下为复原想象剖面❸)也显示了局部永定柱的做法。其在宋代出现的最大意义不仅是直接支撑二层,还具有通过类似厅堂的金檐柱不等高方式,减少层间节点的作用。

❶❷ 郭黛姮.中国古代建筑史(第三卷):宋、辽、金、西夏建筑[M].北京:中国建筑工业出版社,2003:354,372.
❸ 张十庆.五山十刹图与南宋江南禅寺[M].南京:东南大学出版社,2000:117.

除层间节点和构架关系的变化外,用材上的变化也影响了宋代楼阁构架结构体系和演进过程。一个普遍的现象是宋代同一构件的材份相较唐代同等级有所下降,斗栱材份下降了一到两个材份❶。此外一些构件的截面比例也有改变。例如纵架柱头拉接构件阑额的断面高度从唐代的介于月梁和单材之间变为双倍单材(造阑额之制:广加材一倍,厚减广三分之一,长随间广,两头至柱心。入柱卯减厚之半。两肩各以四瓣卷杀,每瓣长八分′。如不用补间铺作,即厚取广之半。凡檐额,两头并出柱口;其广二材一栔至三材;如殿阁即三材一栔或加至三材三栔。檐额下绰幕方,广减檐额三分之一;出柱长至补间;相对作沓头或三瓣头❷)。虽然根据记载阑额两端应该并未使用燕尾榫,但根据日本的一些建筑拆解图,有可能宋及宋前就局部使用了强度更大的螳螂榫。此外,从上述实例可以看出,楼阁和单层木构在开间比例和形象上趋同。

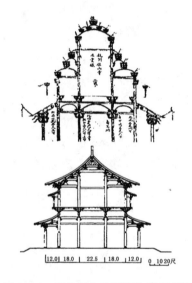

图 8-86　南宋径山寺侧样和想象剖面

图 8-87　宋平坐

根据上述记录和实物,我们可以推测,自晚唐至北宋期间,平坐层出现了与檐下斗栱一致的变化规律,即补间铺作与柱头铺作趋同的情况(图 8-87)。和单层木构类似,这种更加完善的平坐层结构方式可以变相的实现前述的第二种途径,即加强斗栱顶部连接。部分建筑针对佛像或转轮藏的空间需求,升高金柱后以永定柱的方式直接支撑平坐斗栱。实际上是以类似厅堂的方式对楼阁构架进行改良。这一变化相当于局部以刚性节点代替铰接节点,本质上也是对层间节点的强化。这些改变对多层木构的结构体系产生了何种影响呢?

8.4.2　分析模型

为解析斗栱材份下降、平坐层发展和永定柱的影响,特假设如下分析模型:

模型 1:首先在建筑尺度、柱网和辽代模型一致,但材份下降两等的情况下研究了宋代材份下降造成的影响。结果构架在标准水平荷载下的水平变形由 11 mm 增加到 18 mm,增长 63%(图 8-88)。

❶　傅熹年. 中国古代建筑史(第二卷):三国、两晋、南北朝、隋唐、五代建筑[M]. 北京:中国建筑工业出版社,2001:648.

❷　(宋)李诫修编,梁思成注释. 营造法式注释[M]. 北京:中国建筑工业出版社,1983:153.

模型 2 则研究了发达的补间斗栱对平坐和铺作层对模型 1 补强后的结果。其结果和模型一类似,最大水平变形仍然为 18 mm,弯矩内力图揭示了其原因(图 8-89)。由于平坐柱高小,加上二层本来相对暗层的变形就很小,故补间斗栱卸荷补强效果不明显。

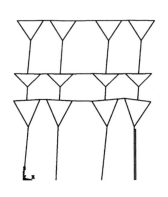

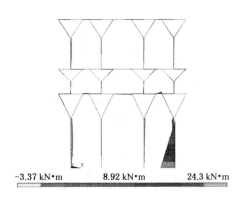

-3.37 kN·m   8.92 kN·m   24.3 kN·m

图 8-88 模型 1 变形图   **图 8-89 模型 2 内力图**

模型 3:本书前述的研究均只基于二层楼阁,这主要是为了维持分析标准的一致性,但从唐代开始,就已经可以在敦煌壁画中看见三层或是二层但底层用平坐架空实际为三层楼阁的木构形象。在铺作体系高度完善的宋代,研究三层楼阁有助于了解以铺作为基础的层叠式楼阁的结构极限,模型 3 即研究了明三暗五的宋代楼阁。其最大水平位移为三层柱顶的 62 mm,最大弯矩夯土墙底部的 25.0 kN·m。该构架的变形由区分较大的两段组成,其中底层类似于二层楼阁底层,二层与三层类似于未加夯土墙支撑的二层木构楼阁,弯矩内力图也显示二层檐柱顶的弯矩是仅次于夯土墙底弯矩的位置,说明该结构除夯土墙外的主要承力部位是二层(图 8-90)。需要特别指出的是,由于夯土墙底部承担的弯矩极大,完全依靠夯土墙为构架抗侧刚度已经不可行,唯一的解决方案就是增加横架,尤其是底层横架的柱梁数量,即二层相对一层明显的内缩,如底层四柱带副阶周匝或底层六柱、二层四柱等。这也是在宋画中最常见到的建筑形象。

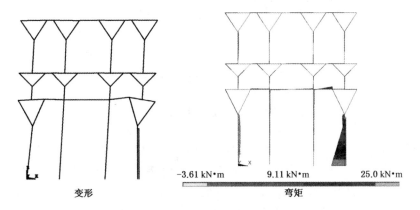

变形   弯矩

-3.61 kN·m   9.11 kN·m   25.0 kN·m

图 8-90 模型 3 变形内力图

模型 4:研究了没有夯土墙支撑的模型 3,其不能在最大水平荷载下稳定,在 67% 荷载下,最大水平位移为三层柱顶的 175 mm,随后破坏。最大弯矩为一层受风面檐柱顶的 7.1 kN·m,最大剪力为底层受风面檐柱底的 5.4 kN(图 8-91)。该结构的变形模式与二层无夯土墙支撑木构类似,均为逐层增大,底层占比最大的形式,但该构架的问题远较这一情况复杂,由于出现了两个层间薄弱点,会导致其结构振形变化,并伴随多样而复杂的受力变形情况,较为复杂,将在下一章中独立分析。但总体来看,是远较无夯土墙模式薄弱的结构。

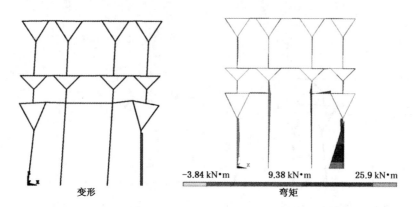

-3.84 kN·m   9.38 kN·m   25.9 kN·m

变形   弯矩

图 8-91　模型 4 变形内力图

上述分析结果指出,由于材份下降,补间斗栱作用不强等各类原因,宋代楼阁的抗侧刚度可能相较用材更大的唐代进一步下降,这限制了殿阁在平面跨度和高度的拓展。也许出于这种原因,结合构架的内部空间,宋代楼阁等多层木构作出了一定的变化。

模型 5:研究了宋代楼阁实例中出现的永定柱对于木构抗侧刚度的影响。其最大水平位移为二层柱顶的 21 mm,略大于不使用永定柱的铺作作法,最大弯矩为墙底的 24.8 kN · m (图8-92)。构架变形模式已经有所改变,一、二层的差距减少。

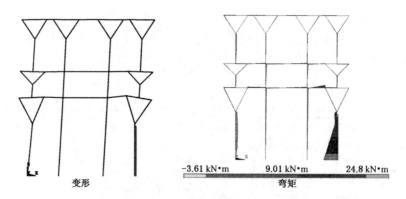

-3.61 kN·m   9.01 kN·m   24.8 kN·m

变形   弯矩

图 8-92　模型 5 变形内力图

模型 6 研究了转轮藏殿中的作法,即一层金檐柱之间有梁栿连接,但金柱之间没有梁栿的模型 5 构架,其最大水平位移为二层柱顶的 24 mm,略大于模型 5(图 8-93)。经试算,在五倍标准水平作用下的最大位移 85 mm。模型 5、6 变形均大于没有使用永定柱作法的构架,主要原因和同时期厅堂、殿阁类似。第一是因为底层框架在夯土墙支撑下,无论是否使用永定柱,均不会承担较大的结构弯矩。而永定金柱和檐柱间较好的梁栿水平向连接,反而导致传递给墙体的荷载更大;第二是因为二层斗栱的节点刚度大,变形小,永定柱对其基本没有影响。

模型 7:研究了永定柱作法的一种延展性可能,即永定柱直接支撑二层屋面的情况,这一情

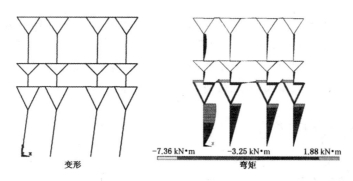

图 8-93   模型 6 变形内力图

况相当于金柱位置使用斗栱的通柱造,是类似于单层木构中厅堂的结构。最大水平位移为二层柱顶的 24 mm,最大弯矩为墙底的 25 kN·m(图 8-94)。经试算,该结果略大于模型 5。虽然该结构金柱位置刚度垂直刚度较大,但由于类似上述的原因,其构架抗侧刚度上略逊于殿阁式。

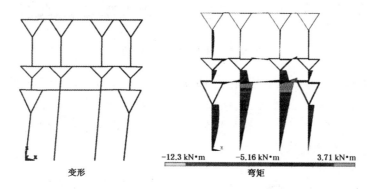

图 8-94   模型 7 变形内力图

上述分析中,由于夯土墙的存在,造成了一定的干扰要素。若没有夯土墙支撑,永定柱是否可以体现更大的优势呢(研究无夯土墙的宋代木构楼阁,对于研究三层和三层以上的楼阁木构架也有重要意义,因为其二层以上相当于没有夯土墙支撑)。模型 8、9、10 分别研究了没有夯土墙的模型 2、5、7 构架的情况。

模型 8 的最大水平位移为二层柱顶的 129 mm,最大弯矩为一层受风面檐柱顶的 7.36 kN·m(图 8-95)。

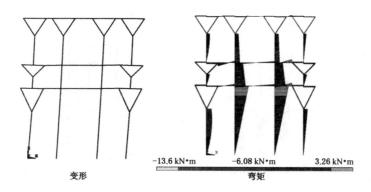

图 8-95   模型 8 变形内力图

　　模型 9:最大水平位移为二层柱顶的 139 mm,最大弯矩为永定柱和一层铺作联系位置的 12.3 kN·m,其次为暗层柱顶位置的约 7 kN·m。一层受风面檐柱顶部也有 6 kN·m (图 8-96)。其一二层的变形差距较模型 8 小,变形模式也有区别,其拐点出现在暗层而非一层顶部。模型 5、6、9 的共同结果指出,仅支撑到暗层的永定柱。

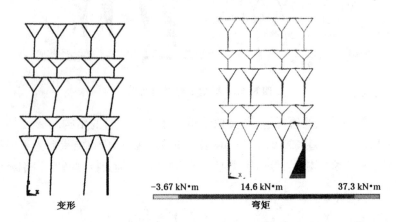

图 8-96　模型 9 变形内力图

　　模型 10:最大水平位移为二层柱顶的 119 mm,小于模型 8。最大弯矩为永定柱和一层铺作联系位置的 13.6 kN·m,此外,永定柱和各层交接处的弯矩均较大,是整个构架承力的核心(图 8-97)。其变形模式中一、二、暗层较为连续,内力在构架中的分配更加均匀。在用材相同的情况下显示出其结构优越性。

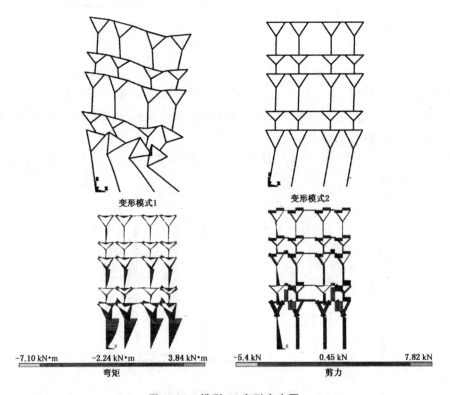

图 8-97　模型 10 变形内力图

　　模型 9、10 的结果互有差别,但其变形均远大于有夯土墙支撑的木构楼阁,这不仅说明了夯土墙对于宋代木构楼阁的重要性,也提出了一系列的结构问题。如果二层无夯土墙的木构就会有较大的变形,三层以上的木构楼阁,无论有无夯土墙支撑,该如何增加抗侧刚度,减少在水平荷载下的变形呢? 没有夯土墙的一系列模型分析结果部分揭示了这一问题的答案。对于金柱位置永定柱仅支撑平坐斗栱的构架,虽然其层间节点刚度大于平坐斗栱柱下的叉柱作法。但是也承担了较大的弯矩,若是梁柱交接节点的抗弯性能不能显著强于斗栱节点抗弯性能的话,就反而会产生更大的变形。这和单层木构分析中厅堂与殿阁的抗侧刚度关系类似。因此,永定柱支撑平坐斗栱的构架在抗侧刚度上并无优势。但当永定柱直接支撑二层檐下时,由于横架中金柱以刚性节点完全代替了半刚性的榫卯或斗栱节点,使其变形明显缩小,抵消了榫卯节点弱于斗栱节点的不利影响,使得整体抗侧刚度有了一定程度的提高。

8.4.3　小结与讨论

　　由于斗栱的转动刚度与层叠数关系较小而主要依靠材份。这与木材尤其是大材难以获得这一现实相违背。和单层木构类似,在铺作体系内寻求提高节点转动刚度,维持或提高楼阁侧向刚度已经失去进一步发展的潜能。这是由于斗栱材份下降导致梁柱节点和层间节点转动刚度的双重下降。不但如此,对于明间横架金柱间不设梁栿楼板以放置佛像的构架,即使加强斗栱节点甚至用斜撑改善抗侧刚度的意义也很小。层叠式已经体现出发展的短板。

　　内外柱不等高的永定柱作法虽不是厅堂架构在楼阁体系中的简单再现,但具有类似的意义和结构局限。其本意可能并非为了加强构架的抗侧刚度,而是出于安置建筑内佛像或礼佛活动,自由配置柱网空间的需求,由于并未从根本上改变层叠式结构体系,仅依靠一层和暗层之间的简化并未对构架的抗侧刚度作出根本性改良。

　　但从永定柱直接支撑到二层檐下的案例来看,哪怕是局部的通柱造,都对楼阁的整体抗侧刚度有明显的改良效果。虽然由于联系构件截面尺寸较小、节点强度不高等原因,导致其构架稳定性,抗侧刚度暂只相对殿阁造作法体现出细微的差别,但一旦如单层木构中一般,打破梁栿和斗栱之间的比例约束关系,通过增加串枋、多构件拼用、将半榫改为强度更高的直榫、燕尾榫、大进小出榫等进一步提高节点强度,就可以进一步提高抗侧刚度,是更有潜力的结构系统,并且能在一定程度上保留斗栱作为一种外檐形象和符号保留。

　　但这种局部的通柱造作法也并非完美,从结构内力分析结果可以看出,该类型构架固有的缺陷并未改变,柱的长细比过大,比较容易失稳;柱上弯矩过大,容易造成下层柱位置的弯矩应力集中,加剧细长通柱的失稳问题,甚至演变成柱局部受弯破坏的恶劣局面;中心柱套筒形成的构架刚度大,承担了由水平力造成的主要结构弯矩,并直接影响构架的整体抗侧刚度。但中心筒又往往是建筑中重要的仪式、使用空间,应具有一定的高度和跨度,此二者互为矛盾;檐柱沿用铺作,属层叠结构,刚度较低,无法有效分担中心筒的结构荷载;斗栱节点刚度低的劣势限制了通柱结构中其他节点刚度的有效发挥,并增加了核心筒失稳可能。

8.5　简化与加强——宋之后的楼阁"梁柱造"

上节所述的诸多结构矛盾,其根本的解决之道只有两种:一种是和单层类似,增加连接数同时使用转动刚度大的榫卯节点代替斗栱;另一种是使用通柱造,以刚性节点代替层间平坐斗栱的半刚性节点。宋代楼阁遂逐步演化出多种改良路径如下:

第一,通过增设内外檐柱柱头铺作之间的水平拉接构件(乳栿,顺栿串等)和强化榫卯节点,形成内外檐柱柱头的有效拉接,分担金柱内框架的荷载。模型一即研究了这种并无实例对应但可能的作法。顺栿串为足材高。在标准水平荷载下最大水平位移为 61 mm,最大弯矩为一层金柱与一层顺栿串交接处的 13.0 kN·m(图 8-98)。整体结构中金柱承担了主要的结构内弯矩,上述作法仅使用了增加柱头联系构件一种方式,就使得构架的最大位移减少了一半,说明了整木通柱作法的潜力。但这一方法的弊端就是顺栿串构件降低室内空间高度。

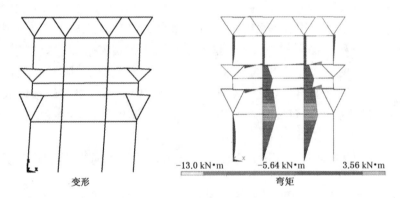

变形　　　　　　　　　　　　　　　　　　　　　　弯矩

−13.0 kN·m　　　−5.64 kN·m　　　3.56 kN·m

图 8-98　顺栿串构架变形内力图

第二,取消名存实亡的平坐层。但由于二层出挑楼面和一层屋檐不可能处在同一标高,而且楼阁上下层之间还常要退层。因此,首先是在受影响较小的内檐金柱逐步尝试通柱,并结合金柱升高,金檐柱之间设梁栿再设平坐柱等方式解决上述问题。这在转轮藏和慈氏阁中已有所体现。

第三,内柱核心筒取消一切铺作,代之以壮硕的水平梁连接,进一步提高核心筒刚度。这一作法和单层木构相同,不但能利用梁柱带来的榫卯节点抗弯性能提高,而且金柱到顶且不必设置斗栱后,榫卯则可以从刚度较小的半榫变为刚度更大的馒头榫、燕尾榫、箍头榫等。

第四,逐步取消外檐的层叠式作法,代之以刚度和中心类似的梁柱造作法,装饰斗栱,使外圈结构能更有效分担结构荷载。由于屋面出挑和退层的需求,这一过程直至清代也并未完全完成。虽然有些建筑完全没有出挑屋面或用梁栿直接出头支撑楼面,但大多数楼阁上下层间都会出现一个椽档左右的收分。

8.5.1　重要案例

楼阁演化过程受益于与殿阁并列的厅堂作法及明清之间榫卯工艺的演化,和材份缩小的趋势并行,这一转变的实质,就是在楼阁体系中同层节点使用梁柱造,层间代之以通柱造的过程。但事实上难以找到恰好处于演变阶段的案例,而只能从部分实例推想。

建于元大德十年的慈云阁尝试了永定柱到二层檐下的作法(图 8-99)。阁外观上分上下两层,实际是类似重檐歇山的单层建筑,其建筑高度可以设置两层结构,但可能为安置佛像或礼佛而没有分层。宽深各三间,平面接近方形,下檐四周有厚墙包砌。平面共有两圈柱。但檐柱和老檐柱靠的极近,类似慈氏阁作法或《营造法式》记载的缠腰❶。底层老檐柱直达二层檐下,没有平坐层。斗栱为柱头五铺作,补间一朵。使用缠腰的作法,显然是为了解决永定柱过于细长的问题。特别值得注意的是,构架中起实际拉接作用的是斗栱下大阑额,其断面高度达到 37 cm,并使用宋代少见的出头作法,头部雕成类似霸王拳(说明使用了箍头榫)。

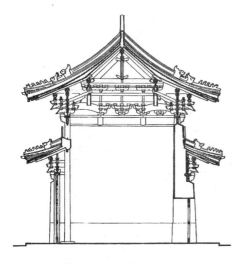

图 8-99　元慈云阁剖面

图 8-100　明奎文阁剖面

　　结合宋代案例,可能在宋、元之间,主要尝试了金柱结合永定柱的构架改良方式。和单层木构类似,急剧下降的材份迫使斗栱在檐下梁柱节点让位于强度更高的其他榫卯。此外,金柱直通二层檐下,取消一切层间节点的通柱作法也为提高构架抗侧刚度作出了有益的贡献。受限于天然木材长度,当实际层数超过三层时,往往难以找到整根符合要求的通材而不得不竖向拼接。有些情况下拼柱沿用在斗栱上叉柱的方式,而晚期则更多使用榫卯直接拼接。

　　明代的楼阁实例就普遍表现出对斗栱节点和梁柱榫卯节点,层叠和通柱选择上的困惑。其中即有受到习惯上等级区分斗栱和梁柱造的影响(西安钟楼等小体量楼阁中时,外檐使用通柱。但体量较大的鼓楼中,则沿用铺作上叉柱作法),也有受限于实际技术问题而两者兼收并用的。

　　如曲阜孔庙奎文阁。该阁建于宋初,金明昌二至六年重建时钦定名为"奎文阁"。明弘治重建为面阔七间,进深五间,外观二层三檐,内部空间三层的楼阁❷(图 8-100)。其底层柱等高,为永定柱,既支撑外檐柱头铺作,又支撑了平坐斗栱。上二层却为通柱,还类似厅堂一般结合不等高柱形成内部空间分隔。和慈氏阁等不同,各层柱头间缺少顺栿串一类水平拉接,而主要是靠斗栱上部的梁栿拉接。同时使用平坐柱和永定柱可能是受限于通柱长度问题。

　　又例如北京智化寺万佛阁。五开间,通面阔 18 m,其结构基本和慈云阁一致,尝试了通柱到二层檐下并加强柱头水平联系构件的作法❸(图 8-101)。构架为通柱到顶,外圈副阶的形态(图 8-101)。但二层檐下的大阑额和楼层中的衬方头起到了明显的拉接作用,和奎文阁显著不同。上述两

❶　中国科学院自然科学史研究所.中国古代建筑技术史[M].北京:科学出版社,2000:120.
❷　潘谷西.中国古代建筑史(第四卷):元、明建筑[M].北京:中国建筑工业出版社,2001:169.
❸　潘谷西.中国古代建筑史(第四卷):元、明建筑[M].北京:中国建筑工业出版社,2001:314.

例为了解决楼面出挑,外檐分层处保留了平坐柱和平坐斗栱的形式并搁在一层副阶梁上。但此时的平坐斗栱已和唐宋平坐层显著不同,实际是保留了斗栱形象的楼板地栿出头。

其他同时期四川地区的楼阁,虽然屋面构架使用穿斗作法,但楼阁的构架体系则与智化寺基本类似,通柱直达顶层檐下。在柱头铺作显著变小的同时,增加了截面很大的柱头水平联系构件。与智化寺万佛阁略有不同的是檐柱之间不是由一道大阑额,而是由多道小阑额和水平构件联系而成,其平坐柱和平坐斗栱作用均接近智化寺(图 8-102)。

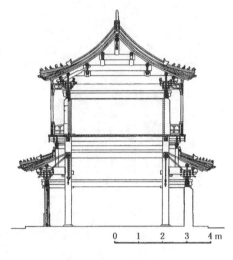

图 8-101　万佛阁剖面

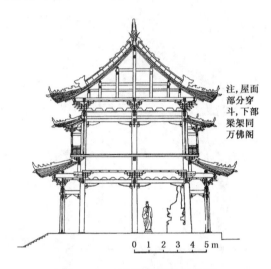

注,屋面部分穿斗,下部梁架同万佛阁

图 8-102　四川地区楼阁剖面

上述实例大多通过使用通柱造来解决楼阁的层间问题而试图放弃层叠构架,但是可能是受限于榫卯拼柱技术,大部分通柱限于两层,超过的就会用永定柱造和平坐的办法续高。直到飞云楼中拼柱榫卯技术的出现,才真正意义上做到了通柱造。据万泉县志记载,据传唐代贞观年间设置汾阴时即有此庙❶。目前的飞云楼很可能是明代正德年间修建的,并于清乾隆十一年重修。据测量得知,底平面的进深和面宽都是 12.25 m。楼下层的左右两面筑有墙壁,前后贯通,其平面约为两圈柱网(不对称),最大的特征就是通柱,通柱高 15.45 m,下口直径 70 cm,上口直径 55 cm。这几根通柱并非整木,而是由两根大约均为 7 m 多的木料以螳螂榫或勾头搭掌榫拼接而成,并用铁活加固❷。其外檐虽然也有平坐斗栱和和檐下斗栱,但实质上属于副阶性质,平坐也是和智化寺万佛阁一般置于单步梁上(图 8-103)。在这一案例前后,三层及三层以上的多层木构中使用通柱作法才逐渐普遍起来。

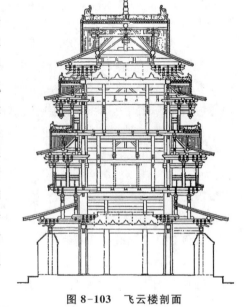

图 8-103　飞云楼剖面

❶❷　孙大章. 万荣飞云楼[J]//建筑理论及历史研究室. 建筑历史研究第二辑[M]. 北京:中国建筑科学研究院建筑情报研究所,1982:108.

在这些实例中,最为独特的当属真武阁(图 8-104)。广西容县真武阁是通柱式穿斗楼阁的著名实例,阁为道教建筑。明洪武十年(公元 1377 年),经略台上建真武庙。万历元年(公元1573 年),创建楼阁三层,即今真武阁,为真武庙中之主体建筑。阁平面略呈长方形,面阔、进深各三间,总面阔 13.8 m,总进深 11.2 m,三层三檐,歇山顶,通高 13.2 m。正侧两面当心间均为 5.6 m,正中形成一个方形平面,为适应二、三层结构所需。底层 8 根金柱直通顶层,成为上部檐柱。自二层楼面起,直至三层五架梁下有四根巨大的内金柱,悬于二层楼面 2.4 cm 之多,成为"悬柱"❶。这一惊人的结构作法实际依赖的就是直榫节点较高的转动刚度,并间接显示了穿斗式梁柱造楼阁的结构魅力。

图 8-104 真武阁剖面

清代楼阁构架基本改变了明代构架(真武阁除外)中对节点选择的摇摆态度,坚定的选择了榫卯作为梁柱节点的主要形式,斗栱和单层类似沦为装饰。不仅如此,还进一步加强了柱之间的拉接,增设随梁枋等构件。这在很多现存的清代楼阁实例中有具体的体现。

例如普宁寺大乘阁,该阁建于乾隆二十年(1755 年),面阔七间,进深五间。建筑总高39.16 m,是清代最高的独立的木结构,楼高三层,外观显六层檐❷。内部安置 24 m 高的大佛。两圈柱网,外围尚有副阶、缠腰等,顶层最大梁跨为 12.2 m。该木构除顶层重檐屋面下外不设任何斗栱,不用平坐,可以看作飞云楼的加强版,顶层除了斗栱上部连接外,尚有阑额连接。虽然明间和次间由于放置佛像而仅存老檐柱,但在边跨的外圈则变为老檐柱、金柱的四柱框架。在纵架方向,以高二层的厚山墙直接支撑构架,横架方向则在一侧以地形高差为墙,另一侧加设一层高的勾连搭副阶(图 8-105)。

又如颐和园佛香阁,建于乾隆二十五年(1760 年),光绪十七年(1891 年)按原式复建。阁为八角三层楼阁式,底层每面 11 m,构架全高约 36.48 m。❸外观四层檐,三层皆有周围廊,内部为两圈柱网布置,内圈柱用八根通柱直达三层。由于不需要设佛像故无需通高空间,每层均用梁枋与外圈柱及廊檐柱相连接。其余作法和大乘阁如出一辙,外檐柱在一到三层为通柱(图 8-106)。

❶ 潘谷西.中国古代建筑史(第四卷):元、明建筑[M].北京:中国建筑工业出版社,2001:374.
❷❸ 孙大章.中国古代建筑史(第五卷):清代建筑[M].北京:中国建筑工业出版社,2009:429.

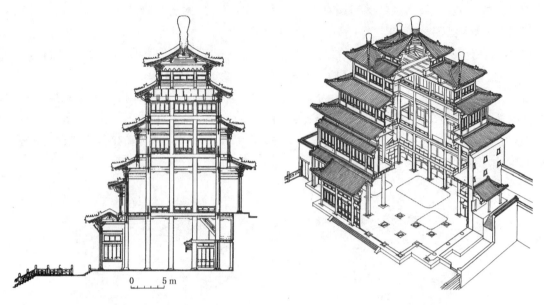

图 8-105　大乘阁剖面

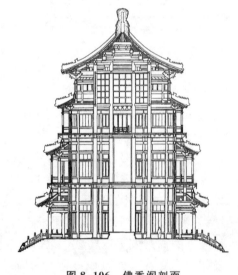

图 8-106　佛香阁剖面

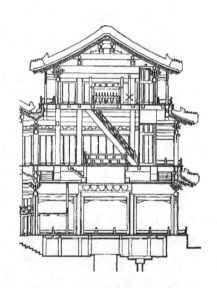

图 8-107　德和园大戏台剖面

　　再如颐和园德和园大戏台,建于光绪十七年至二十一年,分为两部分,南部高两层,北部高三层 21 m。❶ 为调节内部空间,将柱搁在抹角梁上。虽然通柱,但并非柱柱落地,外檐柱使用的是不收分的副阶作法,上层柱搁置在梁上。明间为追求跨度只使用了檐柱,但在次间使用檐、金柱(图 8-107)。还比如安远庙普渡殿,建于乾隆二十九年,该殿面阔进深俱为七间,呈正方形。开间相等两圈柱网加副阶作法。中部三间三层上下贯通,通柱作法,但是顶层非等高柱,而是内外檐柱不等高的类似厅堂作法❷。副阶同大乘阁(图 8-108)。

❶❷　孙大章.中国古代建筑史(第五卷):清代建筑[M].北京:中国建筑工业出版社,2009:430.

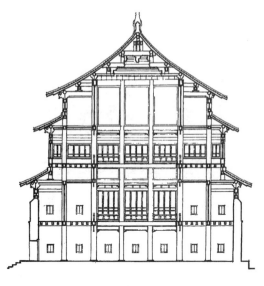

图 8-108　普渡殿剖面

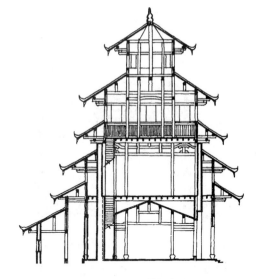

图 8-109　文昌阁剖面

在穿斗地域,构架中除梁柱大量使用直、直榫外,在层间用通柱这点上和抬梁构架的区别已经很小,如上杭文昌阁(图 8-109)❶。但这并不代表层叠式在构架中彻底消失,除了从明代民居中就可常见的将上层柱搁置在层梁的作法外❷(图 8-110),清代木构楼阁中还局部保留了柱直接搁置于梁上的早期层叠作法。例如清代的潼南大佛寺大佛阁在地形高低不同处出现了类似楼阁的叠层处理,也出现了将上层柱直接搁置在梁上的作法而没有使用通柱造。又比如清乾隆五十年(公元 1785 年)重建的介休祆神楼,二层三檐,十字歇山顶,其中 12 根檐柱为通柱作法,组成"凸"形柱网。但二层平坐斗栱和柱却直接搁置在底层围廊梁架之上❸。所谓通柱,只是楼阁的主体结构使用,而非柱柱通柱或柱柱落地。在甘肃或云贵等少数地区,仍然保留了永定柱的作法❹(图 8-111)。这更多是一种技术地域传播滞后造成的地方特色。

从这些实例中可以发现,清代楼阁一方面延续了单层木构变革的思路。增设类似顺栿串的随梁枋和穿枋,注重副阶柱头的穿枋,更为彻底的取消铺作,在金柱柱头间使用断面更大的五架梁或七架梁,并使用刚度大的箍头榫、大进小出榫等代替半榫。同时也更为彻底的取消了层间节点使用叉柱和平坐斗栱的方法。构架组织上区分对待不同的跨度和建筑需求。跨度小、中跨削弱少的使用双柱,中跨大、削弱多的使用双层套筒结构。而扒梁、抹角梁的构造方式,使结构体系更为灵活多变,都与之前所判定的三种基本方式一致。

8.5.2　分析模型

虽然上述建筑发展脉络较为清晰,但这些不同的构架作法,到底为何会在对应的时期发生剧变,又产生了怎样的结果呢? 为研究这些现象对应的结构变化,设定如下模型:

❶　孙大章.中国古代建筑史(第五卷):清代建筑[M].北京:中国建筑工业出版社,2009:361.
❷　潘谷西.中国古代建筑史(第四卷):元、明建筑[M].北京:中国建筑工业出版社,2001:163.
❸　本书编委会编.上栋下宇　历史建筑测绘五校联展[M].天津:天津大学出版社,2006:141.
❹　蒋高宸.丽江-美丽的纳西家园[M].北京:中国建筑工业出版社,1997:124.

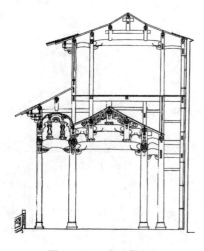

图 8-110　明民居剖面

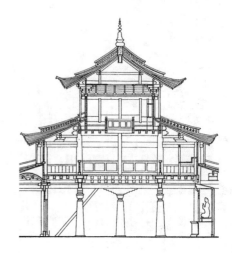

图 8-111　甘肃永定柱

　　模型 1 研究了铺作材份在宋代基础上继续下降两个等级对于有夯土墙的二层木构楼阁的影响。其最大水平位移为二层柱顶的 27 mm,最大弯矩为墙底的 30 kN·m(图 8-112)。相较宋代的模型 2 变形增加了 50%,墙底弯矩增加了 25%,这已经出现了明显的结构抗侧刚度退化。

　　模型 2 研究了模型 1 基础上使用通柱情况。其最大水平位移为二层柱顶的 23 mm,为模型一的 85%。即使在夯土墙的支撑下,通柱造也体现出了相对于层叠式的优势。改变了唐、宋时期层叠式的构架优势地位(图 8-113)。

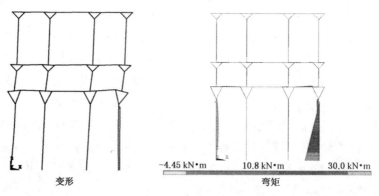

变形　　　　　　　　　　　　　-4.45 kN·m　　　10.8 kN·m　　　30.0 kN·m

弯矩

图 8-112　模型 1 变形内力图

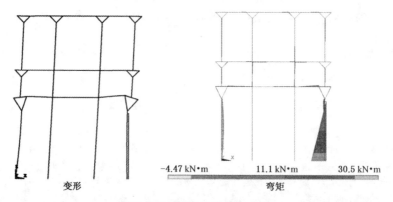

变形　　　　　　　　　　　　　-4.47 kN·m　　　11.1 kN·m　　　30.5 kN·m

弯矩

图 8-113　模型 2 变形内力图

模型 3 研究了通柱梁栿榫卯入柱改用直榫(即类似真武阁的穿斗构造)的情况。其最大水平位移为二层柱顶的 21 mm,为模型一的 80%。说明穿斗构架在同用材条件下比抬梁有更多的抗侧刚度优势。

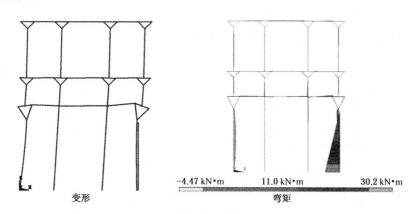

-4.47 kN·m   11.0 kN·m   30.2 kN·m
弯矩

变形

图 8-114   模型 4 变形内力图

模型 4 研究了在模型一基础上使用永定柱支撑二层楼面的情况,并假定梁栿不随斗栱缩减。其最大水平位移为二层柱顶的 18 mm,最大弯矩为墙底的 30.2 kN·m(图 8-114)。

由上述模型分析结果可知,元代材份的削弱同时影响了铺作和平坐,极大地减少了层叠式楼阁的抗侧刚度,而且比在单层木构中的影响更加剧烈。但由于维持梁栿截面、垂直贯通的通柱作法和榫卯的改良都可以一定程度缓解这一问题,使其变形尚能接近宋代的楼阁变形水准,这就导致了彻底变革为通柱造的动力并不强烈,而更多倾向于在某一方面做出改良。和前节分析类似,夯土墙的扶持作用功不可没。但同时也造成了夯土墙底部弯矩的进一步加大。可以想见,随着楼阁开间、进深和高度的增加,墙体终将"不堪重负"。这进一步加剧了木构独立抗侧刚度在楼阁结构体系中的重要性。正是这一背景进一步推动着通柱造在楼阁结构中的推进。

模型 5 在元代模型 2 的基础上,研究了通柱拼接对抗侧刚度的影响。在标准水平荷载下,最大水平位移为二层柱顶的 24 mm,最大弯矩为墙底的 18.9 kN·m(图 8-115)。弯矩图显示,在夯土墙的帮助下,拼接柱本身只承担很少的结构弯矩,其结构行为和不拼接非常接近。这主要是因为拼接柱承担的节点弯矩较小。

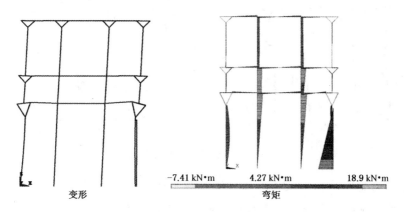

-7.41 kN·m   4.27 kN·m   18.9 kN·m
弯矩

变形

图 8-115   模型 5 变形内力图

　　模型6在元代模型5的基础上,研究了通过穿斗直榫拉接,金柱悬空的类"真武阁"的构架(穿斗梁枋比例按照真武阁,为简化计算模型,将若干根位置接近的穿枋合并计算)。在标准水平荷载下,该构架的变形仅有12 mm,墙底弯矩为30.8 kN·m,通过比较变形数据可知,这一结果主要是由于直榫节点转动刚度较大,使得二层变形明显缩小造成的。同时,金柱虽然悬空,但直榫节点仍然承当了木构内最主要的结构弯矩(图8-116)。该模型充分说明了穿斗体系中直榫的重要性。

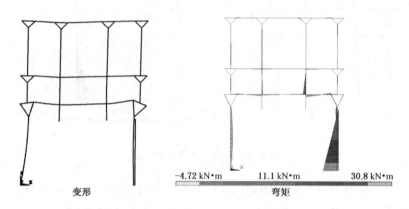

-4.72 kN·m　　　　　11.1 kN·m　　　　　30.8 kN·m

变形　　　　　　　　　　　　　　　弯矩

图 8-116　模型 6 变形内力图

　　那么经过改进的清代楼阁和宋代楼阁相比,到底在抗侧刚度上是否有所进步呢? 为比较差异,在平面柱网配置相同的情况下,研究设置了如下的模型:

　　模型7研究了并无实例的构架,即在清代材份进一步下降后,金柱间取消铺作,改用馒头榫连接加强的构架。在标准水平荷载下,其最大水平变形为 82 mm,最大弯矩为墙底的 18.9 kN·m(图8-117)。

　　模型8在模型7的基础上更进一步,研究了模型一二层檐柱内退一米,变相取消暗层和外檐平坐的构架。在标准水平荷载下,其最大水平变形为 127 mm,最大弯矩为墙底的 33.2 kN·m(图8-118)。同时金柱和顶端馒头榫承担的弯矩同样达到9.22 kN·m。

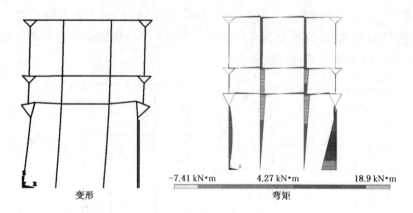

-7.41 kN·m　　　　　4.27 kN·m　　　　　18.9 kN·m

变形　　　　　　　　　　　　　　　弯矩

图 8-117　模型 7 变形内力图

　　上述两个构架的分析结果均指出,在清代斗栱材份进一步下降的背景下,使用底层墙体加固一种构架改良方式已经不能维持和宋代楼阁类似的抗侧刚度。另一方面,模型8中构架自

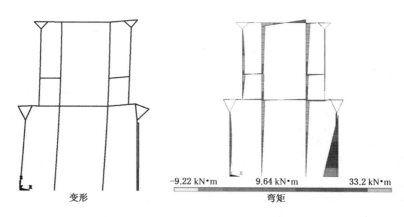

图 8-118　模型 8 变形内力图

身刚度明显增加,承担了更多的弯矩,大大降低了夯土墙底弯矩。说明通柱结合梁柱榫卯确实大幅提高了楼阁自身构架的侧向刚度。虽然实际建筑情况更为复杂,但也许这就是推动清式构架彻底变革的主要原因。

　　模型 9 在模型 8 的基础上,做出了三个重要的改进:第一,增加了檐金柱之间的挑尖梁下随梁枋;第二,将所有半榫改为大进小出榫和大进小出半榫(底层金柱位置梁枋处于同一高度时不可能为大进小出榫而只能是半榫),并增大金柱间梁截面尺寸至清官式大柁;第三,取消平坐,二层檐柱直接落在一层挑尖梁上。这一构架在标准水平荷载下,最大水平变形为 16 mm,略小于宋代同规模的楼阁,最大弯矩为墙底的 49.8 kN·m(图 8-119)。内力图指出,由于构架传递水平荷载能力强,所以墙体承担了极大的荷载,这是构架抗侧刚度上升的主要原因。然而从宋代到清代,夯土墙逐渐消失,虽然代之以强度更高的砖墙,但大多厚度有所减少。上述实例中有一些完全没有墙体支撑。那么,没有夯土墙的清式构架抗侧刚度如何呢?

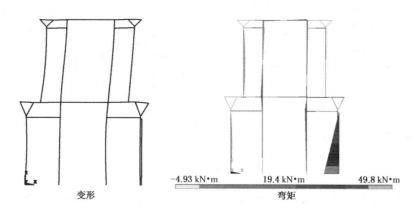

图 8-119　模型 9 变形内力图

　　模型 10 研究了无墙体支撑的清式构架,在标准水平荷载下,其最大水平变形为 138 mm,略大于宋代同规模的楼阁,最大弯矩为一层随梁枋和金柱交接位置的 16.6 kN·m(图 8-120),此外,所有的一层水平拉接构件和二层金柱之间的五架梁两端榫卯节点都承担了约 6 kN·m 左右的弯矩。在斗栱耗材比宋代小的情况下,获得了接近的抗侧刚度,不能不说是一种技术的进步(若将假设的水平荷载放大一倍,则清式变形 281 mm,宋式不能承载,显然楼阁层数或高度增加时,清式是更好的选择)。

模型 11 在模型 10 的基础上,研究了通柱拼接作法对构架的影响。首先考虑的是不加铁件的十字类拼接方式。结果在标准水平荷载下,其变形小于标准构架,只有 135 mm。这一结果令人瞠目,但弯矩图(图 8-121)合理解释了这一结果。与模型 10 对比可以发现,由于拼接杆造成的柱局部刚度下降,导致了柱上弯矩的不连续和弯矩在构架内的再分配至构架梁、枋端的榫卯上(最大柱上弯矩下降为 16.4 kN·m)。虽然增加了二层的变形,但也减少了结构主体即金柱通柱的变形,综合的结果就是构架的整体变形反而下降了。

模型 12 则讨论了模型十一使用刚度更大的铁件加固拼接柱的情况,其变形略微增加到 136 mm。

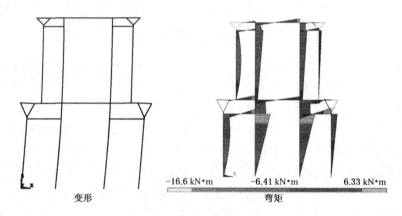

图 8-120　模型 10 变形内力图

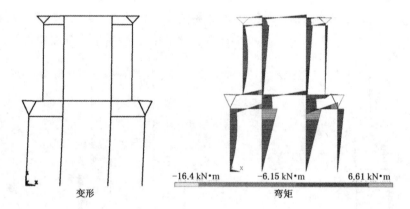

图 8-121　模型 11 变形内力图

模型 13 讨论了模型 12 的拼接柱位置在最大弯矩处,即一层随梁枋与金柱交接位置的情况。结果构架的变形增加到 170 mm,通过观察弯矩内力图(图 8-122)可知,由于拼接柱位置恰是将一层挑尖梁弯矩传递至随梁枋的关键节点,这一作法导致柱刚度下降,使得柱上弯矩减少,构架变形加大。当然,这一情况在实际中很难发生,首先此处是多向榫卯交接的位置,一般建筑中会分开设置榫卯避免过大的构件截面削弱;其次这一位置高度较低,并不利于充分利用整材高度。

模型 11～13 的研究指出,清式构架在用材明显低于宋式的条件下,取得了近似的抗侧刚度。拼接柱榫卯在本书假设条件下,对通柱的影响较小。但其最不利位置为各层结构分层处,而清代的铁件加固拼接柱榫卯作法则确实能有效防止构架抗侧刚度的急剧下降,是一种行之有效的构造措施。

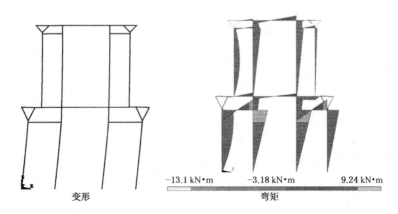

$-13.1\ \text{kN·m}$ $-3.18\ \text{kN·m}$ $9.24\ \text{kN·m}$

变形 弯矩

图 8-122 模型 13 变形内力图

8.5.3 小结与讨论

由于元代开始的斗栱材份剧降,导致楼阁的抗侧刚度急剧下降,在元、明清三代均由于斗栱节点转动刚度的下降而不得不对构架作出大幅调整,实际上走出了一条和单层木构发展极为类似的脉络。

除了和单层类似的梁柱节点变化,楼阁还表现出以通柱构架全面代替斗栱层叠构架,以梁柱节点代替斗栱节点的明显趋势。其结构根源在于仅仅依靠梁柱节点的改变不足以满足楼阁抗侧刚度要求,而必须把构架全部通柱化后才能将内力分配到各个节点中去,这实际上克服了层叠式底层受力集中的弊病,并进一步促进了楼阁的木构独立。在各种通柱构架中,使用穿斗构造的楼阁如真武阁等由于内力分配更加均匀而具有更多优势,但可能由于地域和习惯问题,仅限于局部使用。但其中的一些局部构造如直榫等在经过一定演化后在北方的抬梁体系中也有了一定应用。

8.6　本章小结

根据前文分析,楼阁构架演化经历可大致分为如下的几个阶段:

第一阶段,探索期。虽然在汉代民居及之前,就已经能够通过梁柱造的方式营造抗侧刚度较大的横架,但受限于屋面大叉手构造、纵架刚度低、承荷能力差,加上榫卯技术的不成熟(入柱深度不足,榫卯自身榫、卯比例推敲)、长柱的拼接问题等,导致这一类型的构架并未被广泛应用于大型楼阁建筑中。在经过大量实践后,反而是对节点技术要求较低,能解决屋面荷载问题的组合梁纵架体系和层叠式结构得到较多发展。在这一时期,楼阁的构架体系处于探索阶段,呈现出百花齐放的姿态,很多后世的构架原型在这一时期都得以尝试,但总体是不成熟的,纵横向是相对独立的。

第二阶段,斗栱层叠式套筒构架。在纵架基础上发展得到的双向斗栱在大叉手屋面解体后,不但帮助单层木构基本解决了抗侧刚度问题,也一定程度上缓解了多层木构楼阁的侧向刚度问题。但由于层叠式结构层间刚度低而导致的首层变形大问题,必须一定程度上向通柱式靠拢。而参考塔刹木而形成的套筒式构架,通过结构核心筒的方式对楼阁抗侧刚度作出了有益的贡献。

第三阶段,斗栱圈层混合构架。出于对中心空间在高、跨上的需求,使得楼阁在平面布置上趋向于从强核心筒的套筒结构走向弱核心筒的圈层甚至中空构架形态。由此造成的刚度削弱问题除了增加用材一法外,在铺作体系内无解。实践中是依靠一层夯土墙的存在来缓解这一问题,并形成了类似早期台上式的层叠结构体系,在此基础上又逐步结合类似干阑的平坐层、暗层和暗层的斜撑加强等构造措施。并开始尝试局部通柱造的永定柱。由于斗栱的优势地位,其他位置的榫卯节点技术发展相对迟滞。

第四阶段,局部通柱构架。自唐以降出现的斗栱用材缩小问题,虽然在宋代通过补间铺作和铺作层的发展得以缓解,但伴随其趋势愈发明显和剧烈,不但导致铺作体系在单层木构中难以维系,更对本就存在层间刚度不足问题的层叠式多层木构楼阁造成严重冲击。当斗栱不足以成为联系梁柱的主要节点时,斗栱间的梁栿、柱头间的顺栿串一类构件取而代之,而长期对榫卯形态,应用位置的广泛实践使得榫卯获得了不亚于斗栱节点的抗弯性能。由于楼阁抗侧刚度的问题要严重于单层木构,相较于单层中通过增加节点数量和刚度来提高构架抗侧刚度的厅堂和梁柱造作法;在楼阁中更为普遍的尝试了金柱通柱等局部通柱式构架。然而由于通柱造自身的局限,收效甚微。

第五阶段,通柱造。当斗栱材份进一步缩小并导致节点转动刚度进一步下降后,仅仅依靠金柱位置的内圈通柱已不能维持一定的构架抗侧刚度,而必须同时依靠檐柱位通柱和更多,更强的榫卯节点的使用。上述的需求使得楼阁至少在内圈构架中完全取消了斗栱而不得不使用通柱的作法。不仅如此,在拼接柱位置铁件的加入使得拼柱的结构行为更加接近通柱,上述三者共同作用,使得原本并不充分的通柱造更进一步。

虽然汉代的结构模型分析中就已经指出,通柱造构架具有先天的抗侧刚度优势。而后世楼阁结构演替的一个重要目标,也是在核心区形成具有类似通柱造构架抗侧刚度的核心筒。但通柱造构架自身的一些特征也导致其并未能长期统治楼阁构架。

通柱造不等于简单的通柱构件,如果没有合适的节点和足够数量的拉接构件,仅靠通柱无法形成具有抗侧刚度的框架。而通柱造本身对节点技术的要求较高(纵横架相绞时,柱上卯口较大。怎样合理减少卯口尺寸,推敲合适的比例关系是非常困难的),高度不足时还有续高节点问题等,都是构架应用中的困难。相反,层叠式构架在斗栱节点、构架形式、底层夯土的帮助下,获得了相当的发展。

真正影响从层叠式向通柱式演化过程的关键转折点和单层类似,都是由于斗栱的极度衰减造成的。这也是通柱造替代层叠式的根本原因。正是由于斗栱在节点抗弯性能上的优势丧失,才进一步暴露出了层叠式构架底层受荷过于集中的结构缺陷,并进而逐步取消了层叠式作法,以通柱造彻底的取而代之。在整个演替过程中,层间节点和同层节点的转动刚度是不可分离的两个方面。但若要比较重要性的话,则无疑是同层节点更胜一筹。

抗侧刚度,层间节点的强度是影响楼阁结构体系的重要问题。楼阁的架构体系也确实走过了台上式、层叠式、通柱式的路径。但正如本章分析指出的,构架的结构体系改变,受力机制和演化实际上是综合考虑诸多要素形成的。一方面,多层楼阁的侧向变形常数倍于同期的单层木构;另一方面,这种差异可以被跨度差异、底层夯土墙、构架类型等多种要素重重掩盖而变得不那么明显。也正因此,才会出现多姿多彩的楼阁形式。

9 水平动载下的楼阁构架受力机制

7、8两章从抗侧刚度的角度出发,分别探讨了单、多层木构演变的过程。研究了屋面、墙身和层间结点方式改变对于楼阁抗侧刚度和构架演变的影响。但这种比较基于静力加载研究,没有考虑传统木构楼阁在动力如地震作用下的楼阁受力机制研究。

地震作为一种自然现象是任何建筑均不能避免并需考虑的因素,据统计,地球上平均每年发生震级8级以上,震中烈度11度以上的毁灭性地震两次;震级7级以上,震中烈度9度以上的大地震不到20次;其他各种微震15万次以上[1]。但这并不等于木构楼阁会频繁遭遇地震问题,因为一般只有五级和五级以上的地震才会导致明显的建筑结构问题,大量的微地震只能靠仪器检测得知。中国古代都市的选址经历过多年甚至上百年的考验与考查,通常会规避那些明显地震带和地震作用区(我国主要的地震带主要有两条,南北地震带北起贺兰山,向南经六盘山,穿越秦岭,沿川西至云南省东北纵贯南北,东西地震带,北面的一条沿陕西、山西、河北北部向东延伸,直至辽宁北部的千山一带,南面的一条自帕米尔经昆仑山、秦岭,直到大别山[2])。表9-1显示了我国一些重要的历史都市目前的抗震设防烈度。然而也确有部分木构建筑经受过较大的地震,较为著名的包括:独乐寺观音阁所经历的8级地震(康熙十八年三河平谷),应县木塔所遭遇的七次地震及炮击损害,天津宁河天尊阁、云南通海聚奎阁经历的9度烈度地震[3]。此外中国的近邻日本为地震活跃地区,频繁发生重大地震,日本的木结构建造方式与中国为近似体系,其大量木构建筑抗震的事实已为广泛接受。然而,少数建筑经历了地震的考验并不简单等于能将此经验推广。蓟县地震观音阁虽然不倒,但"官廨民居无一存[4]",义县奉国寺大殿虽然经受住了1975年的海城地震,但山门、无量殿等损害较大[5]。云南、汶川地震中,同为穿斗构架民居,也有损坏倒塌和几乎无损的[6]。即便是那些经受过地震考验的楼阁,例如观音阁、应县木塔等,也都留下了地震后不可恢复的损伤和变形。从上述楼阁抗震的案例来看,应县木塔、独乐寺观音阁属于层叠式铺作结构,通海聚奎阁为通柱式楼阁,又有穿斗、抬梁构架的差异,各建筑的层数、高度、平面布置均不同。因此,不能简单地将某一时代的某些构架作法与抗震能力联系,而是必须有区别的对待和解析其抗震机理和受力机制。

❶ 丰定国.工程结构抗震[M].北京:地震出版社,1997:1.
❷ 丰定国.工程结构抗震[M].北京:地震出版社,1997:6-7.
❸❺ 中国科学院自然科学史研究所.中国古代建筑技术史[M].北京:科学出版社,2000:328.
❹ 中国科学院自然科学史研究所.中国古代建筑技术史[M].北京:科学出版社,2000:330.
❻ 谷军明,缪升,杨海名.云南地区穿斗木结构抗震研究[J].工程抗震与加固改造,2005(S1):206.

表 9-1　中国历代古都抗震设防烈度表

城　市	抗震设防烈度(度)
北　京	8
西　安	8
洛　阳	7
南　京	7
开　封	7
杭　州	6

那么,动力作用相对于静力作用,有哪些主要的区别呢?

第一,动力加载具有瞬态和时间积分效应。在动载加荷的整个过程中,荷载是瞬变的。构架不同时间承担的荷载均不同。然而其效果却沿时间逐步叠加。第二秒的变形和受力不仅和第二秒的荷载相关,还和第二秒之前的所有荷载相关。

第二,响应问题。大多数动载本质上是一种运动而非直接的荷载。任意结构实际承担的动力荷载不但取决于外部运动的剧烈程度。还和结构自身的阻尼和自振频率相关。同样的外部作用如地震针对不同的场地条件和建筑结构,会被折算为大小有别的荷载。

第三,对于以半刚性节点连接形成的传统楼阁木构架,其结构行为是非线性的。构架抗侧刚度会随水平力大小而变化。

由于上述问题的复杂性,导致木构在地震荷载下的结构行为研究至今是个难题。目前虽然也有一些结构研究,但都是以实验或拟静力试验为基础的。考虑到分析的困难和迫切性。本书仅将结合前述静力分析的两大结论,即通柱造抗侧刚度强于层叠式、抗侧刚度和同层节点密切相关这两点进行尝试性探讨。

9.1　动力学构架研究方法和对象

9.1.1　现有研究理论的不足

目前中国正在执行的抗震规范已经过了多次审慎的修订并被普及应用于所有有抗震需求的建筑结构设计流程中。但是,规范中常用的简化方法在研究传统木构楼阁时有一定的缺陷或未确定要素。

第一、确定结构所受地震荷载的最简单方法为反应谱法。但是,地震反应谱有自身的适用范围,其对应的结构为阻尼比 0.05,周期三秒以内[1](在抗震的受迫振动理论公式中,使用了杜哈默积分,其假设基础为有阻尼频率与无阻尼频率的差别不大,在木构楼阁体系中该假设并未得到验证[2])。根据部分文献研究结论,泉州开元寺大雄宝殿的动测第一振形阻尼比为 0.055,而崇福寺大殿的阻尼比为 0.036。反应谱曲线很可能局部不适用。

第二、反应谱法确定构架所受荷载的重要依据之一,是根据给定的结构体系的刚度、自振周期,阻尼比等,计算得出结构加速度反应谱,但对于具有明显刚度退化现象的木构楼阁,任意

[1]　丰定国. 工程结构抗震[M]. 北京:地震出版社,1997:34.
[2]　丰定国. 工程结构抗震[M]. 北京:地震出版社,1997:30.

时刻的结构刚度均在变化,这会造成怎样的影响未知。

第三、计算假设中,无论是单质点体系,或是多质点体系,均要求质量相对集中,但对于组合复杂的木构楼阁,该如何恰当简化,并未得到合理研究。

上述研究理论的缺陷指出,需要以时程分析等复杂而基本的结构分析方法而不能从简化方法出发研究传统木构的动力学受力机制。

除了研究理论的不足,楼阁在动力荷载(如地震)下的结构问题研究本身在概念上就有待突破。以往结构分析中,往往使用"抗震"一词来解释建筑物耐受地震的能力。即暗示是结构通过自身刚度抵抗地震力,这种结论和前述章节模拟风荷载作用的结果类似。但实际构架所受到的地震作用会由于场地条件、地震波形态、频率和结构自身阻尼的差异而变化。相类似的构架形式,会由于节点转动刚度不同而具有不同的结构刚度和振动频率,当其自身频率接近场地地震波频率时,其结构响应就大,反之亦然。中国传统木构节点过往一些木构的抗震实例和部分试验结果显示,木构的地震反应常显著小于拟静力法结果[❶]。

9.1.2　研究思路

本章将主要从三个角度研究前述提出的木构楼阁两类受力机制问题。第一类为结构刚度退化问题。第二类为结构的振形问题,第三类为构架的动态受力问题。这三个问题互有区别又互相关联。首先,研究结构刚度问题类似于研究抗震能力。由于传统木结构的连接节点为典型的半刚性曲线,具有明显的刚度退化现象[❷],这也就意味着木构楼阁构架本身也应有较为明显的刚度退化现象。比较刚度退化曲线的不同,比拟静力研究中仅探讨某一固定荷载下的结构行为更有效全面;其次,研究振形问题类似于研究构架的地震响应。由于构架体系上层叠和通柱的差异,每一类构架在地震荷载下的变形形态——即振形也不同。不同振形的构架有不同的振动方式和频率。也就会导致不同的刚度退化模式。前两项互相制约[❸]。最后是构架动态分析。在前述分析中,难免会出现一种情况,某种构架的刚度低,且自振频率偏离了地震的卓越周期,所以地震响应低,但其抵抗地震的能力也差。而另一种构架的刚度大,地震响应大,但抗震能力强。如果要综合比较上述两种构架,就要动态的同时考量其地震响应和抗震能力。

基于上述考虑,本书首先进行振形的研究,再以振形研究结果研究刚度退化问题,并通过时程分析法进行地震响应的构架比较研究验证。本章的第二节主要研究木构楼阁的地震振形,第三节主要研究木构楼阁的刚度退化。第四节为木构时程分析。在构架分析时,遵循从简单到复杂的规律,首先研究同一构架内各榀横架,再研究檐柱和中柱位置纵架。分开研究各榀框架,不仅有助于区分各框架之间的差别,而且比较容易将该结果拓展到更多类型的结构体系中,如稍间可以更容易的应对满堂柱框架,次间可以对应圈层体系的明间等。

本章研究的主要工具是有限元分析软件 ANSYS。大型楼阁的缩尺模型振动台试验目前仍是一个需要仔细研究的庞大课题。本书限于研究条件等只能采用 ANSYS 等有限元软件结合节点试验数据这种方法具体分析时有一定的限制。例如振形分析时,无法把节点的半刚性行为同时考虑,而只会分析半刚性节点的线性区域。又如时程分析时,具体的时间步长等设定

---

❶　姚侃,赵鸿铁.木构古建筑柱与柱础的摩擦滑移隔震机理研究[J].工程力学,2006(8):130.

❷　随着荷载增加,结构刚度不断下降的现象。在一般的弹性计算假设中,结构刚度不会随着荷载增加而下降。

❸　丰定国.工程结构抗震[M].北京:地震出版社,1997:29-30,即频率和周期反比,和刚度正比的关系。

会影响计算结果。故除使用 ANSYS 外，振形分析采用 SAP2000 校验，刚度退化使用手工计算对极值点校验，时程分析结合已有的简单框架试验结果校验。此外在研究空间构架时，假设联系构件能够完全传递抗扭弯矩。

9.1.3　研究对象

从总的构架体系上看，木构楼阁中，其实只出现过三种类型，分别是：层叠式、通柱式和底层土台式，其中第三种又可视为前二种的补充，层叠式在不同的时代、不同建筑等级和地域中有不同的层间节点作法，例如，简单的梁柱造，复杂的叉柱造，平坐或永定柱等，通柱由于时代地域不同又有抬梁(多用馒头榫，半榫，大进小出榫)或穿斗(直榫，半榫)等节点和构架技术的区别；根据建筑平面柱网配置的差异，又可以分为满柱式结构，套筒式结构，圈层式结构；由于建筑内部使用空间需求的差异，又可以分为核心无削弱构架，大跨度核心有削弱构架和大高度核心有削弱构架等。考虑到如此多的差异和本章需研究的内容，将上述各类变化简化为四种具有代表类型的构架四类基本构架形态。分别为层叠式梁柱造、层叠式铺作造、通柱式抬梁作法和通柱式穿斗作法。其中层叠式梁柱造和铺作造可以在同一体系内比较铺作层有无的差别；通柱造抬梁作法和穿斗作法可以比较不同的榫卯造成的差异，这两者都反映了同层节点对构架受力机制的影响；层叠式梁柱造和通柱式抬梁作法则可以比较通柱造和层叠式的区别，以验证通柱造和层叠式构架的抗侧刚度差异。四类基本构架形态分别为檐部纵架，明间高跨均削弱横架，次间标准横架，稍间加强型横架。

上述各种构架在分析中均按统一的条件假设：三层纯木结构(忽略夯土墙的结构加强作用)，平面柱网均为圈层式柱(即考虑明、次、稍三种刚度和柱网有明显差异的横架，明间考虑到楼阁大多有中空空间的需求，不设中柱，一二层通高，次间同样不设中柱，但一二层不通高，稍间除斗栱层叠式外均有中柱)，五开间(方便区分柱顶兜圈的阑额构件和横架中柱顶的拉接构件，其中明间 4.5 m，次间 4 m，稍间 3 m，明间四柱落地，次间四柱落地，稍间五柱落地)，进深八椽档(金柱间距大于檐金柱间距，即横架中跨跨度为边跨的两倍)，出檐 1.2 m，椽距 1.2 m。底层层高 5 m，二层层高 4 m，三层层高 3.5 m(考虑楼阁中常见的逐层递减的作法，对于斗栱层叠式，三层实际层高仅 2 m，不符合实际使用情况，但是为了维持四种构架总高一致并体现斗栱在减少柱、梁高度方面的优势做出此假设)，屋面坡度 1：4(维持四构架一致的坡度才能保证屋面荷载对下部的影响一致)，屋面形式为两坡，不考虑悬山出际或是硬山山墙作用，也不考虑歇山屋顶或庑殿顶(由于缺少榫卯抗扭刚度的试验数据，不宜讨论空间架构和抗扭的影响)。

其中层叠式按宋《营造法式》，抬梁作法按清《工部营造则例》，穿斗按《营造法源》扁作作法，并一定程度上参考真武阁中的作法比例。用材层叠式铺作造假定为三等材，折算为现代尺寸并取整后材厚 160 mm。梁柱造减一等为四等[1]。柱、阑额等均按《法式》中较小值取，材厚 150 mm。通柱式抬梁按一层层高的十一分之一确定底层檐柱径，但抱头梁、额枋、随梁枋等尺寸按平均层高(4.1 m)折算，如抱头梁厚为 440 mm[2]。通柱式穿斗构架按四椽档(内四界)定大梁围径，折算梁厚 200[3]。为方便抬梁穿斗互相对应，均假设大梁(大柁)下无随梁，每层檐、

❶　营造法式中一般铺作造比梁柱造用材大，本书为避免同一构架系统内过大的用材差造成分析干扰，将材份差缩小为一等。

❷　梁思成.清式营造则例[M].北京:中国建筑工业出版社,1981:88.

❸　姚承祖.营造法源[M].北京:中国建筑工业出版社,1982:34.

金柱头之间用抱头和穿插两道拉接,纵架只用一层额枋(即无大小额枋)。榫卯假设层叠式梁柱造最原始,纵架阑额一律为长为柱半径的直榫,横架为馒头榫,顶层檐、金柱之间为长为柱半径的直榫;层叠式铺作造斗栱按材份折算,纵架阑额间为燕尾榫;抬梁式纵架用加宽型燕尾榫,横架抱头梁为馒头榫(檐柱)和半榫(金柱),穿插为大进小出榫,大柁为馒头榫;穿斗式纵架用加长型燕尾榫,横架双步川(抱头梁)为直榫和半榫(金柱),随梁(穿插)一律为直榫,四界梁(大柁)为直榫。

9.2　构架振形比较研究

本节主要研究四种构架的振形区别,一方面了解其变形、振动规律,为之后的刚度退化研究做基础;另一方面,和振形相关的数据还包括频率、自振周期、阻尼比等,其中的频率高低和变化情况可以反映不同构架的相对刚度关系,阻尼比可以推算该振形的耗能能力,并与现行抗震规范中常用的地震反应谱对照,了解其适用情况。此外,后续的动力学瞬态分析中重要的阻尼系数也有赖于振形模态分析结果。

9.2.1　构架一振形及分析

本节只考查每一刚度的前十个振形,并取三个主要振形分析。考虑到和抗震规范统计数据的对接,主要振形的判定以抗震规范中对应的二类场地 $0.1\sim0.4$ 的特征周期(对应频率 $2.5\sim10$)为限,对于大于 10 的频率采取了解但不解析的方法。

1) 构架一纵架方向

该构架的前十种基本振形见图 9-1,其中前三阶的频率分别为 0.61 Hz,2.29 Hz,4.4 Hz,且能明显看出前三阶为水平作用为主的振形。后 7 种频率基本集中在 $43\sim45$ Hz,以重力荷载作用下的振形为主。其三阶频率比约为1∶4∶7,对应阻尼比为 0.019,0.138,1。

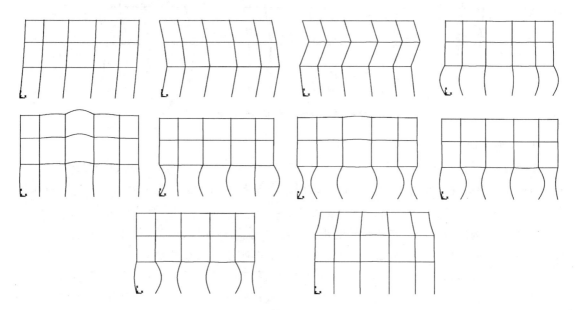

图 9-1　构架一纵架振形

在上述研究的十种振形中,重点只解析前几类以水平作用为主的振形。其中第一振形为逐层增加的变形模式,第二振形为二、三层与第一层振动方向相反的模式,第三振形为 S 形模式。

2）构架一横架次间

该构架一共出现了三种主要水平振形,见图 9-2。频率为 0.55 Hz,2.88 Hz,10 Hz(损耗因子0.01);振形阻尼比分别为 0.018,0.34,1。除第一阶振形和纵架类似外,其余两阶均有不同,其第二阶振形接近纵架第三阶,但底层柱有明显的屈曲变形。其第三阶则为二阶附加三层金柱间重力荷载变形的模式。

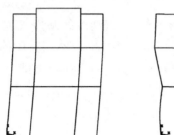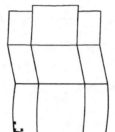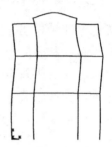

图 9-2　构架一横架次间振形

3）构架一横架稍间

该构架一共出现了三种主要水平振形,见图 9-3。频率为 0.74 Hz,3.12 Hz,13.12 Hz(损耗因子0.01);振形阻尼比分别为 0.025,0.233,1。和横架不同的是,其振形以 S 形为第一振形,反弧形为第二振形,并伴有明显柱屈曲。

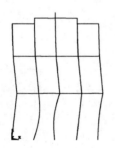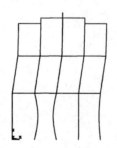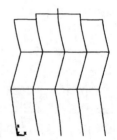

图 9-3　构架一横架稍间振形

4）构架一明间

该构架一共出现五种主要水平振形,见图 9-4。频率为 0.56 Hz,2.86 Hz,2.86 Hz,8.04 Hz,10.79 Hz(损耗因子 0.01);振形阻尼比分别为 0.018,0.097,0.36,1,1。这五种振形均为不对称振形,单侧为 S 形,另一侧为反弧形,均是由于金柱之间联系构件削弱造成。

虽然上述构架的振形有局部差异变化,但也有一定的规律性,以第一阶振形为例,明间、次间横架频率接近,低于纵架,又低于稍间。这和前章的刚度分布规律对应。

从振形上看,明间横架由于金柱之间缺少联系,故其振形最多,且全部倾向于多质点自由振动形态。纵架、次间横架水平拉接关系弱,一阶振形倾向于接近单质点变形的直线模式。稍间拉接强,倾向于一二层区分明显的反弧形为第一振形。

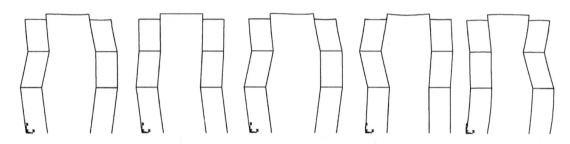

图 9-4　构架一横架明间振形

9.2.2　构架二振形及分析

1）构架二纵架方向

该构架共出现三种主要水平振形,见图 9-5。频率为 0.79 Hz,3.31 Hz,6.16 Hz(损耗因子0.01);振形阻尼比分别为 0.025,0.198,1。三种振形中前两种均为 S 形,但扭曲部位不同,最后一种为反弧形。

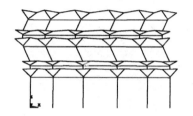
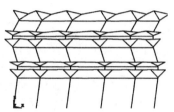
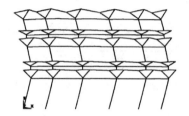

图 9-5　构架二纵架振形

2）构架二横架次间

该构架共出现五种主要水平振形,见图 9-6。频率为 0.46 Hz,2.03 Hz,3.93 Hz,12.88 Hz,13.48 Hz(损耗因子 0.01);振形阻尼比分别为 0.015,0.125,0.48,1,1。振形大致为直线形,反弧形和 S 形三类,且具有从反弧形向 S 形转变的趋势,由于暗层而又在层间出现多种不同的组合。

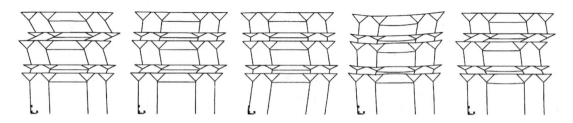

图 9-6　构架二横架次间振形

3）构架二横架稍间

该构架共出现三种主要水平振形,见图 9-7。频率为 0.59 Hz,2.56 Hz,4.95 Hz(损耗因子0.01);振形阻尼比分别为 0.018,0.158,1。其振形虽少于次间,基本变化规律接近。

图 9-7   构架二横架稍间振形

4) 构架二横架明间

该构架共出现九种主要水平振形,见图 9-8。频率为 0.41 Hz,1.59 Hz,1.87 Hz,4.11 Hz,4.18 Hz,12.23 Hz,12.33 Hz,13.06 Hz,13.07 Hz(损耗因子 0.01);振形阻尼比分别为 0.013,0.059,0.133,0.428,0.464,1,1,1,1。上述振形除具有前述次、稍间的变化规律外,还具有从不对称变形向对称变形演化的规律,即初始振形为非对称形态,而较高阶振形则倾向于对称变形。

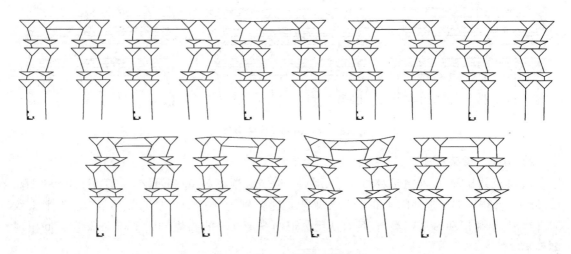

图 9-8   构架二横架明间振形

虽然暗层和斗栱的加入使得构架二的振形变化多于振形一,但主要限于两个方面。一是纵架的频率最高,而且振形为反弧形。说明纵架的斗栱节点强度明显强于构架一假设的简单半直榫;二是由于暗层实际多出一层,导致各构架类型的振形都明显增多。

9.2.3   构架三振形及分析

1) 构架三纵架方向

该构架共出现两种主要水平振形,见图 9-9。频率为 0.52 Hz,3.61 Hz(损耗因子 0.01);振形阻尼比分别为 0.016,1。振形形态为逐层增加的准线性模式和一层半与上层之间振动方向相反的弧线形模式。

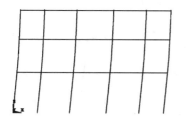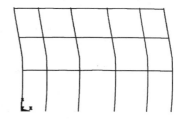

图 9-9　构架三纵架振形

2）构架三横架次间

该构架共出现三种主要水平振形，见图 9-10。频率为 0.57 Hz，4.08 Hz，13.17 Hz（损耗因子 0.01）；振形阻尼比分别为 0.018，0.468，1。其振形类似纵架，其中振形三为振形二底层柱明显屈曲后的形态。

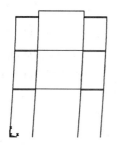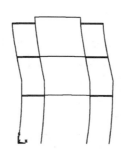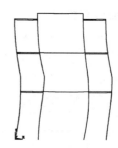

图 9-10　构架三横架次间振形

3）构架三稍间

该构架共出现三种水平振形，见图 9-11。频率为 0.78 Hz，4.58 Hz，13.55 Hz（损耗因子 0.01）；振形阻尼比分别为 0.024，0.487，1。其振形与次间差异明显，分别为反 S 形，反弧形，底层柱屈曲形。

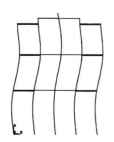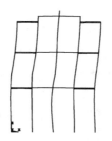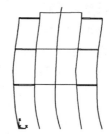

图 9-11　构架三横架稍间振形

4）构架三明间

该构架共出现四种主要水平振形，见图 9-12。频率为 0.41 Hz，3.65 Hz，4.09 Hz，12.95 Hz（损耗因子 0.01）；振形阻尼比分别为 0.013，0.13，1，1。振形和次间类似，多出的振形可以视为次间振形的对称形态。上述四种构架的振形和构架二区别最大，和构架一对应最好。虽然二者一个为层叠构架一个为通柱构架，但纵架均以线性模式为第一振形，间均以反弧形为第一振形。说明构架的水平拉接均为稍间好于次间和纵架，并优于明间的模式。同时，各横架振形均表现出不同程度的梁柱屈曲,说明梁柱节点转动刚度有明显提高。

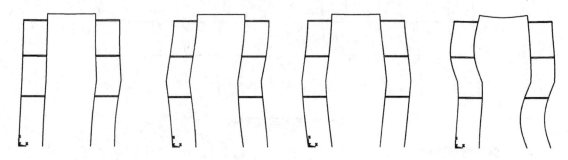

图 9-12 构架三横架明间振形

9.2.4 构架四振形及分析

1) 构架四纵架方向

该构架共出现了三种主要水平振形,见图 9-13。频率为 0.59 Hz,3.63 Hz,11.3 Hz(损耗因子0.01);振形阻尼比分别为 0.018,0.384,1。振形主要形态为不明显的反弧形,逐层增加的准线性模式和一层半与上层之间振动方向相反的弧线形模式。与抬梁作法相比,增加了一种介于 S 形和反弧形之间的模式。

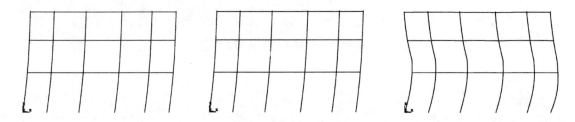

图 9-13 构架四纵架振形

2) 构架四横架次间

该构架共出现四种主要水平振形,见图 9-14。频率为 0.44 Hz,3.83 Hz,8.58 Hz,12.18 Hz(损耗因子0.01);振形阻尼比分别为 0.013,0.28,1,1。其振形类似纵架,但在纵架的二、三振形之间多出了受重力荷载影响的组合振形一种。

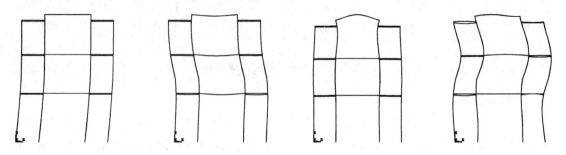

图 9-14 构架四横架次间振形

3) 构架四稍间

该构架共出现三种主要水平振形,见图 9-15。频率为 0.64 Hz,4.03 Hz,7.49 Hz,12.77 Hz,12.87 Hz(损耗因子 0.01);振形阻尼比分别为 0.02,0.417,1。其振形与次间差异明显,分别为反 S 形,反弧形,底层柱屈曲形。

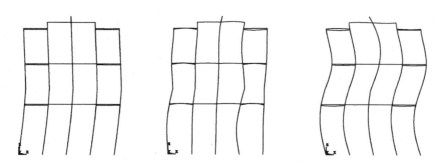

图 9-15　构架四横架稍间振形

4) 构架四明间

该构架共出现六种主要水平振形,前六阶振形见图 9-16,频率为 0.39 Hz,3.63 Hz,4.09 Hz,4.10 Hz,12.95 Hz,13.01 Hz(损耗因子 0.01);振形阻尼比分别为 0.012,0.13,0.45,1,1,1。振形和次间类似,多出的振形可以视为次间振形的对称形态。

从振形来看,穿斗式构架和抬梁式构架比较类似。但有两个显著区别,一是从纵架到次间、稍间,第一振形均非线性而是反弧形。结合前述分析,说明其水平拉接较强。其次是在振形中出现了部分四架梁受重力荷载影响和水平荷载组合的振形,说明该梁截面显著小于前三类构架。

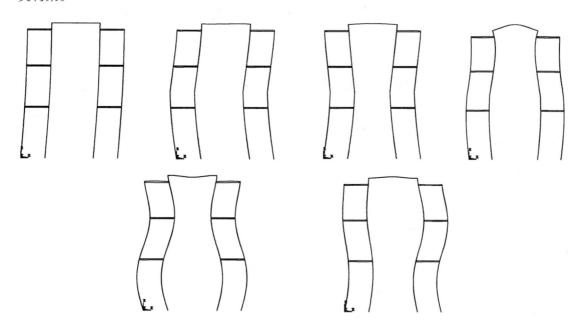

图 9-16　构架四横架明间振形

9.2.5　本节小结

总体上来看,各种楼阁构架的一阶振形周期在 0.4 附近,该值的对应周期大约在 2~3 s,位于反应谱中地震作用较小的边缘区域,远离二类场地的特征周期,这很可能是我国很多传统木构建筑,包括木构楼阁受震害较小的一个原因。其阻尼比约在 0.01~0.02 之间,这和某些实测数据吻合。由于构架的一阶振形一般对应构架应力较低的弹性或准弹性阶段,说明在仅考虑一阶振形,并且弹性范围内是可能可以使用规范中的反应谱法研究木构楼阁受力和变形问题的。但二阶以上阻尼比和频率均与反应谱适用范围相差甚多,说明即使不考虑材料和节点的非线性,也不宜在考虑二阶以上振形时使用规范中简化的反应谱法。

另一方面,从频率的变化规律也可以大致看出,纵架刚度约等于横架次间刚度,大于明间,小于稍间。构架间大致是穿斗优于抬梁,通柱大于层叠。这一结论将在下一节结合构架抗侧刚度退化规律研究验证。从纵架一到三的一阶振形相似性可以看出,这两者在受力机制和构件拉接关系上比较类似。构架二、四由于分别使用了节点强度明显较高的斗栱和加长型燕尾榫而出现了以反弧形为主要特征的第一振形。从通柱造的构架三、四振形中柱明显屈曲可以看出,通柱造构架结合合理的梁柱榫卯节点后节点的转动刚度相比层叠式有了明显提高。构架一、二,构架三、四之间振形上的差异也说明,即使同属一种构架类型,同层节点的强度仍会明显影响结构行为。例如构架一、二的纵架,虽然开间、构件尺寸均较为接近,但构架二的同层节点刚度和数量均较高,所以其变形模式以层为分界。而构架一由于层间拉接弱,其振形中分层现象就不明显。

虽然上述结论由于木材阻尼比有待进一步确定,只能考虑节点的线性段,必然存在一定误差。但仍可帮助了解传统木构楼阁受力体系的一些特征,其他问题都将在后续节中逐步解析。

9.3　构架抗侧刚度退化研究

由于木构架的刚度会随力的大小、位置改变而不同,故本节只能以有限的研究途径探讨这一问题。在前节的构架振形研究中,并未得出具有普遍规律的第一振形,且理论上说,在构架刚度退化过程中,会由简单的一阶振形逐渐向高阶振形及其组合形态转变。本节只研究直线型变形模式的构架刚度退化规律,即一层柱底剪力之和 F 与三层檐柱柱顶的位移 Δ 的比值来了解构架整体抗侧刚度的变化规律。对于其他可能出现的变形情况或组合,有待后续研究充实。为防止退化曲线顶端可能出现的刚度下降,采用位移控制,最大位移控制在比柱径略大的 500 mm。

9.3.1　构架一刚度退化规律及分析

构架一刚度退化曲线总体上呈现抛物线型态,除峰值点外,上升段有一个明显的拐点。纵架拐点位置在位移 50 mm 附近,对应剪力 3 kN;横架拐点位置约在 190 mm 附近。纵架峰值约出现在 400 mm 位置,对应剪力 7.1 kN。横架峰值约出现在 270 mm 附近,对应剪力从 26~33 kN 不等。在达到峰值后,纵架刚度降低但在 500 mm 变形范围内不破坏,而横架在变形略超过 310 mm 时构架整体破坏。其中稍间的刚度大于次间和明间,而明、次二者非常接近(图 9-17)。

观察纵架对应位移内力图可以发现,50 mm 时次间和明间的一层檐柱受上部荷载影响,弯矩较大,其中半榫达到 4.02 kN·m,并未达到极限;300 mm 弯矩图形态类似,但半榫节点弯矩达到 9.13 kN·m。上述两种情况最大的节点弯矩均未达到榫卯的极限弯矩,可见其退化规律并非简单的由榫卯节点强度控制。而是在大变形情况下,由于构架侧倾、附加弯矩增加而造成的构架抗侧刚度快进退化(图 9-18)。

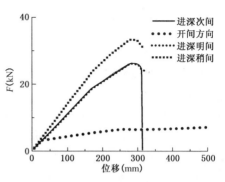

图 9-17 构架—抗侧刚度曲线

观察横架对应位移的内力图可以发现,190 mm 变形时的构架,底层檐柱位置的馒头榫承担的荷载最大,达到 25 kN·m,其次为顶层金柱之间的三架梁。310 mm 时该情况不变,馒头榫承担弯矩达到 33 kN·m 的极限。由于横架的构架假设中,柱头为连续梁,故其横向刚度非常大。出现了构架刚度和节点刚度近似的情况(图 9-19)。

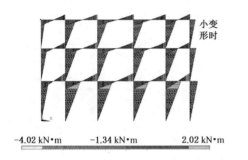
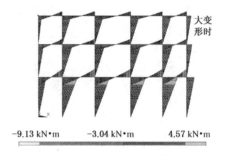

小变形时

-4.02 kN·m -1.34 kN·m 2.02 kN·m

大变形时

-9.13 kN·m -3.04 kN·m 4.57 kN·m

图 9-18 构架—纵架内力图

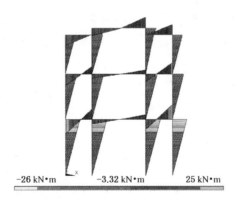

-26 kN·m -3.32 kN·m 25 kN·m

图 9-19 构架 190 mm 变形时横架内力图

总体来看,构架一的纵架刚度小于横架刚度,但都显现出强烈的层叠式结构内力特征,由于层间节点抵抗弯矩能力差,故上两层的结构抗侧刚度发挥较少。底层柱,尤其是檐柱位置的柱端榫卯对这一类型构架的纵横架刚度及退化规律的意义重大。

9.3.2　构架二刚度退化规律及分析

构架二刚度退化曲线总体上呈现出有平台区的类抛物线形态。纵架除峰值点外,上升段有一个明显的拐点,横架则在峰值点之后,有一个刚度下降缓慢的类平台区间。纵架拐点位置在位移 70 mm 附近,对应剪力 38 kN,峰值点位置在位移 250 mm 附近,对应剪力 55 kN;横架峰值点位置约在 80 mm 附近,对应剪力 12～17 kN。平台区可延伸至 180 mm 附近。其中稍间的刚度大于次间和明间,而明、次二者非常接近(图 9-20)。

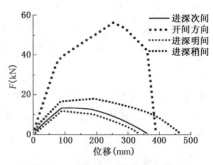

图 9-20　构架二抗侧刚度曲线

观察纵架对应位移的内力图可以发现,70 mm 时次间和明间的一层檐柱受上部荷载影响,弯矩较大,其中半榫达到 11.5 kN·m,并未达到极限;250 mm 弯矩图形态类似,底层阑额半榫节点弯矩达到 20.7 kN·m。而相较之下,各层斗栱底部和其他位置的阑额所承担的弯矩均远小于前述节点(图 9-21)。

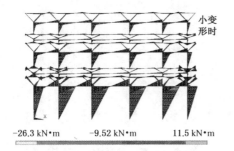
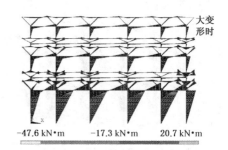

−26.3 kN·m　　−9.52 kN·m　　11.5 kN·m
−47.6 kN·m　　−17.3 kN·m　　20.7 kN·m

图 9-21　构架二纵架内力图

观察横架对应位移的内力图可以发现,80 mm 变形的构架,底层斗栱底馒头榫承担的弯矩最大,达到约 7.31 kN·m。180 mm 时该情况不变,馒头榫承担弯矩增加到 9.55 kN·m。由于金-檐柱之间缺少顺栿串类构件,传力途径逐渐从柱头阑额变为斗栱上部的梁枋(图 9-22)。

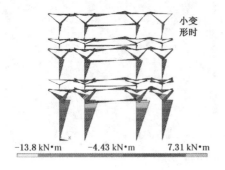
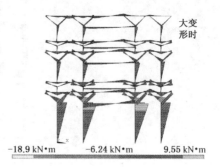

−13.8 kN·m　　−4.43 kN·m　　7.31 kN·m
−18.9 kN·m　　−6.24 kN·m　　9.55 kN·m

图 9-22　构架二横架内力图

总体来看,构架二有两大特征,第一就是其传力途径有两条,分别是柱头阑额和斗栱间梁栿,构架会优先选择连续、刚度大的传力途径,这也就造成了纵、横架内力分布的差异和最终刚度退化规律的差异;第二就是和构架一类似,结构刚度主要依赖底层构架,显现出更强烈的层叠式结构内力特征。和构架一类似,在达到节点抗弯极限前,纵、横架就开始了明显的刚度退化,其中纵架是在底层阑额端榫卯达到极限后开始退化,而横架则是在斗栱极限弯矩约70%时开始明显的退化。

9.3.3 构架三刚度退化规律及分析

构架三刚度曲线并未显现明显退化,总体上呈递减上升曲线型态,且在上升过程中,没有出现明显拐点,纵架刚度明显小于横架,峰值大约出现在400mm位置,对应剪力11 kN。横架中稍间的刚度最大,次间和明间非常接近,在500 mm位置对应剪力21~27 kN(图9-23)。

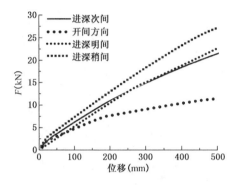

图9-23 构架三抗侧刚度曲线

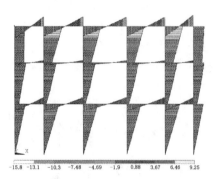

图9-24 构架三纵架内力图

观察纵架500 mm位移内力图可以发现,纵架内力分布明显不同于层叠式,不但各个节点承担的弯矩更加均匀,弯矩最大节点也变为顶层的次间和明间檐柱。其中半榫达到3.67 kN·m,顶层阑额端燕尾榫弯矩达到9.25 kN·m,均不到极限弯矩30%。相较而言,第二层梁柱弯矩较小(图9-24)。

观察横架500 mm位移内力图可以发现,其节点弯矩分布类似纵架,其中节点弯矩最大为顶层金檐柱之间的抱头梁,达到37.9 kN·m。已经接近节点的极限弯矩。即在这一节点发生了应力集中现象。此外,各层随梁枋承担的弯矩均很小(图9-25)。

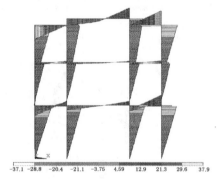

图9-25 构架三横架内力图

总体来看,抬梁构造,通柱式构架的内力分布较为均匀,摆脱了层叠式以底层变形为主的模式。纵架刚度低于横架的主要原因是横架的馒头榫极限转角和弯矩出现较早。相对层叠式,由于通柱式的变形分布在各层之间,所以各榫卯的转角也小。有相当榫卯未进入退化阶段,故构架只存在内力重分配,没有出现明显刚度下降。

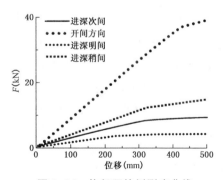

图9-26 构架四抗侧刚度曲线

9.3.4 构架四刚度退化规律及分析

构架四刚度曲线并未显现明显的退化,总体上呈递减上升的曲线形态,并有一个明显的拐点(图9-26)。纵架拐点大约在430 mm,对应剪力

37 kN,刚度明显大于横架。横架拐点约在 320 mm 附近,对应剪力 5～12 kN。横架中稍间的刚度最大,次间和明间的差距也比别的构架类型明显.说明柱的数量和榫卯节点数目的影响巨大。

观察纵架对应位移的内力图可以发现,水平变形 430 mm 时,纵架内力介于层叠式和抬梁通柱式之间。其各个节点承担的弯矩虽然比层叠式均匀,但弯矩最大节点仍然为底层的次间和明间檐柱。500 mm 时分布类似,底层燕尾榫节点弯矩由 24.8 kN·m 增加到 26.2 kN·m。由于其构件截面偏小,单个榫卯的刚度不及抬梁,故其构架更早进入退化阶段,但由于初始值大,即使退化更明显,也仍大于抬梁式(图 9-27)。

构架四横架内力图与构架三类似,无论是拐点 320 mm 或 500 mm 变形时的构架,其节点弯矩最大处均为顶层金檐柱之间的抱头梁,由 13.0 kN·m 增加到 15.9 kN·m。此外,各层随梁枋承担的弯矩均很小(图 9-28)。但总值较低,是受限于构件截面的结果。

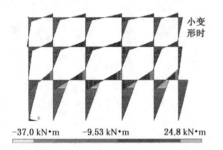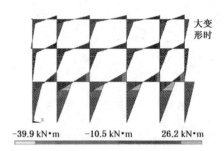

图 9-27　构架四纵架内力图

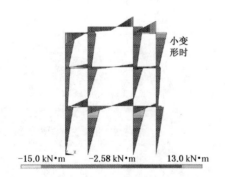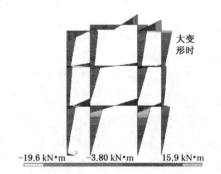

图 9-28　构架四横架内力图

总体来看,穿斗构造、通柱式构架的内力分布较为均匀,其和抬梁构造的节点差异是其刚度退化规律的主要原因。在纵架中,由于在下层构架可以通过下落式榫卯构造使用燕尾榫,使得其刚度大幅超越抬梁式纵架。但虽然透榫要优于馒头榫,但所有构架截面尺寸均小于抬梁式,使得其整体构架的刚度弱于构架三。较小的构件截面使得其刚度更加依赖于梁柱和榫卯节点的数量。

9.3.5　构架间刚度退化规律比较

四种纵架的刚度退化具有部分相似性,例如上升段均为递减式曲线等,但差异更多。首先纵架折榫为斗栱层叠式刚度最大,原因主要是其层间连接节点最多。在 500 mm 时横梁刚度最大的为穿斗通柱式,其变形相对均匀,底层变形相对构架二小,节点抗弯性能也较高。最终使其可以在 500 mm 变形,全程维持较高的刚度。构架一、四的刚度退化曲线类似,虽然构架形式和变形分布大不相同,但除顶层节点外,两种构架均只能使用类似的半榫或长度为柱半径的直榫连接柱头,构架四虽然有顶层燕尾榫节点的抗弯性能优势,但构件截面尺寸小于构架一,最终总值较高。各退化曲线见图 9-29。

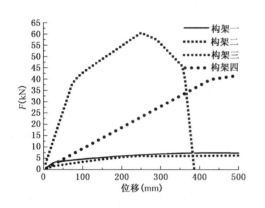

图 9-29 四种构架纵架抗侧刚度比较   图 9-30 四种构架横架抗侧刚度比较

　　四种横架的刚度退化规律体现出更为明显的分组特性。属于层叠式构架的构架一、二均为抛物线形,通柱式的构架三、四属于上升曲线形。构架一全程刚度基本大于构架二,主要由横架中连续梁假设造成的。构架三大于构架四,主要源于构件截面较大的优势。构架二在 200~250 mm 前,相对构架三、四有刚度优势,主要是因为其变形集中于底部,榫卯节点性能发挥较为充分。但在大变形时,由于底层节点过早达到极限,造成其刚度退化至零,比通柱式构架更早破坏(图 9-30)。

　　上述比较中,层叠式构架由于时期较早,因而构件截面较大。初步估算如以同样的柱径为衡量标准。则构架四的纵、横架刚度最大。其中纵架约为构架二的 136%,横架为构架二的 118%。构架三在纵架刚度上,250 mm 以前仍落后于构架二,但在横架刚度上则全程超越。虽然各构架由于在构件截面、尺寸作法、节点形式上存在着错综复杂的关系,但总体来看,可以总结为如下规律:第一,层叠式变形集中于底层,通柱式相对均匀;第二,在小变形时,由于层叠式底层梁柱变形大,节点抗弯性能发挥充分,往往具有更高的构架刚度,但也会导致其刚度的更早退化;第三,大变形时,通柱式构架的节点不破坏,能发挥更高的构架刚度,退化不明显;第四,构架类型相同时,节点强度高,连接数多,构件截面大的刚度大。第五,如主要承力构件的尺寸一致,则通柱式构架横架有明显的刚度优势。但铺作层叠式纵架由于连接节点多,在 250 mm 以前有很大优势,其后则会被通柱式全面超越。

9.4 木构楼阁的地震响应分析

9.4.1 地震分析设计

　　本节地震分析采用时程分析法。即根据选定的地震波和结构恢复力特性曲线对动力方程逐步积分,计算任意瞬时结构的位移速度和加速度反应,并观察结构在地震作用下的内力变化过程。由于该方法的计算工作量非常繁复,故借助有限元分析程序 ANSYS 的瞬变分析模块和时程分析模块完成。分析时采用了一般结构分析和试验都会采用的艾尔森特罗波(el-centro),其中南北向用于横架分析,东西向用于纵架分析。为充分考虑地震对构架的影响,按照烈度 9 度放大地震波,峰值加速度分别为 1.14 m/s² 和 1.43 m/s²。持续时间为 50 s。结构阻尼比系数采用两种方法计算,第一种振形分析结果,第二种是常见阻尼比 0.05,取最不利结果。竖直荷载采用质量加载而非力加载,以充分体现可能出现的层面"鞭稍"效应对构架的分析主要着重如下要素。

第一,各层柱头加速度反应谱。从目前已公布的试验结果看,木结构框架的隔震作用一个主要表现柱头加速度小于柱底加速度,这一现象能减少大屋面集中质量造成的地震力,可以简化节点吸收地震能量的体现,加速度衰减越多,构架吸能越好。但目前的试验研究主要集中在单层木构,多层木构则由于其自身的多自由度振动特征而可能存在若干差别。

第二,各层梁柱节点弯矩响应谱。节点加速度反应谱不等于节点承担的内力。因此简单观察加速度反应谱容易产生误解,需要通过实际分析榫卯节点承担的构架内弯矩来比较实际的构架响应。

第三,各层位移反应谱。从数次地震的灾后统计看,地震除了直接造成构架破坏外,还经常由于柱底大位移造成柱从柱础上滑落,进而导致构架破坏。了解构架柱底的位移响应,既可以了解木构架的变形情况,也可以通过设定最大值(例如一半柱径),了解这类构架发生柱底位移破坏的危险。

在正式开始分析前,首先通过一个简单的框架,验证分析方法和思路。西安建筑科技大学曾经通过测量一个带有宋式斗栱、四柱一层框架的地震反应,证实该框架具有一定的减震吸震能力。表现为柱头加速度低于柱脚加速度,斗栱加速度低于梁柱框架加速度。这与一般计算时采用的单质点假设情况有很大不同。按照结构动力学单质点模型,建筑应沿高度方向具有一致的加速度,这会导致传统木构中的屋面荷载产生巨大的地震力。榫卯和斗栱节点减小了构架的地震加速度,也就必然会减少地震作用下,屋面层的地震力。验证模型在 ANSYS 的动力学分析模块中设计一榀以榫卯连接的简单框架,检查能否在计算中一定程度上再现这一过程。

该模型柱高 3 m,柱梁均假设为简单圆形,直径 200 mm,柱高 3 m,梁跨度 3 m。梁柱之间通过半榫连接,屋面坡度四举,出檐 1 m。柱底和地基铰接。通过对地基施加荷载的方式给该构架加载,波形为简谐波,峰值 0.98 m/s²,周期 0.2 s。

在上述地震波作用下,ANSYS 模拟框架表现出明显的衰减地震加速度能力,其柱头加速度仅为地面加速度的一半,最终的破坏形态也和西安试验一致,是框架的大变形破坏(图 9-31,图 9-32)。这一结果与西安建筑科技大学相关试验结果类似,即通过计算的方式再次验证了试验的结果,表明 ANSYS 有能力分析上述问题。但在一些细节上仍然有差异。第一就是在 ANSYS 中,无法模拟由于柱与柱础的相对滑移支座;第二就是该地震加速度一定程度上低于试验

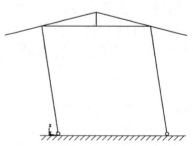

图 9-31　构架地震作用下变形示意

结果。对于前者,由于按照现行的抗震规范,即使遵照 9 度验算,峰值加速度也仅有 0.1 g,没有超过木、石之间的摩擦系数,在本书范围内不再探讨。对于后者,将在下文探讨。

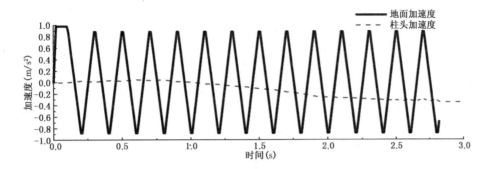

图 9-32 柱头加速度和地面加速度关系

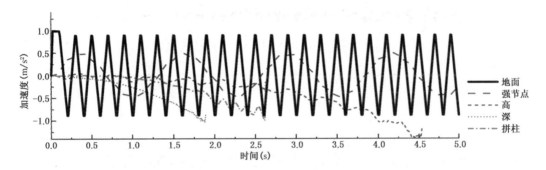

图 9-33 构造作法对构架地震响应的影响

虽然西安的相关试验和本书的简单分析均指出了传统木框架抗震的基本特征和降低地面加速度的能力,但是上述衰减系数并非定值。在图 9-33 中,即显示了高度增加(由 3 m 到 13 m),跨度增加(由 3 m 到 13 m),节点强度增加(极限弯矩增加 10 倍),拼接柱(1.5 m 高度)引起的地面加速度和柱头加速度的关系变化。可以清楚看出,构架的各种变化均会导致柱头加速度和地面加速度关系的变化。加大构架的高度、跨度或是增加分层结构,加强节点,均会导致柱头加速度的增加,并且可能超越地面加速度。这说明需结合具体构架才能得出合理的结论,而不存在所谓的加速度简化系数。

该图同时还显示了传统木构架在地震波作用下的两种典型结构行为:第一类为破坏行为,加高、加深、分层构架均属此类,表现为柱头加速度不断增长,结构损伤和变形累积增加,最终结构破坏;第二类为自振,节点加强属于此类,当地面加速度远低于结构抵抗能力时,其加速度、变形等均呈周期性变动,不破坏。由于缺少榫卯节点在大变形状态下的疲劳试验结果,第二类结构行为是否最终不会结构破坏仍然有待讨论。

9.4.2 框架一地震分析

框架一无论纵、横架,在地震作用下均不破坏。

1) 纵架

在东西向艾尔森特罗波作用下,各层柱头加速度谱和地震波同步,但存在数值差异。其中一、二、层柱头加速度均显著大于地面加速度,而第三层则一定程度上小于地震加速度,显示出构架的隔震能力。另一方面,即使是地震加速度最小的第三层,在地震波衰减后其加速度也并未能迅速衰减,显示出了一定的滞后(图 9-34)。第一层最大加速度达 2 倍地面加速度,第二层也接近 2 倍;第三层则约只有地面加速度的 80%。并大致以能量最大的 5~10 s 区间为分界,在此之前,各层加速度小于地面加速度,加速度的振动变化规律也不同于地震波,具有自己独有的周期,并逐渐增加到接近地面加速度水准。在此之后,二者的变化规律趋同,第一、二层加速度显著大于地面加速度。在地震的接近结束的 40~50 s,三层的加速度再次接近,但均大于地面加速度。同时,第一层和第三层之间加速度峰值存在约 0.5 s 的时差。

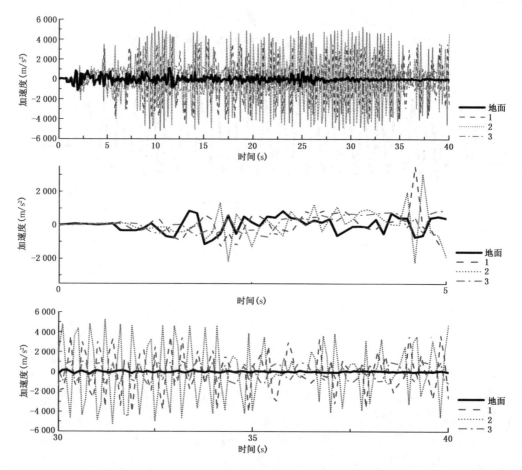

图 9-34　构架一纵架的地震响应

观察三层梁柱节点的变形谱可以发现,三层变形规律基本一致,均以大约 3.5 s 的周期往复运动。最大变形出现在第三层,但最大的层间变形出现在第一层,占了总变形的 90% 以上,说明其变形形态为前述的第一振形(图 9-35)。三层变形峰值的时差很小,约 0.1 s。

三层柱头弯矩反应谱类似变形反应谱,呈周期性规律性变化。弯矩最大的为第一层,第二、三层弯矩接近。最大节点弯矩大约是假设中半径长直榫的 50%。由刚度分析可知,构架整体刚度退化大约发生在节点弯矩为半径直榫弯矩的 75%~80% 阶段,故构架整体不破坏。0~10 s 时,第一层弯矩显著大于其余两层,而到了 40 s 之后,三者接近。对此,有两种可能的解释。第一种,即第一层弯矩在后续变形中在构架内发生了卸荷重分布现象,通过把荷载传递给其余二层而使得三层梁柱弯矩差异减少。第二种,即地震荷载影响不同,当地震较为剧烈,

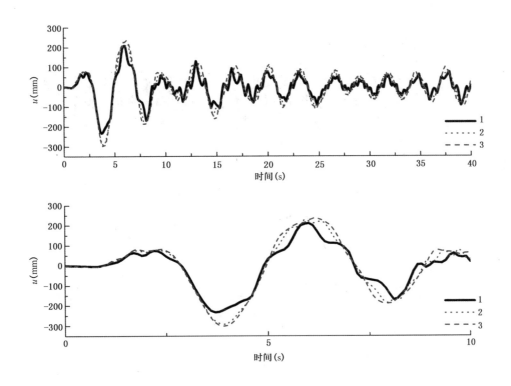

图 9-35　构架一纵架三层梁柱节点变形谱

地面加速度大时,构架变形显著,为首层变形为主。当地震缓和后,未破坏的构架变形减少,并主要表现为首层变形减少,结合变形谱,后者的可能性较高(图 9-36)。首层和二、三层的峰值时差较大,约有 0.5 s。

由上述分析过程可以发现,即使只选取有限的几个对象,地震作用下的构架解析也非常繁琐。但其中并非没有规律可循。经辨析,认为有如下几个关键要素:

第一:第三层屋面加速度。由于传统木结构的质量集中于屋盖层,而底层与地面又并非固接导致下层木框架的加速度大于顶层,与传统高层建筑的"鞭梢"效应相反,出现了刚度低、质量低的底层框架加速度放大效应,即一、二层加速度明显大于首层的效应。由于惯性力的主要来源是第三层上的屋盖,故三层加速度中以第三层最为重要。其和地面加速度的关系基本对应了框架结构反应的绝大部分,这在变形谱和弯矩谱中均有反映。故第三层的最大加速度、变化规律均极为重要。

第二:峰值段的三层变形谱相对关系。总体上看,变形谱的变化规律与地震波强度一致,其周期也较为稳定。三层变形之间的关系,与一定的振形对应,对后续研究有较为重要的参考意义。其中 0~10 s 为主要激励段,是构架变形较大的阶段,这一阶段的最大变形会决定构架是否会由于刚度降低和变形过大而破坏。

第三:峰值段的结构弯矩。弯矩和地震波对应,同时前 10 s 一般即达到顶峰,在反复低周荷载对榫卯节点疲劳作用效应不明确的情况下,前 10 s 节点弯矩是否达到破坏弯矩将直接决定构架是否会发生节点破坏导致的构架破坏,最为重要。而后续时段虽然可能发生能力重分布等现象,但就弯矩的极限状态分析来看,意义较低。

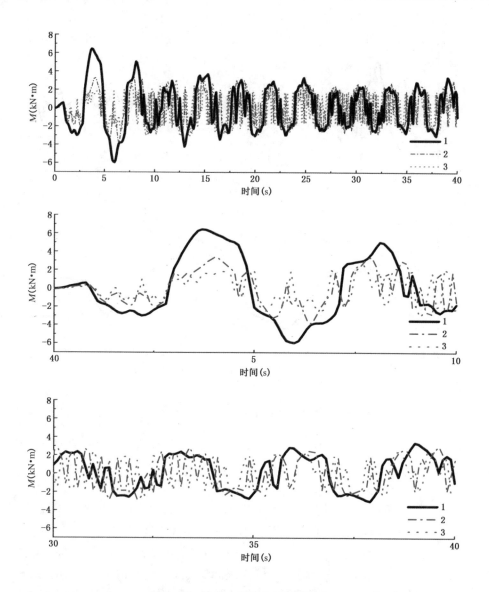

图9-36   构架一纵架三层柱头弯矩

基于上述分析,后续构架解析将重点比较上述内容。

2)次间横架

该构架加速度在地震波末期的加速度放大现象非常明显,最大时为峰值地面加速度1.5倍;各层之间的差异很小,无论是起振的0～10 s阶段,或是最终的42～52 s段,一、二三层的加速度反应都较为接近。(图9-37)说明构架早期刚度退化严重。

其三层梁柱节点的变形谱显示三层变形规律基本一致,均以大约1.5 s的周期往复运动,频率类似纵架。虽然最大变形约140 mm出现在第三层,但最大层间变形出现在第一层,为100 mm,占总变形62%。变形模式以前述的第一振形为主(图9-38)。在开始阶段为底层变形较大的模式,当底层变形增加到100 mm后不再增长,二三层继续增加。

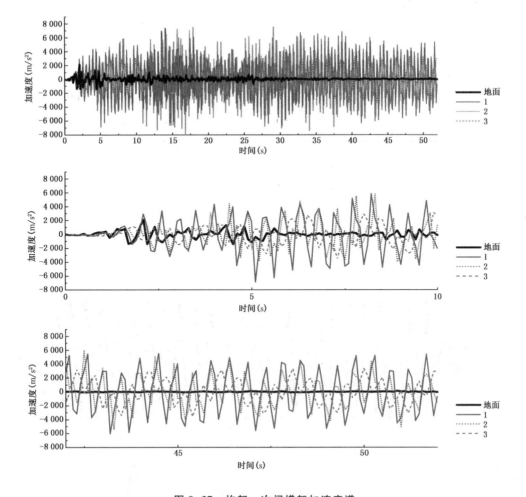

图 9-37　构架一次间横架加速度谱

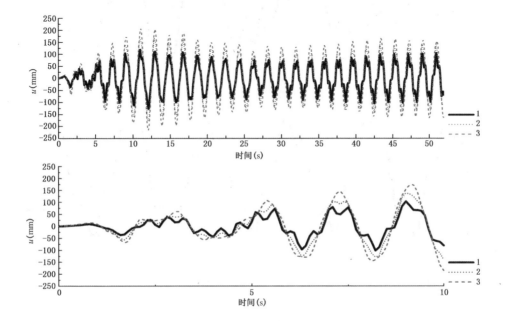

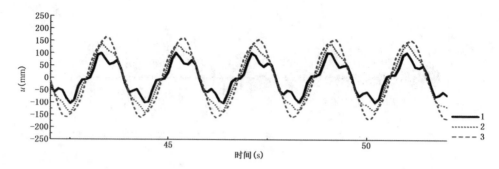

图 9-38　架构一次间横架变形谱

　　三层柱头弯矩反应谱类似变形谱,其中第一层和第三层的节点弯矩较大,第二层略小,并会在地震衰减后减弱到上述两层的三分之二左右。但其极限弯矩数值大于次间,达到 10 kN·m(图 9-39)。

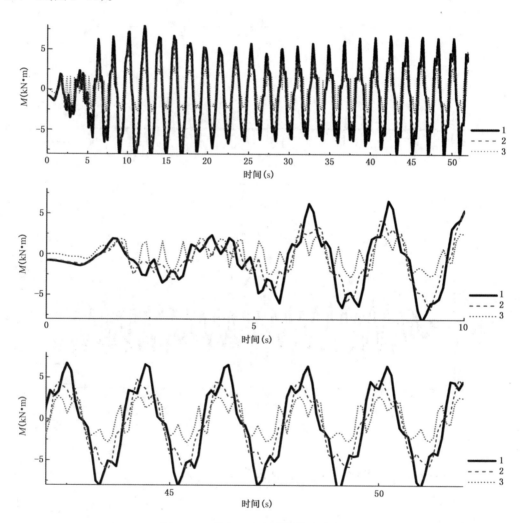

图 9-39　构架一次间横架柱头弯矩谱

3）稍间横架

在南北向艾尔森特罗波作用下构架不破坏。三层柱头加速度谱和纵架相比,有两个显著的差异。首先,横架次间的峰值加速度超越了地面加速度,大约为地面加速度的1~1.1倍。其次,峰值的出现时间不再和地震波同步,而是相对滞后了约10 s的时间(图9-40)。

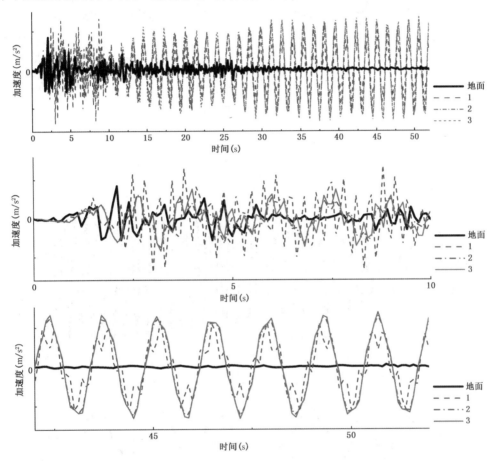

图9-40　构架—稍间横架加速度谱

与地震波对应,三层梁柱节点的变形谱峰值相较横架也滞后了,最大变形约150 mm出现在第11 s,并以大约3 s的周期往复运动。这一频率略低于纵架。变形分布不再是首层独占,虽然第一层的变形约占总变形的50%,但二、三层的变形参与度均较高,可以推测其构架变形和应力集中于一层的状况有所改善(图9-41)。

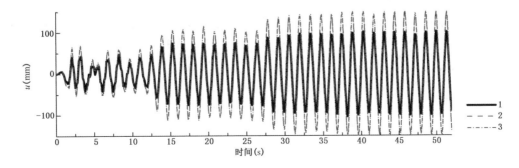

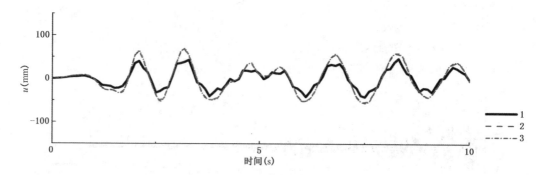

图 9-41   构架一稍间横架变形谱

三层柱头弯矩反应谱总体类似变形谱,同样以底层弯矩为主,峰值达 18 kN·m,没有达到极限。二、三层承担弯矩逐渐小于第一层。较为明显地表现出弯矩不随层传递而剪力随层传递的层叠构架内力特征(图 9-42)。

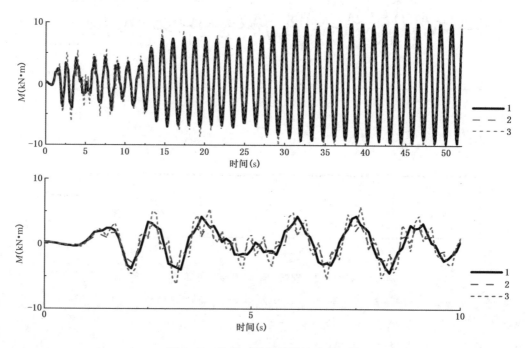

图 9-42   构架一稍间横架柱头弯矩谱

4)明间横架

各层柱头加速度谱增幅明显大过次间,第一、二层最大加速度可达 3～4 倍地面加速度,第三层最大有约 2 倍的地面加速度。由前 10 s 和后 10 s 反应谱看出,刚度差的明间加速度峰值明显滞后,且在地震反应衰减后也不易衰退。说明其构架出现了一定刚度退化(图 9-43)。

明间变形反应谱总体特征接近次间。以首层为主。变形值最大达 210 mm,远大于其他构架。其中底层峰值为 100 左右,在 5～7 s 后停止增加(图 9-44)。

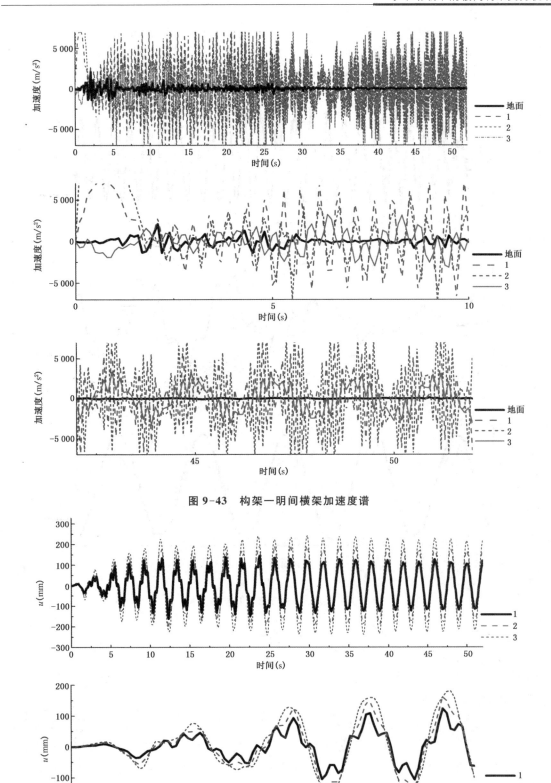

图 9-43　构架一明间横架加速度谱

图 9-44　构架一明间横架变形谱

三层柱头弯矩反应谱显示第一层弯矩最大,约为第三层1.3倍。在12 s左右已经达到33 kN·m的极限弯矩,节点刚度接近完全丧失,只是由于二、三层分担了部分构架内力而没有彻底破坏,此类构架极有可能因节点抗弯性能不足而破坏(图9-45)。

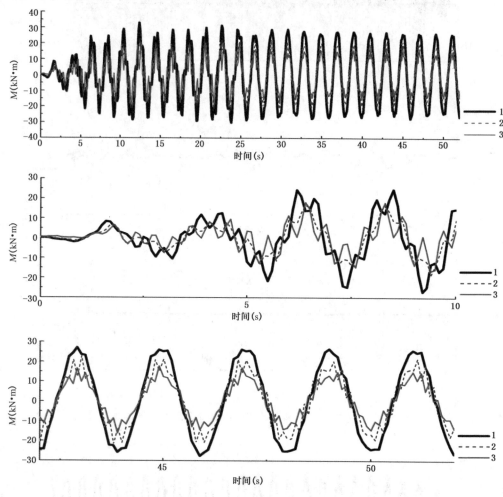

图9-45 构架一明间横架柱头弯矩谱

上述的框架有一些和常见多层框架不同的结构规律,总结如下:

• 第三层加速度大于地面加速度。屋面加速度由两个要素共同决定,第一是屋面重量,第二是构架自身阻尼。从结果看,明间屋盖重量大于次间和稍间,而构架刚度却恰好相反,其结果是屋面加速度大于次间和稍间。

• 加速度过程,上述构架一的四种类型的共同特征就是三层屋面加速度相对地面加速度的放大和滞后。在0~5 s之间时,屋面加速度普遍小于地面加速度,而此阶段的地面加速度是整个过程最大的。当地震波自5 s后逐渐衰减时,屋面加速度反而继续增加并显著大于地面加速度。其中前者显示了传统木构架的耗能能力,后者则显示了传统木构架发生结构损伤后刚度下降的弊病。

• "鞭底"效应。由于传统木结构大质量集中于屋盖层,导致下层木框架加速度大于顶层。与传统高层建筑的"鞭梢"效应类似,出现了刚度低、质量低的框架加速度放大效应。一、二层加速度明显大于首层,这种过程不能简单理解为隔震。和鞭梢效应类似会导致构架底部变形加大,从柱础脱落危险增加。从上述框架分析结果看,增加构架刚度可以一定程度上缓解这一问题,例如稍间三层的加速度差异就较低。

- 虽然同属于层叠式,底层变形占主导地位(60%~90%不等),但仍然有些其他要素会影响上述规律。第一是构架自身刚度,刚度越低则底层变形所占比例越低;第二是地震波持续时间,时间越长,底层占比越低,其根源均然是由于地震波反复震荡引起的构架刚度下降。

9.4.3　框架二地震分析

1) 纵架

在东西向艾尔森特罗波作用下,纵架4.9 s时破坏。从加速度反应谱看,纵架屋面加速度显著大于地面加速度,其余各层加速度又均大于屋面加速度,屋面加速度大致以2 s为界限,2 s以内加速度小于等于地面加速度,2 s后迅速增加(图9-46)。

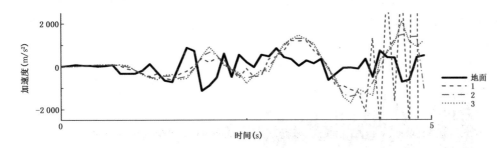

图9-46　构架二纵架加速度谱

三层梁柱节点变形谱显示三层变形规律基本同步,以大约1.5 s的周期往复运动。最大变形出现在第三层,但最大层间变形出现在第一层,占了总变形90%以上,说明其变形形态为前述振形一、二的组合,但破坏前构架最大变形仅为75 mm,并未达到前述构架刚度退化的变形界限200 mm,因此可以判定构架并非简单的因为变形过大而破坏(图9-47)。

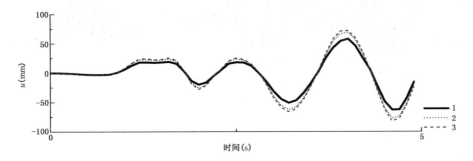

图9-47　构架二纵架变形谱

三层柱头弯矩反应谱显示柱头弯矩逐渐放大。在4 s左右已经达到15 kN·m,此时虽然并未达到斗栱节点的极限弯矩,但已经接近阑额两端的半榫极限弯矩,可以推测该构架破坏始于阑额的榫卯节点接近极限,底层构架破坏进而导致构架整体破坏(图9-48)。

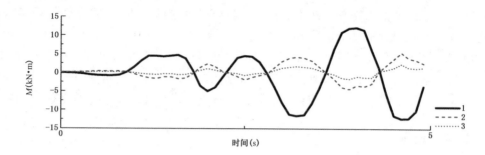

图 9-48　构架二纵架柱头弯矩谱

2）次间横架

在南北向艾尔森特罗波作用下,计算中结构不破坏。三层柱头加速度谱明显小于地面加速度,但在地震波明显衰减后并未发生显著变化,说明该类型构架可能在地震前期遭到了一定程度的损坏,并导致结构阻尼下降。从前 10 s 的屋面加速度可看出,其峰值与地震波之间没有明显的滞后现象(图 9-49)。

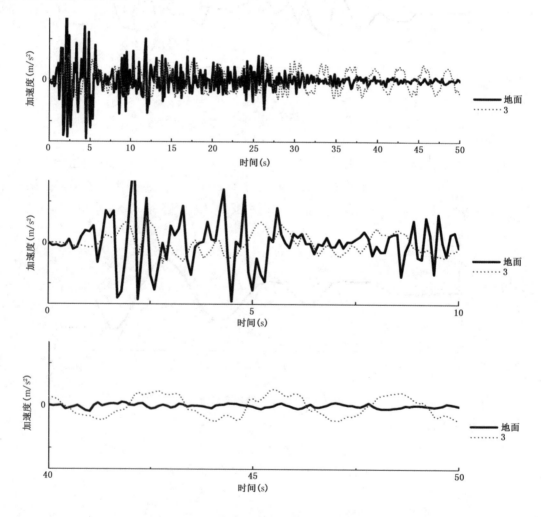

图 9-49　构架二次间横架加速度谱

变形反应谱显示,该构架类型的变形以第一层为主,约占到 90%~95%,在地震波首次峰值后,构架的整体变形峰值始终维持在 100 mm 左右,该数值与前述分析中构架的刚度明显下降的转折点对应,并保持与刚度退化界限 200 mm 一倍的差距,同样说明构架在前 2 s 的地震作用下已经遭到了局部破坏(图 9-50)。

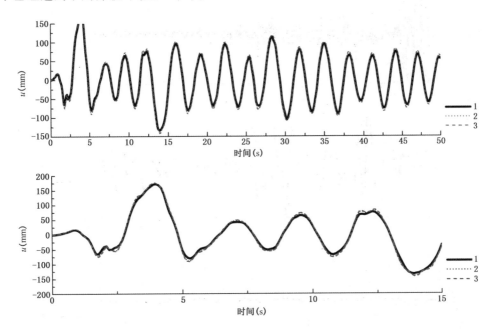

图 9-50　构架二次间横架变形谱

三层柱头弯矩反应谱总体类似变形谱,同样是底层弯矩为主,峰值达到 7 kN·m,未达极限。而二、三层承担的弯矩逐渐小于第一层。较为明显地表现出弯矩不随层传递,而剪力随层传递的层叠构架内力特征(图 9-51)。

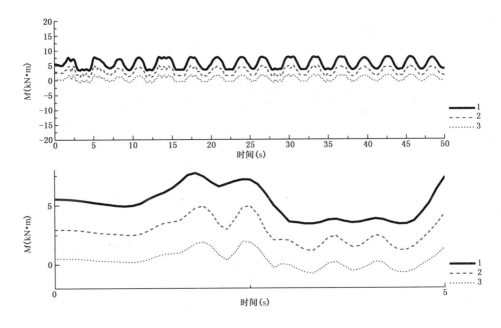

图 9-51　构架二次间横架柱头弯矩谱

3）稍间横架

各层柱头加速度谱总体规律与次间接近,但峰值加速度较次间略小,屋面加速度衰减现象也较为明显(图 9-52)。

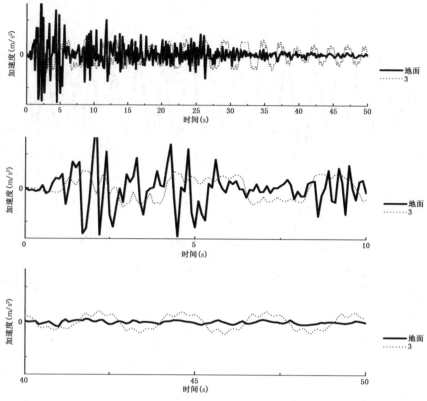

图 9-52　构架二稍间横架加速度谱

变形谱显示变形同样以底层为主,但和次间有较为明显的差异,即在峰值后有较为明显的衰减现象,这与前述加速度反应谱分析结果对应(图 9-53)。

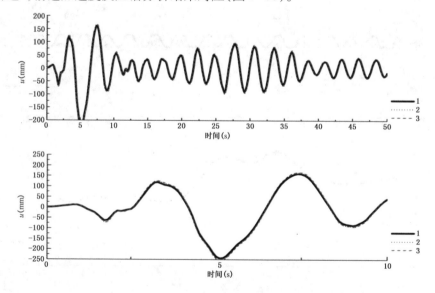

图 9-53　构架二稍间横架变形谱

三层柱头弯矩反应谱类似变形谱,其中第一层最大,达到 10 kN·m(图 9-54)。

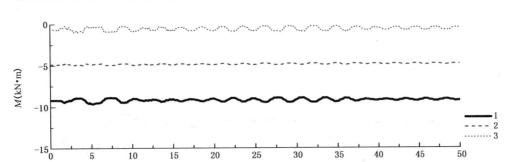

图 9-54　构架二稍间横架柱头弯矩谱

4）明间横架

明间在地震波的作用下于 5.3 s 破坏,加速度反应谱显示,其峰值加速度约等于地面加速度,但有一定的滞后现象。当 2 s 左右地震波达到首次峰值时,屋面加速度尚较小,以 2.5 s 为分界,之前屋面加速度均较小,之后迅速增加到接近地面加速度,并在 5 s 时达到峰值并随后破坏(图 9-55)。

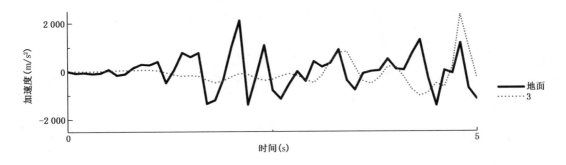

图 9-55　构架二明间横架加速度谱

变形反应谱总体特征与加速度反应谱对应,以 2.5 s 为分界,之前一直处于 50 mm 以内的变形范围,之后迅速增加到 800~1 000 mm,并随之破坏。除破坏前 0.3 s 外,其余时段均是首层变形占总变形 95% 以上的模式(图 9-56)。

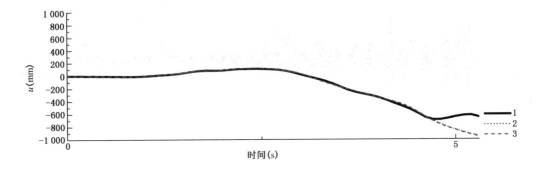

图 9-56　构架二明间横架变形谱

三层柱头弯矩反应谱类似变形谱,2.5 s 之前较小,2.5 s 之后逐渐增加,并在接近 5 s 时迅速增加到 20 kN·m,接近节点极限,并随后破坏。在整个变形过程中,第一层的弯矩远大于其余各层之和(图 9-57)。

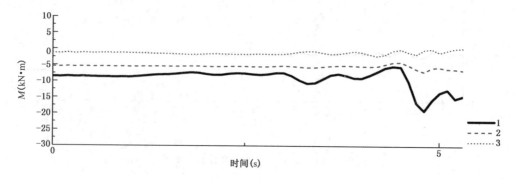

图 9-57 构架二明间柱头弯矩谱

对于同样属于层叠式构架的构架二,进一步细分又可呈现两种变形破坏模式,第一种为构架的层内刚度不足导致的屋面加速度明显放大和底层构架受力或变形破坏的模式,以明间和纵架为代表;第二种为构架层内刚度较大,屋面加速度明显小于地面加速度,变形较小的情况,以次间和稍间为代表。

构架二的四种类型分析结果与构架一有联系,也有区别,从变形或弯矩反应谱的总体特征看,与构架一无异,呈现出明显的依靠底层构架为主要刚度来源的层叠式构架特征。但其地震响应较小,结构的初始阻尼较大。另一方面,即使是刚度较大的稍间横架,其变形或屋面加速度在地震首次峰值后的衰减均明显逊于构架一,说明构架的残余变形较大,受一定程度的外力作用后阻尼下降快。

9.4.4 框架三地震分析

1) 纵架

在东西向艾尔森特罗波作用下,各层柱头加速度谱总体上没有超过地面加速度的峰值,约 85%～90%(图 9-58)。自 2 s 首次达到峰值后,仅略有衰减。与层叠式构架明显不同的是,通柱式构架各层及屋面加速度较为接近,即通柱式构架的"鞭底"效应不明显。这有利于减少第一层柱底的相对位移。

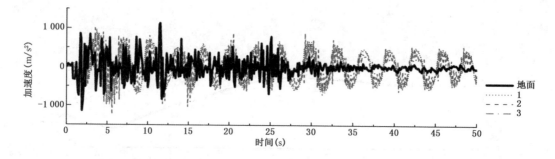

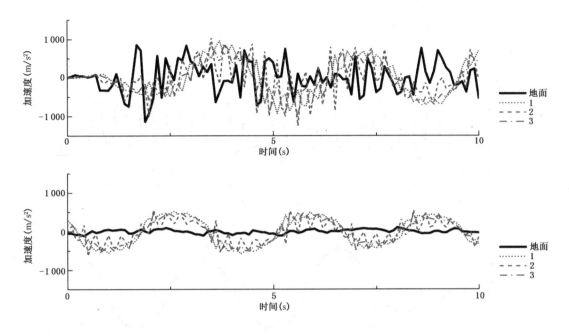

图 9-58　构架三纵架加速度谱

　　三层梁柱节点变形谱均以大约 3 s 的周期往复运动。最大变形出现在第三层,最大层间变形出现在第一层,占总变形 58% 以上。与层叠式比较,首层变形所占比例和对应的最大变形都明显降低。但由于增加的三层变形,总变形则略大于构架一。同时构架变形在地震峰值或自身峰值之后都没有明显的衰减,说明构架在前期局部损坏或进入塑性阶段,阻尼下降(图 9-59)。

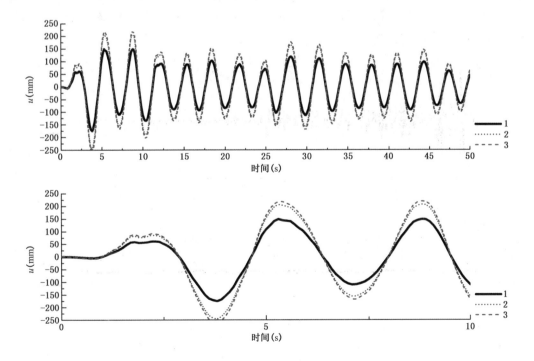

图 9-59　构架三纵架变形谱

三层柱头弯矩反应谱峰值约 8 kN·m。与前述构架一、二最大的区别在于三层的弯矩非常接近,不再是以底层弯矩为主的模式。在弯矩反应谱中,同样可以看出其衰减较弱(图 9-60)。

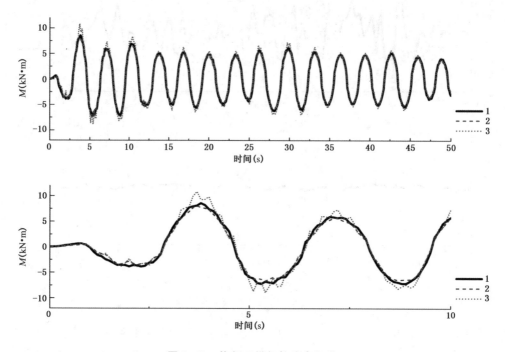

图 9-60　构架三纵架柱头弯矩谱

2）次间横架

在南北向艾尔森特罗波作用下结构不破坏。与纵架类似,三层柱头加速度较为接近,表现出明显的通柱式构架特征(图 9-61)。另一方面,屋面加速度的峰值略小于纵架,大约为 80%,且有较为明显的衰减。

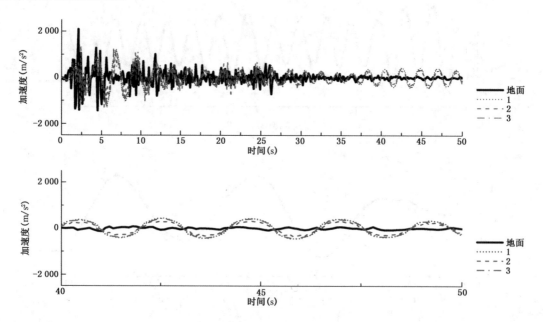

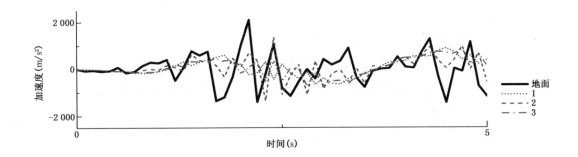

图 9-61　构架三次间横架加速度谱

三层梁柱节点的变形谱显示,与纵架相比,不但最大变形峰值缩小了(从 260 mm 缩小到 180 mm),而且峰值后的衰减也非常明显,说明构架在地震前期并未受到大的损伤。但和纵架不同的是,底层的变形在构架整体变形中所占比例增加,达到 63%,在地震末期,甚至会上升至 85%。这一底层变形占比加大的过程,可以近似理解为原先较为连续的通柱式构架的拼柱节点折断,变为层叠式构架。底层占比越大,则构架中拼柱节点的损伤越严重(图 9-62)。

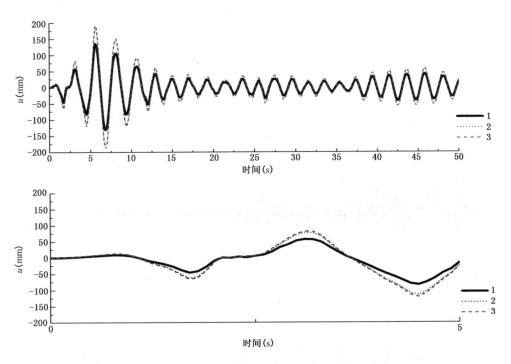

图 9-62　构架三次间横架变形谱

三层柱头弯矩反应谱较为接近,底层弯矩略大,峰值达到 15 kN·m。在整个地震过程中,底层弯矩占比会逐渐增加,与变形谱结论对应(图 9-63)。对照刚度退化分析章节中的弯矩图,发现由于拼接柱节点的存在,通柱式构架的柱弯矩仍然是不连续的,其中较为明显的一个分界点位于二层楼面上 500~1 000 mm 位置。二、三层柱头弯矩较大时,该位置较为靠上,底层柱头弯矩会相应减少,若二、三层弯矩减少,则分界点下降且底层柱头弯矩增加。

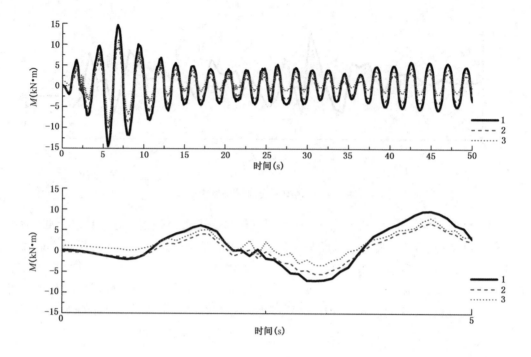

图 9-63　构架三次间横架柱头弯矩谱

3）稍间横架

该类型各层柱头加速度谱总体规律和次间类似,其加速度峰值甚至略大于次间,这可能是由于稍间自振频率较接近地震波的特征周期造成的(图 9-64)。

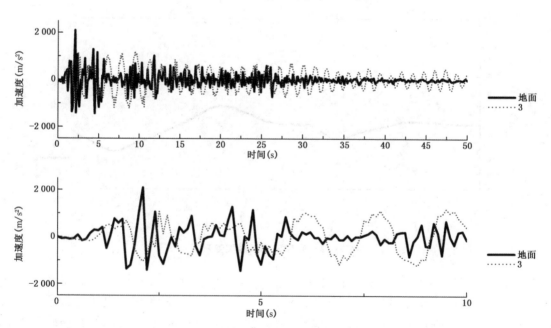

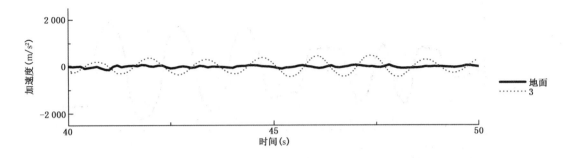

图 9-64 构架三稍间横架加速度谱

三层梁柱节点变形谱均以大约 1.5 s 的周期往复运动,但峰值为 80 mm,远小于次间。底层变形约占总体变形的 70%,但在末期上升至 90%(图 9-65)。

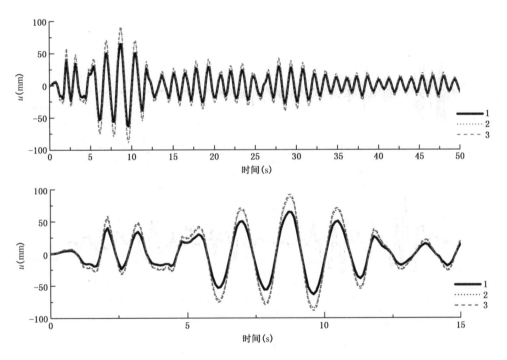

图 9-65 构架三稍间横架变形谱

三层柱头弯矩反应谱峰值较低,约为 8 kN·m,也有一定的衰减现象(图 9-66)。

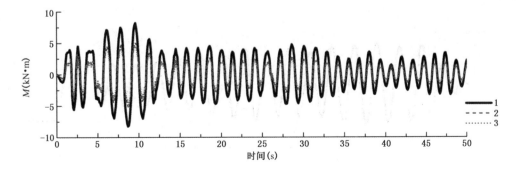

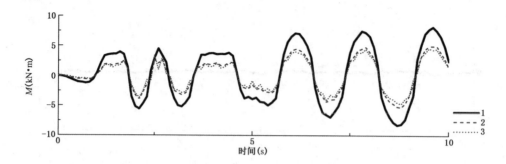

图 9-66　构架三稍间横架柱头弯矩谱

4）明间横架

构架三的明间第三层屋面的加速度反应谱显示,其屋面峰值加速度虽然略小于地面加速度,但明显大于次间和稍间,并且峰值后的衰减较不明显(图 9-67)。

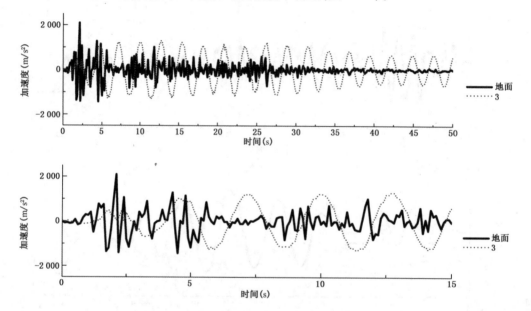

图 9-67　构架三明间横架加速度谱

明间的变形反应谱总体特征与加速度反应谱对应,表现为较高的总变形值和底层占比(约75%),说明构架的榫卯节点和拼柱节点的损伤均较大,和明间构架的榫卯节点相对较少的事实对应(图 9-68)。

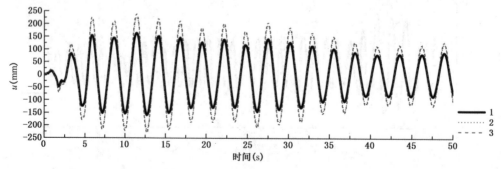

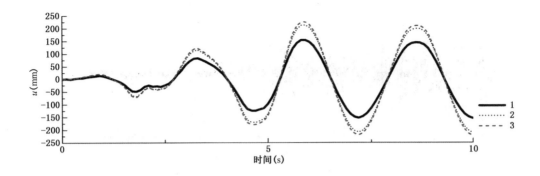

图 9-68　构架三明间横架变形谱

三层柱头弯矩反应谱类似变形谱,同样为三层较为接近,第一层略大的模式,其衰减特征也同样不明显(图 9-69)。

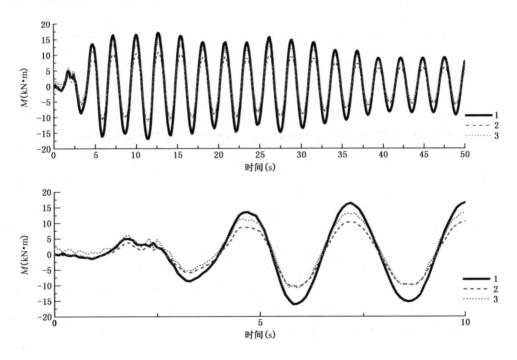

图 9-69　构架三明间横架柱头弯矩谱

9.4.5　框架四地震分析

1) 纵架

在东西向艾尔森特罗波作用下,各层柱头加速度较为接近,呈现出较为明显的通柱造构架特征,屋面加速度全程并未超过地面加速度峰值,并有较为明显的峰值后衰减现象(图 9-70)。

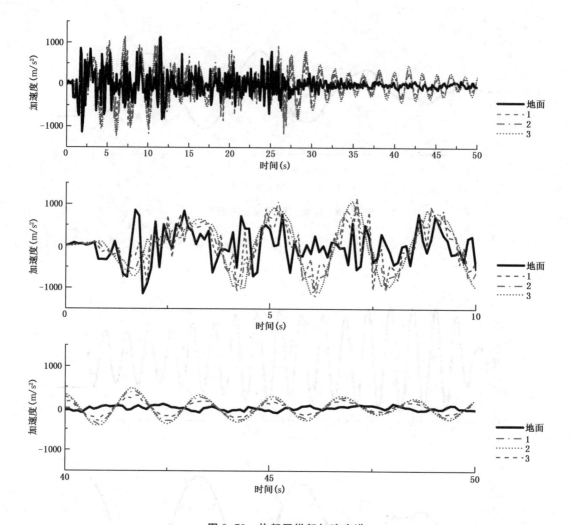

图 9-70   构架四纵架加速度谱

　　三层梁柱节点的变形谱显示纵架总体变形较小,峰值约 80 mm。其中第一层的变形占总体变形的 60％左右,变形谱的总体趋势与地震波同步,上述两个特征说明纵架在地震作用下无论是层间的拼柱节点或是同层的榫卯节点均未受到严重的损伤(图 9-71)。

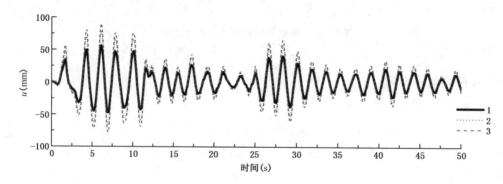

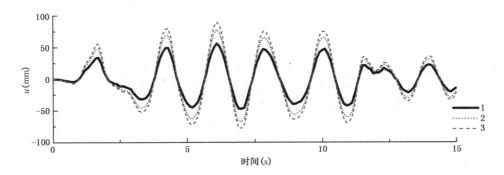

图 9-71　构架四纵架变形谱

三层柱头弯矩反应谱反映结果类似变形反应谱,峰值较小,仅为 6 kN·m,也具有较为明显的衰减现象(图 9-72)。

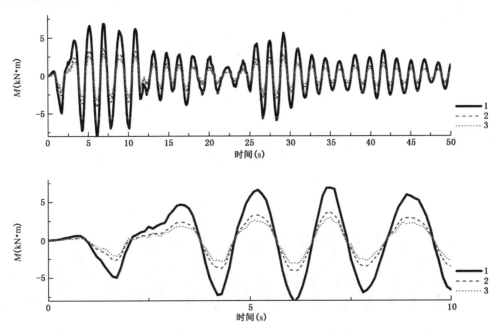

图 9-72　构架四纵架柱头弯矩谱

2）次间横架

在南北向艾尔森特罗波作用下结构不破坏。三层柱头加速度谱与构架三的次间桁架相比,加速度明显增加,峰值约为地面加速度峰值的 1.1 倍,且衰减现象非常不明显(图 9-73)。

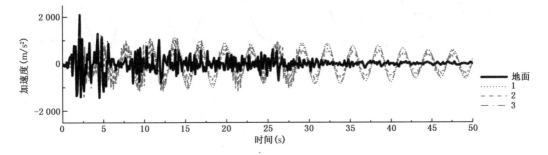

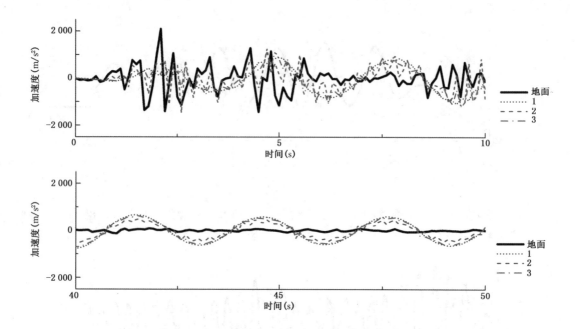

图 9-73　构架四次间横架加速度谱

　　次间变形谱显示,构架的整体变形较大,峰值达到 250 mm,比构架三次间的最大变形增加了约 25%,并且衰减现象非常不明显,说明构架的榫卯节点可能有较大的损伤(图 9-74)。

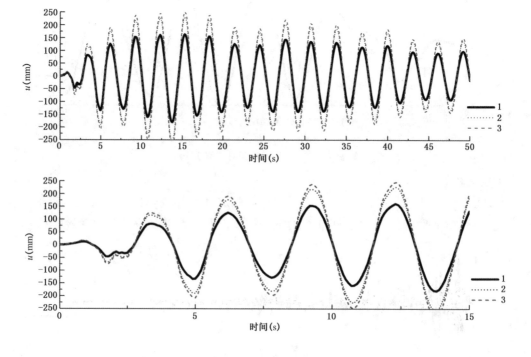

图 9-74　构架四次间横架变形谱

三层柱头弯矩反应谱与变形谱对应,峰值为 13 kN・m,也无较为明显的衰减。第一层弯矩仅略大于第三层,说明层间节点损伤不明显(图 9-75)。

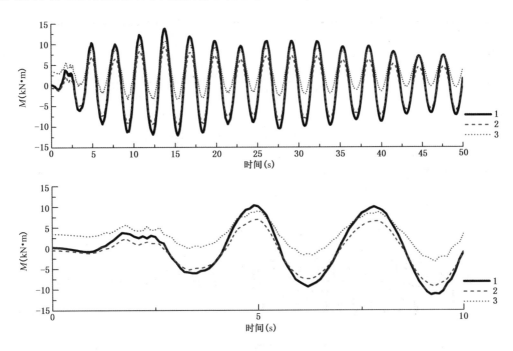

图 9-75　构架四次间横架柱头弯矩谱

3) 稍间横架

稍间的柱头加速度与次间的关系类似构架三的情况,一方面其屋面加速度峰值大于次间,另一方面其加速度衰减较次间明显(图 9-76)。

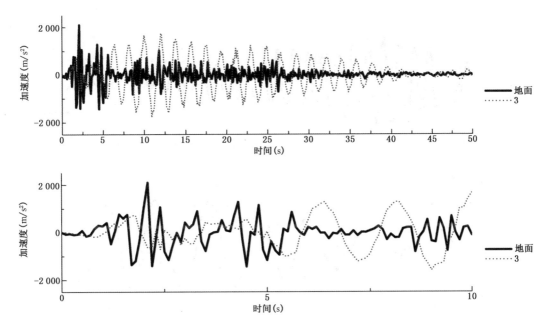

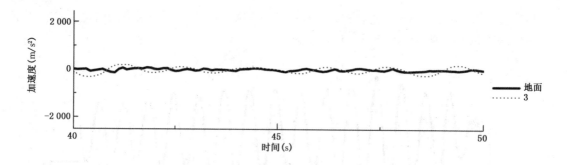

图 9-76　构架四稍间横架加速度谱

该构架变形谱显示三层的变形峰值为 150 mm,小于次间,并有明显的衰减现象,其中首层变形占比较大,说明层间拼柱节点的损伤较大(图 9-77)。

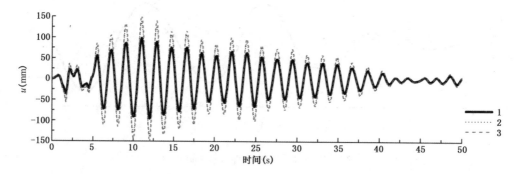

图 9-77　构架四稍间横架变形谱

该构架弯矩反应谱与变形谱对应,峰值为 7 kN·m,有较为明显的衰减现象(图 9-78)。

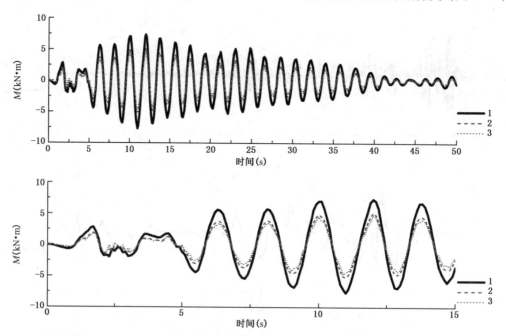

图 9-78　构架四稍间横架柱头弯矩谱

4）明间横架

明间的屋面加速度总体较低,其峰值约为地面加速度的 30%(图 9-79)。

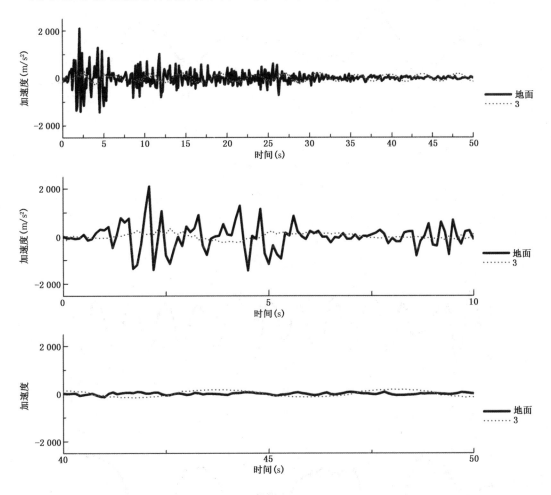

图 9-79　构架四明间横架加速度谱

明间的变形反应谱显示该构架的变形较大,峰值约为 140 mm,且衰减不明显,说明梁柱榫卯节点损伤较大,但整个变形过程中第一层所占比例约为 60%,说明层间拼接柱节点损伤不严重(图 9-80)。

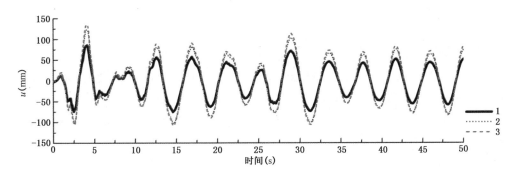

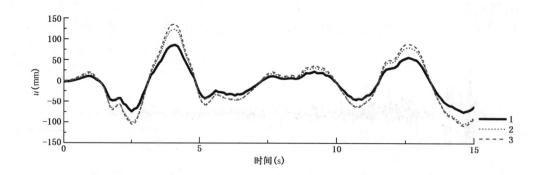

图 9-80　构架四明间横架变形谱

三层柱头弯矩反应谱类似变形谱,峰值较低,约 6 kN·m,衰减不明显,但该值远小于榫卯节点的极限弯矩,说明主要是由于构架明间缺少榫卯节点造成的构架整体变形(图 9-81)。

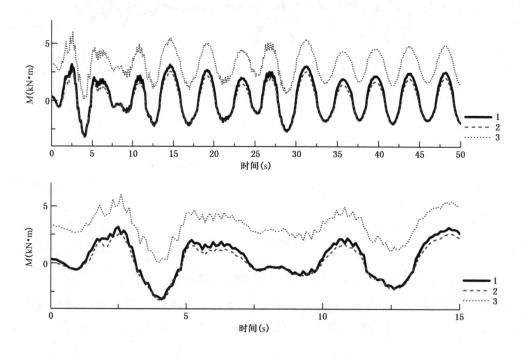

图 9-81　构架四明间横架柱头弯矩谱

9.4.6　综合分析

上述模型由于构架类型不同,所受屋面荷载不同,榫卯节点数量和性质不同,计算结果较为复杂,差异较多,但总体看来有如下特征值得比较研究:

屋面加速度峰值:即屋面加速度相对地面加速度的衰减情况,在地震简化模型中,由于构架的连续性和模型中质量均分假设,一般任意一点的加速度与地面加速度一致。而上述四类构架共 16 种类型中,屋面加速度的峰值显然和构架的阻尼特性、隔震能力相关。

屋面加速度衰减幅度:除峰值加速度外,屋面加速度峰值之后的衰减也是重要指标之一。这在同一类型的构架中区别特别明显。例如稍间一般达到峰值后会迅速衰减而明间不会。这种衰减能力会进一步影响到构架的后续受力变形情况。

"鞭底效应":前述分析已经指出,由于传统木构架楼阁中很大的质量集中于屋面,和传统高层建筑中常见的"鞭鞘效应"相反,屋面加速度反而常小于一、二层加速度,这种越靠下层加速度越大的现象在层间刚度较低的层叠式构架中更加明显,可以推测,和"鞭鞘"类似,这一现象也会显著增加构架的总变形。

最大变形和第一层占比:构架的最大变形如果过大,则容易失稳破坏或从柱础上脱落。即使构架变形尚未达到破坏极限,但如果超过构架刚度明显下降的界限,也容易导致构架抗震能力的损失。在各类变形中,第一层变形尤为重要,该值不但影响了总变形数值,而且其在总变形中的比例还表示层间节点是否能够有效传递弯矩,是层间节点刚度退化的重要标志。

最大节点弯矩、所在层数和在三层总弯矩中的占比:节点最大弯矩表示了榫卯节点是否会因为超过承载极限而破坏,而其所在层数则和构架特征对应,若层间节点相对同层节点弱,则最大弯矩倾向于出现在第一层,且占比较大;若层间节点较强,则最大弯矩出现在第三层,或至少第一层弯矩所占比率会明显下降。

上述特征的综合比较列在表9-2中。

表9-2 各构架结构属性表

构架类型	构架位置	屋面加速度峰值与地面加速度比例（%）	三个周期后屋面加速度衰减比例（%）	第一、三层柱头加速度比例（鞭底效应）（%）	最大变形（mm）	第一层占比（%）	最大节点弯矩（kN·m）	所在位置（层）	占总弯矩比率（%）
层叠式梁柱造	纵架	80	70	207	276	79	6.43	1	60
	横架次间	105	45	136	152	53	18.6	1	45
	横架稍间	76	67	125	67	67	12	1	61
	横架明间	89	89	161	160	51	18.8	1	46
层叠式铺作造	纵架	183	破坏	197	100	95	12.5	1	227
	横架次间	29	91	328	175	100	10.7	1	60
	横架稍间	25	84	304	250	100	9.61	1	65
	横架明间	113	破坏	189	659	147	19.3	1	72
通柱式抬梁	纵架	84	62	99	250	70	9.94	3	32
	横架次间	57	47	99	195	67	14.4	1	45
	横架稍间	55	58	100	92	68	8.19	1	47
	横架明间	64	87	68	250	67	17.4	1	42
通柱式穿斗	纵架	103	39	100	89	62	6.91	1	53
	横架次间	54	99	100	254	65	14.2	1	42
	横架稍间	83	100	72	152	64	7.56	1	45
	横架明间	20	279	90	133	65	3.24	1	48

从表9-2可以看出,在同样的地震作用下,不同构架的结构行为的一些基本规律:

　　首先,层叠式构架和通柱式构架最大的区别在于两点。第一,层叠式构架的鞭底效应非常明显,普遍在 100%～200% 范围内,而通柱式构架则普遍低于 100%;第二,层叠式第一层的变形和弯矩在总变形或总弯矩中的占比比通柱造高。上述两个特征互相对应。此外,考虑到层叠式构架构件截面显著大于通柱式这一事实,而两者的最大变形、节点弯矩差距不大。可以推断在接近的构件截面条件下,通柱式的总体变形和节点弯矩将显著占优。

　　屋面加速度峰值呈现出错综复杂的变化,其中最小和最大值均出现在层叠式铺作造楼阁中,但该组数值的说明性不强。仔细观察加速度谱可以发现,除纵架外,其余各组的加速度均较低,只是明间破坏前加速度突然加大。说明层叠式铺作造构架多出的铺作和平坐层均具有一定的降低屋面加速度、减缓地震影响的作用。加速度第二小的是通柱式抬梁构造,虽然没有铺作,但该类型构架的榫卯节点极限弯矩较高,初期刚度和总刚度均较大,节点耗能能力突出。层叠式梁柱造和穿斗通柱造互有高低。穿斗式虽然构件截面小,榫卯极限弯矩低,初期刚度也较低,但其屋面加速度仅略大于抬梁。而截面最大,用材第二多的层叠式梁柱造的平均屋面加速度却是最大的。上述结论说明,节点的数量和其转动刚度会影响构架隔震能力。节点越多越强,则隔震能力越好。但构架之间的整体拉接是否良好也是一个重要标准,各种明间构架加速度普遍加大就是明确的证据(穿斗通柱造中,出现了明间屋面加速度低于次间和稍间的情况。计算表明,如增加该构架构件截面,则其屋面加速度变化规律会接近抬梁式通柱造构架)。稍间的加速度衰减远远抵不上其相对次间减少的屋面荷载和节点数量幅度,联系前述振形分析结果中稍间频率普遍较高,更接近本次试算地震波的特征频率的结论,说明除刚度外,构架与地震波共振的影响可能也对是否出现较大的屋面加速度有影响。但由于本次分析地面加速度较低,未能体现出不同节点明显的隔震差异。

　　再次,构架变形除与刚度相关外,也受地震衰减幅度的影响。3 个受迫振动周期后衰减较大的,其变形也较小。衰减幅度一般与构架刚度正相关,刚度越大,衰减幅度越大。其次,从最大变形值看,并不遵循加速度大、变形就一定显著的规律。无论哪种构架类型,一般均是纵架较大,稍间最小,次间略大于稍间,明间接近纵架的关系,唯有构架二的明、次间变形关系与这一规律相背。总体上,连接节点多,屋面重量小的构架的地震变形小。通柱式相对层叠式有近乎一倍的优势。底层占比方面,层叠式铺作造构架最大,均在 90%～100%。而通柱式较小,普遍在 65% 附近。层叠式梁柱造由于横架假设梁为连续梁,造成层间刚度极大,故横架中底层占比较低,但纵架则达到 80%,应该能一定程度上代表非连续梁的层叠式梁柱造楼阁变形基本特点。

　　最大节点弯矩与屋面荷载正相关。除穿斗构架外,均为屋面荷载最大的明间节点弯矩最大,稍间最小。且普遍以第一层为主,层叠式构架一层占比普遍在 60% 左右,而通柱式在 45% 左右。由于通柱式构架层间拼接柱节点半刚性远小于刚接,在受力后刚度和传递弯矩的能力会进一步下降,并会进而导致层间节点的剪力上升和底层构架承荷增加。例如明间底层弯矩占比普遍比次间和稍间大。说明通柱式构架在地震作用下层间节点受荷变形后,会衰减刚度并导致其弯矩分配接近层叠式构架。

　　上述分析中,通柱造构架构件的截面尺寸均小于层叠式。如假设为相近截面,无疑通柱式将在抗震和变形方面具有更多优势。总体而言,增加构架刚度、减少屋面质量可以显著降低"鞭底"效应和底层变形占比。在这方面,通柱式构架比层叠式有显著的优势。主要原因是通柱式避免了层叠式变形弯矩集中于底层的不利状态。

9.4　本章小结

本章从动力学的三个角度分析了四种三层的传统木构楼阁。这三个方面的结果既有互通之处,也有待解的矛盾。

从振形分析可知,传统木构楼阁的一阶自振频率和地震波的卓越周期距离较远,这是大多数木构抗震好的结构基础。此外,二阶以上的振形显示,目前的反应谱法不适用。

从刚度退化分析可知,层叠式会在 250 mm 附近开始衰退,而通柱式在 500 mm 以内不衰退,并且呈现明间横架弱于纵架弱于次间弱于稍间的关系。简言之就是节点数量和转动刚度影响构架刚度极限,而构架形式(通柱或层叠)影响刚度退化形态,二者综合作用。从抗力的角度看,层叠式明显不利。

从地震时程分析结果可知,通柱式在防止地震中节点破坏或控制变形方面有很大的优势,在构架类似的情况下,则是构件截面和节点强度综合作用。当然,也不能否认铺作层显著的隔震作用,但这种良好的减震效果被层叠式构架变形集中于底层的不利条件抵消。

上述分析中也有例外,例如时程分析中由于本章研究仅涉及了一种地震波,而各被研究构架的一阶振形自振周期普遍与该地震波的自振周期相距较远。故各不同构架的地震响应差异不大。穿斗通柱式稍间的加速度突然衰减问题,就可能是由于该构架某些节点受力较大,进入了其他振形,而周期变化导致地震响应突然降低的结果。对于具体的建筑案例,仍然需要理论分析、实测比较等多种方法细致研究,不能简单化地套用上述规律。

总体而言,本章的分析结果与第 8 章基本对应。从构架受力机制来看,动力水平作用下的通柱造构架内部节点受力和变形相对层叠构架均匀且数值较低,避免了层叠式变形受力集中于底层的弊端。而较高的同层节点强度使构架的隔震能力仅次于用材极多的层叠式铺作造构架,显示出较大的优越性。但若就整个历史时段来看,并没有哪种构架显现出绝对的劣势,层叠式构架的某些劣势可以通过用材、空间跨度的限定、土木结合等多种方式改善。

当然,本章研究的对象极为有限,研究方法又主要限于有限元分析,地震波也仅涉及了一种常见形态,所得结论仍然有待后续研究充实改进。

结　论

　　本书致力于研究中国古代楼阁的受力机制问题。在本书的开始阶段,通过文献研究、实例调研、历史比较等多种途径指出:目前楼阁受力机制研究中的关键是楼阁的抗侧刚度问题而非重力荷载下的构件破坏问题;只有从抗侧刚度的研究角度出发,才能解析楼阁演替的受力机制,比较从层叠式向通柱式发展的内在机理,了解层间节点演化的规律;并进一步指出,需要综合整合建筑史领域的研究成果和结构学专业分析方法才能有所突破。

　　由于传统木构的基本构造,导致独立木构架的抗侧刚度只有榫卯节点一个主要来源。而通过文献调研发现,虽然构架类型演变的过程较为明确,研究方法如试验、有限元验证等也已较为成熟,但已有的研究成果尚不足以支撑本书的研究体系,完成研究目标。主要的弊病在于目前已被研究的节点类型太少,不能涵盖基本构架中出现的类型。同时,一些关键的变化如尺寸对榫卯刚度的影响也较少涉及,使得分析无法针对多样的建筑构架类型,完成受力机制研究的任务。针对这一现实,进而制定了分别研究节点性质和构架演变的两个基本研究步骤和以实验研究节点性质,以有限元模拟分析研究构架受力机制这种较为实际的研究体系。

　　随后,本书针对不同的梁柱节点类型、斗栱类型、竖向拼接柱节点类型、榫卯尺寸的变化影响四个主要方面分别展开试验研究并获得了对应的榫卯转动刚度半刚性曲线。其中实物吊载下单节点斗栱的层叠数变化、梁栿比例变化、榫卯类型变化、竖向拼柱节点、直榫尺寸变化等均是国内首次成果。研究显示,对所有节点转动刚度影响最大的是截面尺寸,其次才是不同的类型、构造和细节尺寸变化。这一结论对于科学认知古代木构架体系的结构机理有重要意义。

　　在节点研究数据得以充实的基础上,本书随后按照墙身和屋面、层间节点以及动载影响三个方向,利用较为成熟的有限元 ANSYS 非线性节点分析工具,解析了传统楼阁的受力机制问题。指出抗侧刚度是推动木构发展和独立的一个重要因素,而构架的内力分配则和节点具有互动关系。

　　在墙身和屋面部分,结合对单层木构的解析,了解梁柱节点对构架演化的关系。对连续的大叉手结构形成,大叉手分段为椽檩体系和抬梁体系,从单向组合纵架发展为双向斗栱和铺作层,铺作层和斗栱的衰败等问题,从构架抗侧刚度的角度,以结构分析的手段和定量数据说明了从榫卯到斗栱再回归榫卯这一演化的必然性。同时,从空间、装饰、等级、营造、重力荷载等建筑学关心的角度综合解释了曾经存在过的各类构架类型的合理性。其中的一些结论,如不同榫卯造成的构架刚度差异,影响斗栱节点衰变的要素,殿阁和厅堂的抗侧刚度比较等均和已有的建筑发展历程吻合。

　　在层间节点研究环节,通过 60 个左右的连续楼阁结构模型之间的比较,理清了通柱式和层叠式演化的内在规律和受力机制。说明虽然层叠式有着变形大、集中于底层等弊病,却也有着梁柱节点关系处理简单的优势,并可通过控制开间、增设夯土墙的方式进行有效改良。而通柱式由于营造和节点技术的不利,虽然有构架体系上的优势,但并未被广泛使用。随后又研究了从方形的塔式套筒结构走向分槽结构过程中各种构架的受力差异,并得出底层夯土墙而非木构节点是帮助完成这一改变的重要因素。并进一步通过分析指出,从层叠式向通柱式的转变并非简单出于增强层间节点的需求。而是和单层木构类似,由于铺作体系瓦解,同层刚度下降导致最终不得不选择了同时增强同层节点和层间节点的方法。此外,还从空间、造型等各种建筑的角度论证了层叠式构架曾经的合理性和后期演化中必须保留的部分。

在动载研究部分,针对四种同规模但构造不同的层叠式和通柱式构架比较,进一步验证了之前的研究成果。通过振形比较、刚度退化比较和时程谱分析比较对通柱式和层叠式构架的不同位置进行了多角度研究。验证了之前的一些观点,例如通柱式构架在同构件截面下抗侧刚度强于层叠式,层间节点主要影响构架内力分布是否均匀,同层节点影响构架的隔震抗震能力等。还进一步指出了目前木结构抗震的重要结构原因是其自振周期远离一般的地震或场地周期,并提出若干有待研究的后续问题,如地震响应和刚度关系、刚度退化引起的内力重分布和响应变化等问题。

本书虽然利用了很多结构分析的工具、思路和体系,却不仅着眼于综合深入理解楼阁演变的结构受力机制,还着重综合看待建筑营造基础上的结构问题,试图将结构学从简单判断安全的工具地位中脱离出来,作为一种建筑历史研究的重要基础和手段。本书部分内容如对于汉代楼阁的类型探索,平坐层的结构意义,夯土结构在传统木结构中的地位,斗栱的结构演变,通柱式和层叠式的比较等都具有一定程度上异于前人的结论有待进一步验证。本书的研究虽具有一定的开创性,但受限于研究条件,很多方面未能圆满,如在构架结构研究领域未能充分实验验证,此点仍然有待后续研究充实改进。

参考文献

［ 1 ］中国科学院自然科学史研究所.中国古代建筑技术史［M］.北京:科学出版社,2000

［ 2 ］傅熹年.中国古代建筑史(第二卷):三国、两晋、南北朝、隋唐、五代建筑［M］.北京:中国建筑工业出版社,2001

［ 3 ］刘叙杰.中国古代建筑史(第一卷):原始社会、夏、商、周、秦、汉建筑［M］.北京:中国建筑工业出版社,2003

［ 4 ］郭黛姮.中国古代建筑史(第三卷):宋、辽、金、西夏建筑［M］.北京:中国建筑工业出版社,2003

［ 5 ］潘谷西.中国古代建筑史(第四卷):元、明建筑［M］.北京:中国建筑工业出版社,2001

［ 6 ］孙大章.中国古代建筑史(第五卷):清代建筑［M］.北京:中国建筑工业出版社,2009

［ 7 ］刘敦桢,建筑科学研究院建筑史编委会.中国古代建筑史［M］.第二版.北京:中国建筑工业出版社,1984

［ 8 ］(宋)李诚编修,梁思成注释.营造法式注释［M］.北京:中国建筑工业出版社,1983

［ 9 ］梁思成.清式营造则例［M］.北京:中国建筑工业出版社,1981

［10］姚承祖.营造法源［M］.北京:中国建筑工业出版社,1982

［11］胡仁喜.ANSYS 13.0 土木工程有限元分析从入门到精通［M］.北京:机械工业出版社,2012

［12］李红云,赵社戍,孙雁.ANSYS 10.0 基础及工程应用［M］.北京:机械工业出版社,2008

［13］敦煌研究院.敦煌石窟全集(21):建筑画卷［M］.香港:商务印书馆有限公司,2001

［14］王天.古代大木作静力初探［M］.北京:文物出版社,1992

［15］建筑学参考图刊行委员会.日本建筑史参考图集［M］.建筑学会,昭和七年

［16］梁思成.梁思成谈建筑［M］.北京:当代世界出版社,2006

［17］郭华瑜.明代官式建筑大木作［M］.南京:东南大学出版社,2005

［18］俞伟超主编;中国画像石全集编辑委员会编;蒋英炬卷主编.中国画像石全集(第 1 卷)山东汉画像石［M］.济南:山东美术出版社,2000

［19］中国画像石全集编辑委员会编;汤池主编.中国画像石全集(第 4 卷).江苏 安徽 浙江汉画像石［M］.济南:山东美术出版社,2000

［20］中国画像石全集编辑委员会,赖非主编.中国画像石全集(第 2 卷).山东汉画像石［M］.济南:山东美术出版社,2000

［21］中国画像石全集编辑委员会,焦德森主编.中国画像石全集(第 3 卷).山东汉画像石［M］.济南:山东美术出版社,2000

［22］国振喜,张树义.实用建筑结构静力计算手册［M］.北京:机械工业出版社,2009

［23］高大峰,赵鸿铁.中国木结构古建筑的结构及其抗震性能研究［M］.北京:科学出版

社,2008

[24] 何敏娟. 木结构设计[M]. 北京:中国建筑工业出版社,2008

[25] 樊承谋,王永维,潘景龙. 木结构[M]. 北京:高等教育出版社,2009

[26] 张洋,谢力生. 木结构建筑检测与评估[M]. 北京:中国林业出版社,2011

[27] (苏)伊凡诺夫(В. Ф. Иваков). 木结构[M]. 丰定国,译. 北京:高等教育出版社,1958

[28] (苏)卡尔生(Г. Г. Карлсен),等. 木结构[M]. 同济大学结构系,译. 北京:高等教育出版社,1955

[29] "工程结构"教材选编小组. 木结构[M]. 北京:中国建筑工业出版社,1961

[30] (苏)谢什金(В. Е. Шишкин). 木结构[M]. 张维岳,译. 北京:重工业出版社,1956

[31] 陈明达. 中国古代木结构建筑技术 战国-北宋[M]. 北京:文物出版社,1990

[32] 陈允适. 古建筑木结构与木质文物保护[M]. 北京:中国建筑工业出版社,2007

[33] 肖旻. 唐宋古建筑尺度规律研究[M]. 南京:东南大学出版社,2006

[34] 张十庆. 五山十刹图与南宋江南禅寺[M]. 南京:东南大学出版社,2000

[35] 本书编委会. 上栋下宇 历史建筑测绘五校联展[M]. 天津:天津大学出版社,2006

[36] 蒋高宸. 丽江-美丽的纳西家园[M]. 北京:中国建筑工业出版社,1997

[37] 杨鸿勋. 杨鸿勋建筑考古学论文集(增订版)[M]. 北京:清华大学出版社,2008

[38] 罗德胤. 中国古戏台建筑[M]. 南京:东南大学出版社,2009

[39] 杨鸿勋. 建筑考古学论文集[M]. 北京:文物出版社,1987

[40] 西安半坡博物馆. 西安半坡[M]. 北京:文物出版社,1982

[41] 梁思成. 中国建筑史[M]. 天津:百花文艺出版社,2005

[42] 中国工程建设标准化协会. 建筑结构荷载规范(GB 50009—2001)[S]. 北京:中国建筑工业出版社,2005

[43] 二十五史(百衲本)[M]. 杭州:浙江古籍出版社,1998

[44] 木结构设计规范(2005 版)[S]. 北京:中国建筑工业出版社,2006

[45] 古建筑木结构维护与加固技术规范[S]. 北京:中国建筑工业出版社,1993

[46] 木结构工程施工质量验收规范[S]. 北京:中国建筑工业出版社,2012

[47] 古建筑修建工程施工及验收规范[S]. 北京:中国建筑工业出版社,2012

[48] 梁思成. 梁思成全集(第一卷)[M]. 北京:中国建筑工业出版社,2001

[49] 于海广,任相宏,崔大勇,等. 田野考古学[M]. 济南:山东大学出版社,1995

[50] 贺大龙. 长治五代建筑新考[M]. 北京:文物出版社,2008

[51] 成寻. 参天台五台山记(卷 3):日本佛教全书游方传丛书本[M]. 东京东洋文库,大正十五年

[52] 马炳坚. 中国古建筑木作营造技术[M]. 北京:科学出版社,1991

[53] Forest Products Laboratory. Wood Handbook Wood as an Engineering Material [M]. Madison Wisconsin: Createspace,1987:3-15

[54] (苏)巴普洛夫. 木结构与木建筑物[M]. 同济大学桥隧教研组,译. 上海:上海科学技术出版社,1961

[55] (苏)柯契得科夫. 实用木结构[M]. 王硕克,译. 北京:首都出版社,1954

[56] 湖南省博物馆,湖南省考古学会. 湖南考古辑刊(第 1 集)[M]. 长沙:岳麓书社,1982

[57] 李干朗.台湾大木结构的榫头——台湾传统建筑匠艺二辑[M].台北:燕楼古建筑出版社,1991

[58] 张勇,河南博物院.河南出土汉代建筑明器[M].郑州:大象出版社,2002

[59] 潘德华.斗栱[M].南京:东南大学出版社,2004

[60] (清)顾炎武.历代帝王宅京记[M].北京:广文书局,1970

[61] 孙大章.万荣飞云楼[J]//建筑理论及历史研究室.建筑历史研究(第2辑)[M].北京:中国建筑科学研究院建筑情报研究所,1982

[62] 建筑理论及历史研究室.建筑历史研究(第1辑)[M].北京:中国建筑科学研究院建筑情报研究所,1980

[63] 建筑理论及历史研究室.建筑历史研究(第2辑)[M].北京:中国建筑科学研究院建筑情报研究所,1982

[64] 中国科学院考古研究所.沣西发掘报告 1955—1957 年陕西长安县沣西乡考古发掘资料[M].北京:文物出版社,1963

[65] 郑振铎.中国历史参考图谱[M].北京:书目文献出版社,1994

[66] 慧皎,撰;汤用彤,校注;汤一玄,整理.高僧传[M].北京:中华书局,1992

[67] 陈国兴等编著.工程结构抗震设计原理[M].北京:中国水利水电出版社,2009

[68] 丰定国.工程结构抗震[M].北京:地震出版社,1997

[69] (唐)杜宝撰;辛德勇辑校.大业杂记辑校[M].西安:三秦出版社,2006

[70] 杜金鹏.偃师二里头遗址研究[M].北京:科学出版社,2005

[71] 姚玲.砖石古塔动力特性建模技术的研究与应用[D]:[硕士学位论文].扬州:扬州大学,2003

[72] 高大峰.中国木结构古建筑的结构及其抗震性能研究[D]:[博士学位论文].西安:西安建筑科技大学,2007

[73] 葛鸿鹏.中国古代木结构建筑榫卯加固抗震试验研究[D]:[硕士学位论文].西安:西安建筑科技大学,2004

[74] 张鹏程.中国古代木构建筑结构及其抗震发展研究[D]:[博士学位论文].西安:西安建筑科技大学,2003

[75] 李铁英.应县木塔现状结构残损要点及机理分析[D]:[博士学位论文].太原:太原理工大学,2004

[76] 王林安.应县木塔梁柱节点增强传递压力效能研究[D]:[博士学位论文].哈尔滨:哈尔滨工业大学,2006

[77] 王智华.应县木塔斗栱调查与力学性能分析[D]:[硕士学位论文].西安:西安建筑科技大学,2010

[78] 曹云钢.以汉代建筑明器为实例对楼阁建筑的研究[D]:[硕士学位论文].西安:西安建筑科技大学,2007

[79] 杜森.山西早期楼阁营造理念与形态分析[D]:[硕士学位论文].太原:太原理工大学,2008

[80] 王建成.建筑艺术中的科学技术[D]:[硕士学位论文].太原:山西大学,2004

[81] 罗勇.古建木结构建筑榫卯及构架力学性能与抗震研究[D]:[硕士学位论文].西安:西安

建筑科技大学,2006

[82] 孙晓洁.殿堂型木构古建筑抗震机理分析:斗栱演化隔震的有限元动力分析[D]:[硕士学位论文].成都:西南交通大学,2009

[83] 刘化涤.应县木塔地震反应分析及健康诊断初步研究[D]:[硕士学位论文].哈尔滨:中国地震局工程力学研究所,2006

[84] 王晓欢.古建筑旧木材材性变化及其无损检测研究[D]:[硕士学位论文].呼和浩特:内蒙古农业大学,2006

[85] 柯吉鹏.古建筑的抗震性能与加固方法研究[D]:[硕士学位论文].北京:北京工业大学,2004

[86] 马晓.中国古代木楼阁架构研究[D]:[博士学位论文].南京:东南大学,2004

[87] 刘妍.宋式古代木建筑结构分析及计算模型简化[D]:[本科学位论文].北京:清华大学,2002

[88] 王千山.中国传统建筑全新榫卯对木构架结构行为之探讨[D]:[硕士学位论文].台北:"国立"中兴大学,1994

[89] 商博渊.台湾传统木构造"减榫"力学行为与模拟生物劣化之研究[D]:[硕士学位论文].台北:"国立"成功大学,2010

[90] 刘秀英,陈允适.从兴国寺防腐防虫处理探讨古建筑木结构的保护问题[J].古建园林技术,2003(4):44-47

[91] Eckelman C, E Haviarova. Rectangular mortise and tenon semirigid joint connection factors[J]. Forest Products Journal, 2008,58(12):49-52

[92] Wen-Shao Chang. Mechanical Characteristics of Traditional Go-Dou and Stepped Dovetail Timber Connections in Taiwan[J], 2005

[93] 《古建筑木结构维护与加固规范》编制组.古建筑木结构的荷载[J].四川建筑科学研究,1994(1):8-10

[94] Eckelman. Explortory study of the moment capacity and semirigid moment-rotation behavior of round mortise and tenon joints[J]. Forest Product Journal, 2008,58(7/8):56-61

[95] Eckelman. Explortory study of the withdraw resistance of round mortise and tenon joints with steel pipe cross pins[J]. Forest Product Journal, 2006,56(11/12):55-61

[96] Masaki Harada. Effect of moisture content of members on mechanical properties of timber joints[J]. The Japan Wood Research Society, 2005(51):282-285

[97] Min-Lang Lin, Chin-Lu Lin, Shyh-Jiann Hwang. Mechanical behavior of Taiwan traditional tenon and mortise wood joints[A]//PROHITECH 09 Protection of Historical Buildings[C]. Mazzolani, 2009:337-341

[98] Y. Z. Erdil. Bending moment capacity of rectangular mortise and tenon furniture joints[J]. Forest Product Journal, 2005,55(12):209-212

[99] 仓盛,竺润祥,任茶仙,等.榫卯连接的古木结构动力分析[J].宁波大学学报(理工版),2004(3):332-335

[100] 陈国莹.古建筑旧木材材质变化及影响建筑形变的研究[J].古建园林技术,2003(3):49-52

[101] 陈皎月.中日木构建筑的比较研究[J].美与时代(下半月),2008(11):122-124

[102] 陈杰,Chen Jie.中国古建筑抗震机理研究[J].山西建筑,2007(36):89-90

[103] 陈明达.汉代的石阙[J].文物,1961(12):11-17

[104] 陈平,姚谦峰,赵冬.西安钟楼抗震能力分析[J].西安建筑科技大学学报(自然科学版),1998(3):16-18

[105] 陈显双.四川成都曾家包东汉画像砖石墓[J].文物,1981(10):25-33

[106] 陈应祺,李士莲.战国中山国建筑用陶斗浅析[J].文物,1989(11):79-82

[107] 陈允适,刘秀英,李华,等.古建筑木结构的保护问题[J].故宫博物院院刊,2005(5):332-376

[108] 陈志勇,潘景龙,樊承谋.某校木屋盖的加固改造[J].工业建筑,2007(3):111-114

[109] 程浩.木结构建筑在汶川农居重建工程中的应用前景:以古代木结构建筑抗震检验为例[J].科技创新导报,2009(24):4-5

[110] 寸丽香.抗震,民居重建的核心:从唐山、丽江、汶川三次大地震谈川西民居重建[J].中华民居,2009(4):32-37

[111] 董海生,何京鲁.房屋结构在汶川地震中的抗震研究和分析[J].山西建筑,2009(28):73-74

[112] 董徐奋.古建筑木结构的荷载取值分析[J].结构工程师,2010(4):42-46

[113] 董益平,竺润祥,俞茂宏,等.宁波保国寺大殿北倾原因浅析[J].文物保护与考古科学,2003(4):1-4

[114] 杜雷鸣,李海旺,薛飞,等.应县木塔抗震性能研究[J].土木工程学报,2010(S1):364-369

[115] 杜玉生.北魏永宁寺塔基发掘简报[J].考古,1981(3):223-227

[116] 方东平,俞茂宏,宫本裕,等.木结构古建筑结构特性的计算研究[J].工程力学,2001(1):138-142

[117] 方东平,俞茂宏,宫本裕,等.木结构古建筑结构特性的实验研究[J].工程力学,2000(2):75-83

[118] 冯建霖,张海彦,王欢,等.古建筑大木作铺作层的振动分析[J].工程结构,2009(4):132-133

[119] 高大峰,赵鸿铁,薛建阳,等.中国古代木构建筑抗震机理及抗震加固效果的试验研究[J].世界地震工程,2003(2):1-10

[120] 高大峰,赵鸿铁,薛建阳,等.中国古建木构架在水平反复荷载作用下变形及内力特征[J].世界地震工程,2003(1):9-14

[121] 高大峰,赵鸿铁,薛建阳.木结构古建筑中斗栱与榫卯节点的抗震性能——试验研究[J].自然灾害学报,2008(2):58-62

[122] 高大峰,赵鸿铁,薛建阳.中国古代大木作结构抗震构造研究[J].世界地震工程,2004(1):100-104

[123] 高至喜.谈谈湖南出土的东汉建筑模型[J].考古,1959(11):624-627

[124] 葛鸿鹏,周鹏,伍凯,等.古建木结构榫卯节点减震作用研究[J].建筑结构,2010(S2):31-33

[125]《古建筑木结构维护与加固规范》编制组.古建筑木结构可靠性评定原则及若干界限值的确定问题[J].四川建筑科学研究,1994(1):2-7

[126]《古建筑木结构维护与加固规范》编制组.古建筑木结构用材的树种调查及其主要材性的实测分析[J].四川建筑科学研究,1994(1):11-14

[127] 谷军明,缪升,杨海名.云南地区穿斗木结构抗震研究[J].工程抗震与加固改造,2005(S1):205-210

[128] 广州市文物管理委员会.三年来广州市古墓葬的清理和发现[J].文物参考资料,1956(5):21-32

[129] 韩伟,王占奎,金宪镛,等.扶风法门寺塔唐代地宫发掘简报[J].文物,1988(10):1-32

[130] 胡奕弟,温留汉,张永山.一座木结构模型的振动台实验研究[J].广州大学学报(自然科学版),2007(2):88-90

[131] 湖北省博物馆.楚都纪南城的勘查与发掘(上)[J].考古学报,1982(3):325-354

[132] 黄学谦,杨翼,胡学元.四川乐山市中区大湾嘴崖墓清理简报[J].考古,1991(1):23-34

[133] 劳伯敏.河姆渡干栏式建筑遗迹初探[J].南方文物,1995(1):50-57

[134] 黎清毅,羿奇,鲍涛.某木结构古建的鉴定与加固方案[J].江苏建筑,2009(1):17-28

[135] 李钢,刘晓宇,李宏男.汶川地震村镇建筑结构震害调查与分析[J].大连理工大学学报,2009(5):724-730

[136] 李桂荣,郭恩栋,朱敏.中国古建筑抗震性能分析[J].地震工程与工程振动,2004(6):68-72

[137] 李海娜,翁薇.古建筑木结构单铺作静力分析[J].陕西建筑,2008(2):10-12

[138] 李佳韦.台湾传统建筑直榫木接头力学行为研究[J]台湾林业科学,2007(6):125-134

[139] 李琪,杨宁侠.中国古代木结构榫卯静力分析[J].山西建筑,2008(27):92-93

[140] 李蓉,邓云叶.湘西南木结构民居的结构特性分析[J].邵阳学院学报(自然科学版),2008(1):79-81

[141] 李铁英,魏剑伟,张善元,等.木结构双参数地震损坏准则及应县木塔地震反应评价[J].建筑结构学报,2004(2):91-98

[142] 李铁英,张善元,李世温.应县木塔风作用振动分析[J].力学与实践,2003(2):40-42

[143] 李小伟.侧脚与斗栱对清代九檩大式殿堂动力性能的影响[J].世界地震工程,2009(3):145-149

[144] 李瑜,瞿伟廉,李百浩.古建筑木构件基于累积损伤的剩余寿命评估[J].武汉理工大学学报,2008(8):173-177

[145] 李越,刘畅,王丛.英华殿大木结构实测研究[J].故宫博物院院刊,2009(1):6-21

[146] 李珍,熊昭明.广西合浦县母猪岭东汉墓[J].考古,1998(5):36-46

[147] 李恭笃.辽宁凌源安杖子古城址发掘报告[J].考古学报,1996(2):199-241

[148] 林松煜.环境温湿度变化对古建筑保护的影响及对策[J].山西建筑,2005(6):20-21

[149] 刘浩.村镇住宅在汶川地震中的典型破坏形式[J].山西建筑,2009(7):98-99

[150] 刘庆柱,李毓芳,张连喜,等.汉长安城未央宫第四号建筑遗址发掘简报[J].考古,1993(1):1002-1014

[151] 刘伟庆,杨会峰.工程木梁的受弯性能试验研究[J].建筑结构学报,2008(1):90-95

[152] 刘秀英,陈允适.木质文物的保护和化学加固[J].文物春秋,2000(1):50-59

[153] 刘妍,杨军.独乐寺辽代建筑结构分析及计算模型简化[J].东南大学学报(自然科学版),2007(5):887-891

[154] 龙超,吕建雄.规格材强度性能测试方法的研究进展[J].木材工业,2007(5):1-4

[155] 罗才松,黄奕辉.古建筑木结构的加固维修方法述评[J].福建建筑,2005(Z1):196-201

[156] 马承源.漫谈战国青铜器上的画像[J].文物,1961(10):26-30

[157] 孟昭博,吴敏哲,胡卫兵,等.考虑土-结构相互作用的西安钟楼地震反应分析[J].世界地震工程,2008(4):125-129

[158] 孟昭博,袁俊,吴敏哲,等.古建筑高台基对地震反应的影响[J].西安建筑科技大学学报(自然科学版),2008(6):835-840

[159] 内蒙古文物工作队.和林格尔发现一座重要的东汉壁画墓[J].文物,1974(1):8-29

[160] 乔迅翔.中国古代木构楼阁的建筑构成探析[J].华中建筑,2004(1):111-117

[161] 秦都咸阳考古工作队.秦咸阳宫第二号建筑遗址发掘简报[J].考古与文物,1986(4):9-18

[162] 任曦.拉贝故居加固与修缮[J].江苏建筑,2007(1):39-40

[163] 任祥道.透过"5·12"汶川地震思考农房抗震[J].四川建筑,2008(4):6-7

[164] 山东省博物馆.临淄郎家庄一号东周殉人墓[J].考古学报,1977(1):73-122

[165] 石祚华,郑金星.江苏徐州、铜山五座汉墓清理简报[J].考古,1964(10):504-520

[166] 宋彧,张贵文,党星海,等.雀替构造设计技术的试验研究[J].结构工程师,2004(1):57-61

[167] 宋彧,张贵文,李恒堂,等.雀替木结构受弯构件相似模型设计与试验研究[J].兰州理工大学学报,2005(6):127-130

[168] 苏军,高大峰.中国木结构古建筑抗震性能的研究[J].西北地震学报,2008(3):240-244

[169] 孙建刚,王慧青,崔贤,等.纳西族民居结构特点及其抗震性能[J].大连民族学院学报,2008(1):62-65

[170] 孙金波,王旭华.木结构古建筑的抗震性能分析[J].山西建筑,2010(30):62-65

[171] 汤崇平.北京历代帝王庙大殿的构造[J].古建园林技术,1992(1):36-41

[172] 佟柱臣.从二里头类型文化试谈中国的国家起源问题[J].文物,1975(6):29-33

[173] 汪兴毅,管欣.徽州古民宅木构架类型及柱的营造[J].安徽建筑工业学院学报(自然科学版),2008(2):38-41

[174] 汪兴毅.中国古代木构楼阁的结构特征分析[J].山西建筑,2007(21):63-64

[175] 王康平,周丽娜,李宏阶.云杉材二维正交异性试验研究[J].石油天然气学报,2005(6):806-809

[176] 王克林.北齐库狄迴洛墓[J].考古学报,1979(3):377-414

[177] 王平.九江地震对房屋建筑质量的影响[J].工程质量,2006(9):21-23

[178] 王学荣.偃师商城第Ⅱ号建筑群遗址发掘简报[J].考古,1995(1):963-982

[179] 王毅红,蒋建飞,石坚,等.木结构房屋的抗震性能及保护措施[J].工程抗震与加固改造,2000(5):47-51

[180] 王永维.木结构可靠度分析[J].四川建筑科学研究,2002(2):1-9

[181] 王有鹏.四川新都县发现一批画像砖[J].文物,1980(2):56-58

[182] 王与刚.郑州南关159号汉墓的发掘[J].文物,1960(Z1):19-24

[183] 韦克威,陈坚.殿阁式楼阁结构逻辑浅探(续)[J].华中建筑,2002(3):77-80

[184] 韦克威,陈坚.殿阁式楼阁结构逻辑浅探[J].华中建筑,2002(2):92-93

[185] 韦克威,林家奕,许吉航.楼阁建筑群体组合中的视觉控制浅析[J].华中建筑,2003(6):88-91

[186] 韦克威,林家奕.楼阁建筑立面比例的整体控制浅析[J].华中建筑,2005(s1):88-90

[187] 韦克威.明清楼阁建筑立面构图比例浅析[J].古建园林技术,2001(4):42-46

[188] 魏书麟.信阳楚墓出土家具结构分析[J].家具与环境,1984(12):26-28

[189] 吴磊,张海彦,王俊峰,等.古建木构科栱的破坏分析及承载力评定[J].四川建筑,2009(4):178-179

[190] 吴炜煜,高佐人,任爱珠.基于FDS的火场空间物理建模器研究[J].系统仿真学报,2005(8):1800-1802

[191] 吴炜煜,高佐人.建筑结构火灾安全耦合模拟的多参数模型[J].清华大学学报(自然科学版),2005(6):753-756

[192] 萧默.五凤楼名实考:兼谈宫阙形制的历史演变[J].故宫博物院院刊,1984(1):76-86

[193] 谢启芳,赵鸿铁,薛建阳,等.汶川地震中木结构建筑震害分析与思考[J].西安建筑科技大学学报(自然科学版),2008(5):658-661

[194] 谢启芳,赵鸿铁,薛建阳,等.中国古建筑木结构榫卯节点加固的试验研究[J].土木工程学报,2008(1):28-34

[195] 徐明福.结构修复技术整合型研究计划(2)-子计划1:穿斗式木构架接点之实验与分析[R].台北:"内政部"建筑研究所,2004(12)

[196] 徐明福.结构修复技术整合型研究计划(2)-子计划2:台湾传统木骨泥墙力学性能之研究[R].台北:"内政部"建筑研究所,2004(12)

[197] 徐明刚,邱洪兴.古建筑木结构老化问题研究新思路[J].工程抗震与加固改造,2009(2):96-99

[198] 徐明刚,邱洪兴.中国古代木结构建筑榫卯节点抗震试验研究[J].建筑结构学报,2010(S2):345-349

[199] 徐其文,汤小平,索安勇.中国古典建筑木结构特性的分析研究[J].淮海工学院学报(自然科学版),2002(4):64-67

[200] 薛建阳,张鹏程,赵鸿铁.古建木结构抗震机理的探讨[J].西安建筑科技大学学报(自然科学版),2000(1):8-11

[201] 杨亚弟,杜景林,李桂荣.古建筑震害特性分析[J].世界地震工程,2000(3):12-16

[202] 杨艳华,王俊鑫,徐彬.古木建筑榫卯连接$M-\theta$相关曲线模型研究[J].昆明理工大学学报(理工版),2009(1):72-76

[203] 杨祖贵,荀毅,刘硕.木结构建筑在灾后重建中的应用[J].四川大学学报(工程科学版),2009(S1):29-31

[204] 姚侃,赵鸿铁,葛鸿鹏.古建木结构榫卯连接特性的试验研究[J].工程力学,2006(10):168-170

[205] 姚侃,赵鸿铁.木构古建筑柱与柱础的摩擦滑移隔震机理研究[J].工程力学,2006(8):127-131

[206] 于习法,袁建力,李胜才.楼阁式古塔抗震勘查测绘的探讨[J].古建园林技术,1999(2):50-52

[207] 俞茂宏,ODA Yoshiya,方东平,等.中国古建筑结构力学研究进展[J].力学进展,2006(1):43-63

[208] 俞茂宏.古建筑结构研究的历史性、艺术性和科学性:第十三届全国结构工程学术会议特邀报告[J].工程力学,2004(S1):190-213

[209] 袁建力,陈韦,王珏,等.应县木塔斗栱模型试验研究[J].建筑结构学报,2011(7):9-14

[210] 院芳,柳肃.湖南明清楼阁式古塔的建筑特点研究[J].中外建筑,2009(4):90-92

[211] 张舵,卢芳云.木结构古塔的动力特性分析[J].工程力学,2004(1):81-86

[212] 张浩,褚杰,刘文湘.眉县中小学校舍 5.12 地震受损情况调查分析[J].陕西建筑,2008(11):21-23

[213] 张济梅.木结构的性能[J].山西建筑,2007(7):81-82

[214] 张其海.崇安城村汉城探掘简报[J].文物,1985(11):37-47

[215] 张十庆.楼阁建筑构成与逐层副阶形式(续)[J].华中建筑,2001(3):96-98

[216] 张十庆.楼阁建筑构成与逐层副阶形式[J].华中建筑,2001(2):104

[217] 张威.楼阁考释[J].建筑师,2004(5):36-39

[218] 张文芳,李世温,程文瀼.一类斗栱木结构恢复力特性的模型试验研究[J].东南大学学报,1997(A11期)(土木工程专辑):65-70

[219] 赵德祥.当阳曹家岗五号楚墓[J].考古学报,1988(4):455-519

[220] 赵鸿铁,董春盈,薛建阳,等.古建筑木结构透榫节点特性试验分析[J].西安建筑科技大学学报(自然科学版),2010(3):315-318

[221] 赵鸿铁,张海彦,薛建阳,等.古建筑木结构燕尾榫节点刚度分析[J].西安建筑科技大学学报(自然科学版),2009(4):450-454

[222] 赵均海,俞茂宏,高大峰,等.中国古代木结构的弹塑性有限元分析[J].西安建筑科技大学学报(自然科学版),1999(2):131-133

[223] 赵均海,俞茂宏,杨松岩,等.中国古代木结构有限元动力分析[J].土木工程学报,2000(1):32-35

[224] 赵均海,俞茂宏.中国古建筑木结构斗栱的动力实验研究[J].实验力学,1999(1):106-112

[225] 赵芝荃,刘忠伏.河南偃师尸乡沟商城第五号宫殿基址发掘简报[J].考古,1988(2):128-140

[226] 浙江省文物管理委员会.河姆渡遗址第一期发掘报告[J].考古学报,1978(1):39-110

[227] 中国科学院考古研究所洛阳发掘队.河南偃师二里头遗址发掘简报[J].考古,1965(1-12):215-229

[228] 周海宾,任海青,殷亚方,等.横向振动评估木结构建筑用规格材弹性性质[J].建筑材料学报,2007(3):271-275

[229] 周乾,闫维明,李振宝,等.古建筑木结构加固方法研究[J].工程抗震与加固改造,2009

(1):84-90

[230] 周乾,闫维明,杨小森,等.汶川地震古建筑轻度震害研究[J].工程抗震与加固改造,2009(5):101-107

[231] 周乾,闫维明.古建筑榫卯节点抗震加固数值模拟研究[J].水利与建筑工程学报,2010(3):23-27

[232] 朱向东,张同乐.浅谈中国传统建筑木结构的抗震技术特点[J].山西建筑,2006(14):3-4

图片来源

图 1-1　建筑学参考图刊行委员会.日本建筑史参考图集[M].建筑学会,昭和七年:9

图 1-2　笔者自摄

图 1-3　建筑学参考图刊行委员会.日本建筑史参考图集[M].建筑学会,昭和七年:9

图 1-4～图 1-7　刘叙杰.中国古代建筑史(第一卷)[M].北京:中国建筑工业出版社,2003:
　　　　60,60,42,242

图 1-8　中国科学院自然科学史研究所.中国古代建筑技术史[M].北京:科学出版社,
　　　　2000:59

图 1-9　刘叙杰.中国古代建筑史(第一卷)[M].北京:中国建筑工业出版社,2000:489

图 1-10　(宋)李诫修编,梁思成注释.营造法式注释[M].北京:中国建筑工业出版社,
　　　　1983:259

图 1-11　马炳坚.中国古建筑木作营造技术[M].北京:科学出版社,1991:126-131

图 1-12～图 1-23　笔者绘制或自摄

图 2-1　笔者绘制

图 2-2　(苏)巴普洛夫.木结构与木建筑物[M].同济大学桥隧教研组,译.上海:上海科学技
　　　　术出版社,1961:7

图 2-3～图 2-4　Forest Products Laboratory. Wood Handbook-Wood as an Engineering
　　　　Material[M]. Madison Wisconsin: Createspace, 1987: 3-15

图 2-5　笔者绘制

图 3-1　浙江省文物管理委员会.河姆渡遗址第一期发掘报告[J].考古学报,1978(1):47

图 3-2　赵德祥.当阳曹家岗五号楚墓[J].考古学报,1988(4):455-519.

图 3-3　日本木构建筑保护研究内部资料:74

图 3-4　(宋)李诫修编,梁思成注释.营造法式注释[M].北京:中国建筑工业出版社,
　　　　1983:259

图 3-5　中国科学院自然科学史研究所.中国古代建筑技术史[M].北京:科学出版社,
　　　　2000:123

图 3-6　潘谷西.中国古代建筑史.第四卷[M].北京:中国建筑工业出版社,2003:450

图 3-7　马炳坚.中国古建筑木作营造技术[M].北京:科学出版社,1991:126-131

图 3-8　姚承祖.营造法源[M].北京:中国建筑工业出版社,1982:188

图 3-9　李干朗.台湾大木结构的榫头——台湾传统建筑匠艺二辑[M].台北:燕楼古建筑出
　　　　版社,1991:79-83

图 3-10～图 3-33　笔者绘制

图 4-1～图 4-5　刘叙杰.中国古代建筑史(第一卷)[M].北京:中国建筑工业出版社,2003:

242,241,241,496,484

图4-6 河南博物院.河南出土汉代建筑明器[M].郑州:大象出版社,2002:36

图4-7 中国科学院自然科学史研究所.中国古代建筑技术史[M].北京:科学出版社,1985:64

图4-8 日本木构建筑保护研究内部资料:74

图4-9 笔者绘制

图4-10 傅熹年.中国古代建筑史(第二卷)[M].北京:中国建筑工业出版社,2001:340

图4-11 中国科学院自然科学史研究所.中国古代建筑技术史[M].北京:科学出版社,1985:73

图4-12 傅熹年.中国古代建筑史(第二卷)[M].北京:中国建筑工业出版社,2001:644

图4-13 中国科学院自然科学史研究所.中国古代建筑技术史[M].北京:科学出版社,1985:64

图4-14 郭黛姮.中国古代建筑史(第三卷)[M].北京:中国建筑工业出版社,2003:659

图4-15、图4-16 中国科学院自然科学史研究所.中国古代建筑技术史[M].北京:科学出版社,1985:119,119

图4-17、图4-18 孙大章.中国古代建筑史(第五卷)[M].北京:中国建筑工业出版社,2009:409,409

图4-19 中国科学院自然科学史研究所.中国古代建筑技术史[M].北京:科学出版社,1985:100

图4-20、图4-21 郭黛姮.中国古代建筑史(第三卷)[M].北京:中国建筑工业出版社,2003:349,349

图4-22～图4-54 笔者绘制或自摄

图5-1 日本木构建筑保护研究内部资料:75

图5-2 (宋)李诫修编,梁思成注释.营造法式注释[M].北京:中国建筑工业出版社,1983:308

图5-3 中国科学院自然科学史研究所.中国古代建筑技术史[M].北京:科学出版社,1985:98

图5-4 孙大章.万荣飞云楼[J]//建筑理论及历史研究室.建筑历史研究(第2辑)[M].北京:中国建筑科学研究院建筑情报研究所,1982

图5-5 中国科学院自然科学史研究所.中国古代建筑技术史[M].北京:科学出版社,1985:127

图5-6 郭黛姮.中国古代建筑史(第三卷)[M].北京:中国建筑工业出版社,2003:659

图5-7～图5-9 日本木构建筑保护研究内部资料:21

图5-10～图5-29 笔者绘制或自摄

图6-1 中国科学院自然科学史研究所.中国古代建筑技术史[M].北京:科学出版社,1985:9

图6-2 杨鸿勋.建筑考古学论文集[M].北京:文物出版社,1987:50

图6-3 中国科学院自然科学史研究所.中国古代建筑技术史[M].北京:科学出版社,1985:59

图6-4～图6-6 日本木构建筑保护研究内部资料:37

图 6-7　马炳坚. 中国古建筑木作营造技术[M]. 北京:科学出版社,1991:126-131

图 6-8、图 6-9　姚承祖. 营造法源[M]. 北京:中国建筑工业出版社,1982:188,188

图 6-10　李干朗. 台湾大木结构的榫头——台湾传统建筑匠艺二辑[M]. 台北:燕楼古建筑出版社,1991:79-83

图 6-11～图 6-40　笔者绘制或自摄

图 6-41　李佳韦. 台湾传统建筑直榫木接头力学行为研究[J]. 台湾林业科学,2007(2):125-134

图 6-42　Min-Lang Lin, Chin-Lu Lin, Shyh-Jiann Hwang. Mechanical behavior of Taiwan traditional tenon and mortise wood joints[A]//PROHITECH 09 Protection of Historical Buildings[C]. Mazzolani, 2009:337-341

图 7-1、图 7-2　笔者绘制

图 7-3　刘叙杰. 中国古代建筑史(第一卷)[M]. 北京:中国建筑工业出版社,2003:45

图 7-4、图 7-5　中国科学院自然科学史研究所. 中国古代建筑技术史[M]. 北京:科学出版社,1985:10,10

图 7-6　中国科学院自然科学史研究所. 中国古代建筑技术史[M]. 北京:科学出版社,1985:12

图 7-7、图 7-8　刘叙杰. 中国古代建筑史(第一卷)[M]. 北京:中国建筑工业出版社,2003:64,61

图 7-9～图 7-13　笔者绘制

图 7-14、图 7-15　杨鸿勋. 仰韶文化居住建筑发展问题的探讨//杨鸿勋. 建筑考古学论文集[M]. 北京:文物出版社,1987:11,13

图 7-16　劳伯敏. 河姆渡干栏式建筑遗迹初探[J]. 南方文物,1995(1):54

图 7-17、图 7-18　笔者绘制

图 7-19～图 7-21　刘叙杰. 中国古代建筑史(第一卷)[M]. 北京:中国建筑工业出版社,2003:133,133,136

图 7-22～图 7-26　笔者绘制

图 7-27～图 7-32　刘叙杰. 中国古代建筑史(第一卷)[M]. 北京:中国建筑工业出版社,2003:237,284,241,338,408,301

图 7-33　日本木构建筑保护研究内部资料:80

图 7-34～图 7-42　笔者绘制

图 7-43、图 7-44　刘叙杰. 中国古代建筑史(第一卷)[M]. 北京:中国建筑工业出版社,2003:308,484

图 7-45　四川省博物馆. 四川新都县发现一批画像砖[J]. 文物,1980(2):

图 7-46　陈明达. 汉代的石阙[J]. 文物,1961(12):11-17

图 7-47　傅熹年. 中国古代建筑史(第二卷)[M]. 北京:中国建筑工业出版社,2003:140

图 7-48　笔者绘制

图 7-49、图 7-50　刘叙杰. 中国古代建筑史(第一卷)[M]. 北京:中国建筑工业出版社,2003:532,532

图 7-51　建筑学参考图刊行委员会. 日本建筑史参考图集[M]. 建筑学会,昭和七年:33:34

图 7-52～图 7-54　傅熹年. 中国古代建筑史(第二卷)[M]. 北京:中国建筑工业出版社,2003:

235,221,288

图 7-55   刘叙杰.中国古代建筑史(第一卷)[M].北京:中国建筑工业出版社,2003:489

图 7-56   王克林.北齐库狄回洛墓[J].考古学报,1979(3):10

图 7-57～图 7-59   笔者绘制

图 7-60～图 7-63   敦煌研究院.敦煌石窟全集(21):建筑画卷[M].香港:商务印书馆有限公司,2001:48,88,88,88

图 7-64   傅熹年.中国古代建筑史(第二卷)[M].北京:中国建筑工业出版社,2003:358

图 7-65、图 7-66   笔者自摄

图 7-67   日本木构建筑保护研究内部资料:112

图 7-68～图 7-72   笔者绘制

图 7-73、图 7-74   中国科学院自然科学史研究所.中国古代建筑技术史[M].北京:科学出版社,2000:75,79

图 7-75、图 7-76   建筑学参考图刊行委员会.日本建筑史参考图集[M].建筑学会,昭和七年:33:7,33

图 7-77、图 7-78   中国科学院自然科学史研究所.中国古代建筑技术史[M].北京:科学出版社,2000:78,95

图 7-79   刘叙杰.中国古代建筑史(第一卷)[M].北京:中国建筑工业出版社,2003:532

图 7-80   中国科学院自然科学史研究所.中国古代建筑技术史[M].北京:科学出版社,2000:97

图 7-81～图 7-87   笔者绘制

图 7-88～图 7-93   中国科学院自然科学史研究所.中国古代建筑技术史[M].北京:科学出版社,2000:94,107,112,113,118,117

图 7-94   汤崇平.北京历代帝王庙大殿的构造[J].古建园林技术,1992(1):38

图 7-95   郭华瑜.明代官式建筑大木作[M].南京:东南大学出版社,2005:26

图 7-96～图 7-99、图 8-1～图 8-4   笔者绘制

图 8-5   刘叙杰.中国古代建筑史(第一卷)[M].北京:中国建筑工业出版社,2003:396

图 8-6   内蒙古文物工作队.和林格尔发现一座重要的东汉壁画墓[J].文物,1974(1):16

图 8-7   刘叙杰.中国古代建筑史(第一卷)[M].北京:中国建筑工业出版社,2003:488

图 8-8   石祚华.江苏徐州、铜山五座汉墓清理简报[J].考古,1964(10):504

图 8-9   刘叙杰.中国古代建筑史(第一卷)[M].北京:中国建筑工业出版社,2003:532

图 8-10   李珍.广西合浦县母猪岭东汉墓[J].考古,1998(5):43

图 8-11   刘叙杰.中国古代建筑史(第一卷)[M].北京:中国建筑工业出版社,2003:513

图 8-12   王与刚.郑州南关 159 号汉墓的发掘[J].文物,1960(Z1):20

图 8-13、图 8-14   刘叙杰.中国古代建筑史(第一卷)[M].北京:中国建筑工业出版社,2003:494,480

图 8-15   郑振铎.中国历史参考图谱[M].北京:书目文献出版社,1994:140

图 8-16   广州市文物管理委员会.三年来广州市古墓葬的清理和发现[J].文物参考资料,1956(5):25

图 8-17、图 8-18   陈显双.四川成都曾家包东汉画像砖石墓.文物,1981(10):30

图 8-19　刘叙杰.中国古代建筑史(第一卷)[M].北京:中国建筑工业出版社,2003:489

图 8-20～图 8-29　笔者绘制

图 8-30　傅熹年.中国古代建筑史(第二卷)[M].北京:中国建筑工业出版社,2003:117

图 8-31　敦煌研究院.敦煌石窟全集(21):建筑画卷[M].香港:商务印书馆有限公司,2001:47

图 8-32、图 8-33　傅熹年.中国古代建筑史(第二卷)[M].北京:中国建筑工业出版社,2003:179,238

图 8-34、图 8-35　杜玉生.北魏永宁寺塔基发掘简报[J].考古,1981(3):224,224

图 8-36、图 8-37　建筑学参考图刊行委员会.日本建筑史参考图集[M].建筑学会,昭和七年:33,10

图 8-38～图 8-41　笔者绘制

图 8-42～图 8-44　敦煌研究院.敦煌石窟全集(21):建筑画卷[M].香港:商务印书馆有限公司,2001:16,37,48

图 8-45　傅熹年.中国古代建筑史(第二卷)[M].北京:中国建筑工业出版社,2003:430

图 8-46、图 8-47　敦煌研究院.敦煌石窟全集(21):建筑画卷[M].香港:商务印书馆有限公司,2001:125,97

图 8-48　傅熹年.中国古代建筑史(第二卷)[M].北京:中国建筑工业出版社,2003:179

图 8-49、图 8-50　敦煌研究院.敦煌石窟全集(21):建筑画卷[M].香港:商务印书馆有限公司,2001:87,78

图 8-51　中国科学院自然科学史研究所.中国古代建筑技术史[M].北京:科学出版社,2000:62

图 8-52～图 8-58　敦煌研究院.敦煌石窟全集(21):建筑画卷[M].香港:商务印书馆有限公司,2001:122,85,126,126,187,232,157

图 8-59～图 8-61　傅熹年.中国古代建筑史(第二卷)[M].北京:中国建筑工业出版社,2003:382,654,654

图 8-62～图 8-67　笔者绘制

图 8-68～图 8-70　郭黛姮.中国古代建筑史(第三卷)[M].北京:中国建筑工业出版社,2003:275,276,341

图 8-71　中国科学院自然科学史研究所.中国古代建筑技术史[M].北京:科学出版社,2000:87

图 8-72、图 8-73　郭黛姮.中国古代建筑史(第三卷)[M].北京:中国建筑工业出版社,2003:273,341

图 8-74～图 8-78　笔者绘制或自摄

图 8-79、图 8-80　郭黛姮.中国古代建筑史(第三卷)[M].北京:中国建筑工业出版社,2003:274,103

图 8-81、图 8-82　敦煌研究院.敦煌石窟全集(21):建筑画卷[M].香港:商务印书馆有限公司,2001:252,258

图 8-83～图 8-85　郭黛姮.中国古代建筑史(第三卷)[M].北京:中国建筑工业出版社,2003:605,367,373

图 8-86　　张十庆.五山十刹图与南宋江南禅寺[M].南京:东南大学出版社,2000:117

图 8-87~图 8-98　　笔者绘制或自摄

图 8-99　　中国科学院自然科学史研究所.中国古代建筑技术史[M].北京:科学出版社,
　　　　　2000:122

图 8-100~图 8-102　　潘谷西.中国古代建筑史(第四卷)[M].北京:中国建筑工业出版社,
　　　　　2003:169,314,314

图 8-103　　孙大章.万荣飞云楼[J]//建筑理论及历史研究室.建筑历史研究第二辑[M].北
　　　　　京:中国建筑科学研究院建筑情报所,1982:108

图 8-104　　潘谷西.中国古代建筑史(第四卷)[M].北京:中国建筑工业出版社,2003:374

图 8-105~图 8-108　　孙大章.中国古代建筑史(第五卷)[M].北京:中国建筑工业出版社,
　　　　　2009:429,429,430,361

图 8-110　　潘谷西.中国古代建筑史(第四卷)[M].北京:中国建筑工业出版社,2003:163

图 8-111　　本书编委会编.上栋下宇历史建筑测绘五校联展[M].天津:天津大学出版社,
　　　　　2006:141

图 8-112~图 8-122、图 9-1~图 9-81　　笔者绘制

附录

附录 A1

木材抗弯弹性模量试验记录表

树种:杉木　　产地:　　　　　实验室温度:29.1℃　　　　实验室相对湿度:56%

试样编号	变形　0.01 mm								上下限变形差	含水率(%)	弹性模量(MPa)	
	下限荷载(N)				上限荷载(N)						试验时	含水率12%时
	第2次	第3次	第4次	平均	第2次	第3次	第4次	平均				
901	0.815	0.834	0.854	0.834	1.461	1.491	1.500	1.484	0.650	8.7	10 780	9 001.3
902	0.859	0.892	0.911	0.887	1.586	1.626	1.643	1.618	0.731	10.5	9 628	8 905.9
903	0.813	0.836	0.857	0.835	1.539	1.565	1.596	1.567	0.731	9.1	9 482	8 107.1
904	0.774	0.802	0.745	0.774	1.464	1.486	1.460	1.470	0.696	10.1	10 109	9 148.6
905	0.756	0.783	0.810	0.783	1.413	1.451	1.481	1.448	0.665	8.9	10 899	9 209.7

附录 A2

木材顺纹抗弯强度试验记录表

树种:杉木　　产地:　　　　　实验室温度:29.1℃　　　　实验室相对湿度:56%

试样编号	破坏载荷(N)	含水率(%)	抗弯强度(MPa)	
			试验时	含水率12%时
901	2 534	8.7	109.59	91.51
902	2 377	10.5	103.31	95.56
903	2 525	9.1	108.66	92.90
904	2 571	10.1	111.21	100.65
905	2 542	8.9	112.70	95.23

附录 A3

木材顺纹抗剪强度试验记录表

树种:杉木　　产地:　　　　　　实验室温度:25.2℃　　　实验室相对湿度:64%

试样编号	受剪面积 （mm²）	含水率 （%）	破坏载荷 （N）	抗剪强度（MPa）	
				试验时	含水率12%时
1001	1 407.09	13.5	5 298	3.615	3.783
1002	1 430.36	13.7	6 247	4.193	4.408
1003	1 440.50	13.8	6 705	4.468	4.703
1004	1 419.60	13.7	5 814	3.932	4.136
1005	1 425.78	13.6	5 662	3.812	3.995

附录 A4

木材顺纹抗拉强度试验记录表

树种:杉木　　产地:　　　　　　实验室温度:29.1℃　　　实验室相对湿度:56%

试样编号	含水率(%)	破坏载荷 （N）	抗拉强度（MPa）	
			试验时	含水率12%时
701	18.8	6 300	98.07	131.41
702	17.6	6 700	93.02	119.07
703	19.9	7 300	93.55	130.50
704	16.1	4 800	63.61	76.65
705	19.0	4 700	61.28	82.73

附录 A5

木材顺纹抗压强度试验记录表

树种:杉木　　产地:　　　　　　实验室温度:29.1℃　　　实验室相对湿度:56%

试样编号	受压面积 （mm²）	含水率(%)	破坏载荷(N)	抗压强度（MPa）	
				试验时	含水率12%时
801	399.99	17.7	15 322	38.31	49.23
802	394.81	18.3	15 163	38.41	50.51
803	396.40	17.4	15 725	39.67	50.38
804	398.40	16.9	15 788	39.63	49.34
805	400.00	17.4	15 352	38.38	48.74

附录 B1

木材抗弯弹性模量试验记录表

树种:杉木　　产地:　　　　　实验室温度:28.9℃　　　实验室相对湿度:56%

试样编号	变形　0.01 mm								上下限变形差	含水率(%)	弹性模量(MPa)	
	下限荷载(N)				上限荷载(N)						试验时	含水率12%时
	第2次	第3次	第4次	平均	第2次	第3次	第4次	平均				
901	0.76	0.813	0.752	0.775	1.463	1.461	1.458	1.461	0.686	9.9	9 958.9	9 013
902	0.883	0.851	0.872	0.869	1.463	1.462	1.51	1.478	0.61	8.9	10 111	8 443
903	0.788	0.795	0.842	0.808	1.42	1.425	1.46	1.435	0.627	8.8	10 271	8 679
904	0.889	0.896	0.921	0.902	1.56	1.65	1.68	1.63	0.728	10.4	9 588.5	8 869
905	0.821	0.833	0.857	0.837	1.54	1.58	1.62	1.58	0.743	9.3	9 637.7	8 240

附录 B2

木材顺纹抗弯强度试验记录表

树种:杉木　　产地:　　　　　实验室温度:　28.9℃　　　实验室相对湿度:56%

试样编号	破坏载荷(N)	含水率(%)	抗弯强度(MPa)	
			试验时	含水率12%时
901	2 571	9.9	111.21	100.65
902	2 534	8.9	109.59	91.51
903	2 542	8.8	112.70	95.23
904	2 377	10.4	103.31	95.56
905	2 525	9.3	108.66	92.90

附录 B3

木材顺纹抗剪强度试验记录表

树种:杉木　　产地:　　　　　实验室温度:　25.7℃　　　实验室相对湿度:64%

试样编号	含水率(%)	破坏载荷(N)	抗剪强度(MPa)	
			试验时	含水率12%时
1001	13.2	5 412	3.812	3.951
1002	13.1	6 357	4.207	4.458
1003	13.9	6 800	4.503	4.879
1004	13.8	6 014	4.12	4.31
1005	13.1	5 760	3.92	4.03

后记

　　本书是受国家自然科学基金"明清木构楼阁构架演替中拼柱榫卯及受力机制研究"（51308299），东南大学校内科研基金"中国传统木构受力机理、性能退化机制研究"（9201000006）资助，在本人的博士论文基础上调整补充并呈现的阶段性成果。

　　传统木构楼阁的结构研究有其现实意义。例如，帮助解答一直以来并不清晰的演替问题，如通柱造和层叠式的构架演化、铺作层的式微等，并在此基础上为当今的建筑遗产保护工作提供重要的技术支撑。这是本书最初设定的目标。

　　然而这一既定目标，却也是我在研究中反思最多的问题。其中有两点始终困扰着我。第一点是结构研究的计算简化、建筑结构分析涉及内容广泛复杂，即便配合先进的计算机有限元模拟，也需经一再的简化，假设才能进行，这到底多大程度上能够与现实建筑构架演化问题对接，需要反复验证。其中有一些问题在本书中以有限的手段进行了局部验证，但更多的，尚须后续研究努力，已远远超越本书可以涉及解决的范畴。第二点即绪论中指出的，结构并非传统建筑营造中唯一的决定要素。例如楼阁中常见的套筒结构等，本质上均是基于安置佛像、礼佛活动的空间需求，而未必因为该构架具有结构优势才采用。到底如何看待、研究这种被动决定的结构问题本身就是难题。试问，如果一种结构形式不能说明其优越性和独特性，研究这个问题还有意义吗？从上述角度看，本书提供的，与其说是答案，倒不如说是旁白。

　　但也正是上述两类问题的不断思考，使我在进行构架结构研究时，能跳脱线性发展的框架。在宏观上，关注整体的趋势而非某种特殊的构架；在微观上，能更深入敏感的认知到细微至节点的细节。更重要的是，具备一种基本的认知观点：任何一种构架形式，都是历史条件下多方协调的产物，结构机制只是限定了边界条件，却不能限定其中丰富的可能性。

　　在研究中感触最深的，是结构视角的独特性。由于战争、灾害、材料等问题，今天所遗存的建筑遗产可谓沧海一粟。但结构问题作为一直存在的线索，却能有效联系这些所剩不多的断点。例如从汉代的早期楼阁到辽代观音阁，其间缺乏很多实例，但从结构的角度看，在层叠式构架的前提下，唯有提高首层抗侧刚度才是关键。这既是多层楼阁和单层木构紧密联系的结构依据，也是其土木分离程度区分的原因。这条线索使得唐辽时期楼阁底层的夯土结构变得异常重要，也把很多零散实例中的孤立作法有效串联起来，这是其他领域视角所不具备的特征。

　　本书成书首先要感谢导师朱光亚教授。他建议我选定的研究课题意义重大，内容繁杂，困难极大。但正是这一选题及其带来的挑战，使我能基于自己独特的视角，更加深入地了解和看待传统木构建筑的演替过程，并为未来设立了一系列的研究目标。在漫长的研究写作过程中，和朱先生多次的讨论，帮助我建立了清晰的研究体系。最后阶段朱先生花费大量时间阅改并提出修改意见，是成稿的重要保证。其次，我要感谢邱洪兴教授，本书为跨学科研究，主要结构研究答疑由邱先生担纲。他不但提供了宝贵而详尽的意见，也对试验研究中的困难进行了准确指导。再次,我要感谢张十庆、陈薇、胡石、李新建、淳庆老师,在研究写作过程中遇到的各类瓶颈,往往是在他们的指导下完成或经过讨论后明确的。此外,还要感谢在结构试验室工作的邰扣霞老师在试验期间提供的重要指导和工作协助。

　　最后,我要特别感谢我家人,是他们的支撑帮助我成书。特别是我的父亲乐君良先生,在我试验最困难,无人帮助的时候,是他无私的在及其艰苦的条件下帮助我一起完成了试验研究。没有他的帮助,此书不可能成稿。每当思及已与他天人相隔,就不免无语凝噎。谨向伟大的父亲致谢!

2014. 11. 23

内容提要

中国古代木构建筑博大辉煌,楼阁作为诸多木构建筑中的一种,其在跨度、构架形式和高度上均与众不同,故其结构技术也必有特殊之处。本书即从结构分析的角度,以构架的受力机制为切入点,解析了中国传统木构楼阁发展演变中的相关结构问题。分析以中国木构最基本的技术——榫卯节点的结构研究为基础,结合试验和结构计算,史料研究等多种手段。从新的角度,再次解读了从原始的半穴居屋顶到高度数十米的木构楼阁的发展演变历史。并对一些长期疑难的构架演变问题,如从层叠式到通柱式的演变,从结构学角度提出了新的理解。而结构分析的计算数据,还为这些宝贵遗产的保护提供了重要研究基础。

本书适用于建筑历史理论和遗产保护领域的相关研究人员和教师学生,也可作为建筑学、木结构建筑、结构分析学者的参考读物。

图书在版编目(CIP)数据

中国古代楼阁受力机制研究/乐志著. —南京:
东南大学出版社,2014.12
(建筑遗产保护丛书/朱光亚主编)
ISBN 978-7-5641-5380-9

Ⅰ.①中… Ⅱ.①乐… Ⅲ.①古建筑–楼阁–受力性能–研究–中国 Ⅳ.①TU317

中国版本图书馆 CIP 数据核字(2014)第 285974 号

中国古代楼阁受力机制研究

出版发行	东南大学出版社
出 版 人	江建中
网 址	http://www.seupress.com
电子邮箱	press@seupress.com
社 址	南京市四牌楼 2 号
邮 编	210096
电 话	025-83793191(发行) 025-57711295(传真)
经 销	全国各地新华书店
印 刷	南京玉河印刷厂
开 本	787m×1092mm 1/16
印 张	20(其中彩色印张 2)
字 数	486 千
版 次	2014 年 12 月第 1 版
印 次	2014 年 12 月第 1 次印刷
书 号	ISBN 978-7-5641-5380-9
定 价	68.00 元

本社图书若有印装质量问题,请直接与营销部联系。电话(传真):025-83791830